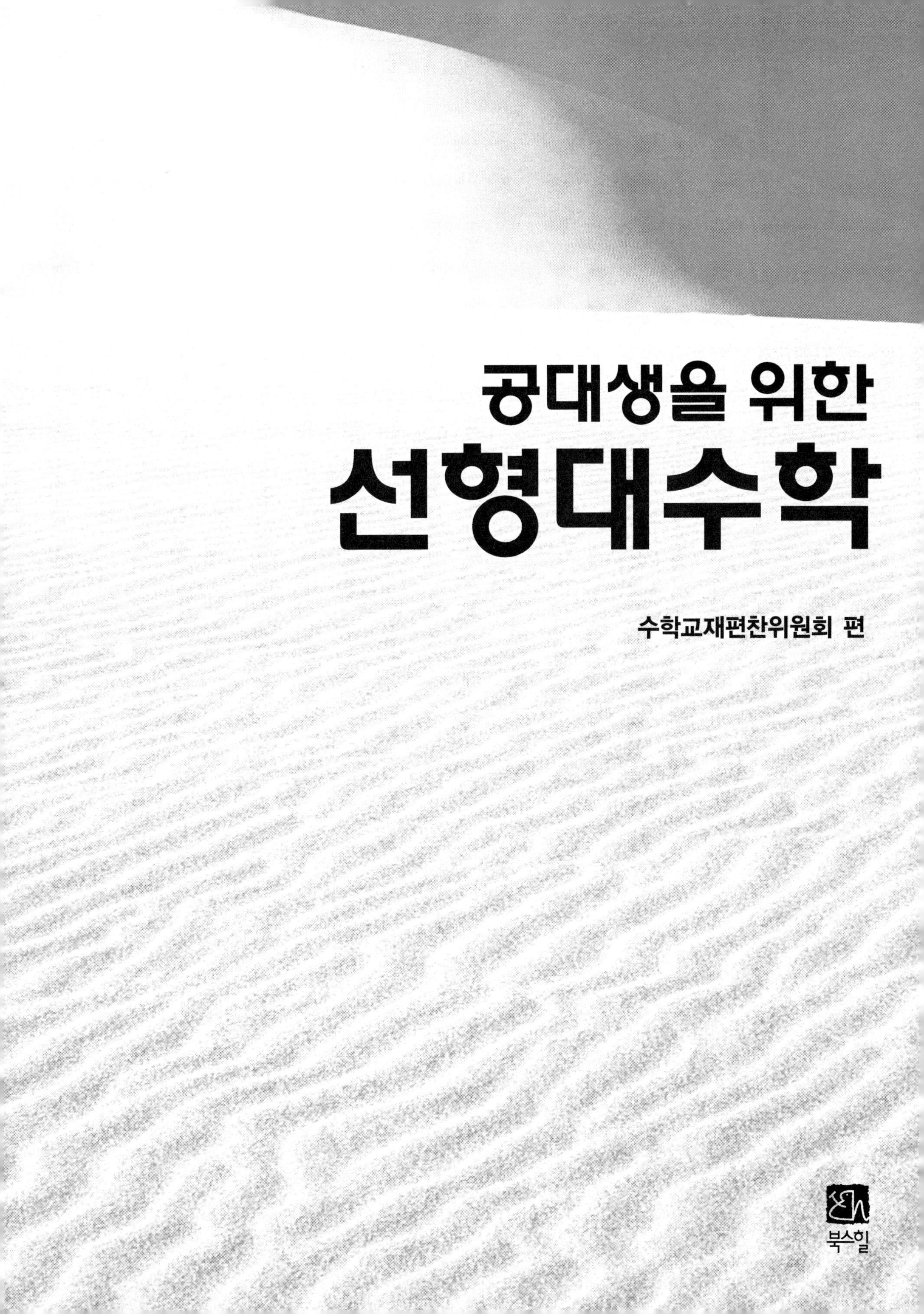

공대생을 위한

선형대수학

수학교재편찬위원회 편

북스힐

머 리 말

선형대수학은 자연과학, 공학, 의학, 경영학, 경제학 등 수리 논리적 사고를 기반으로 하는 거의 모든 학문 분야에서 대학 미적분학을 이수한 후에 수강하게 되는 가장 본격적이고 기본적인 기초 수학이다. 수와 문자를 주어진 연산체계와 관련하여 그 구조를 연구하는 학문이 대수학이고 특히 수(문자)식을 일차식에 국한하여 살펴보는 학문이 선형대수학이다. 기하학적으로 설명하자면 직선에 해당되는 개념이다. 이 주제가 그토록 폭넓은 응용성을 갖게 되는 것은 수학적 모델의 가장 기초적인 출발점이 일차식이기 때문이며, 또한 현실세계의 복잡한 현상들도 대부분 미시적으로 해부하거나 또는 거시적으로 단순화함으로써 모델을 선형화할 수 있기 때문이다. 미적분학이 논리적 사고보다 다소 직관적 통찰과 계산력의 함양에 치중하는 경향이 있는 반면 선형대수학은 정확한 개념이해에 입각한 논리적 사고의 연마와 수학적 성과를 현실에 응용하는 기법의 학습에 그 중심을 둔다. 따라서 학생들은 무엇보다도 먼저 선형대수학에서 도입되는 여러 가지 수학적 개념들을 선명하게 이해하고 이러한 개념들이 발전, 결합, 논증되는 과정의 학습에 따라 자신의 사고체계를 더욱 합리적이고 논리적으로 향상시켜야 하며 더 나아가 선형대수학의 여러 가지 지식들을 능동적으로 활용할 수 있는 창조적 사고를 함양해야 할 것이다.

선형대수학이 여러 방면에 널리 응용됨에 따라 이 주제에 대한 서적은 다양한 접근방법으로 저술되어 왔다. 이론적 엄밀성을 강조하는 서적부터 실용적 응용과 계산능력의 습득을 위주로 하는 서적에 이르기까지 수많은 원서와 번역서 및 우리말 서적들이 즐비한 실정이다. 그럼에도 불구하고 새로이 책을 집필하게 된 것은 공과대학 학생들에게 필요한 정도의 선형대수학 내용을 한 학기에 소화해 내고자 하는 현실적 필요성 때문이다. 사실 선형대수학의 모든 내용들을 다양한 응용과 더불어 논리적으로 충분히 논증하자면 최소한 두 학기 이상의 과정이 요구된다. 그러나 공학을 전공하려는 학생들에게 선형대수의 지나치게 엄밀한 논증은 바람직하지도 않고 또 각자의 전공 공부가 우선되는 상황에서는 그 전공을 훌륭히 이수하기에 필요한 정도 이상의 내용을 두 학기에 걸쳐 다루는 것도 학생들의 부담을 가중시키는 결과가 된다. 이와 같은 상황을 피하여 가장 간결하고 효율적인 선형대수학의 교수를 위하여 이 책은 저술되었다이 책은 기본적으로 미적분학 과정을 마친 공과대학 1, 2학년 학생들을 대상으로 한, 한 학기용 선형대수학 교재이다. 각 장에서 도입되는 정의 및 정리들은 직관적인 이해에 중점을 두고 기술되었으며, 복잡한 기호를 사용해야 하는 일반적 증명을 피하고 될 수 있는 대로 선명하고 간결한 증명을 위해 노력하였다. 이미 우리말로 널리 쓰이고 있는 용어는 그대로 사용하였으나 크게 일반적이지 않은 영문 용어는 직역을 피하고 가능한 한 직관적 이해에 도움이 되는 우리말을 사용하였으며 향후의 공부를 위해서 영문 용어를 괄호 안에 함께 실었다.

제 1, 2 장에서는 연립일차방정식의 해법을 다루면서 자연스럽게 행렬을 도입하고 행렬의 연산과 성질 등을 소개한 후 행렬의 중요한 성질을 판별하는 한 방법으로서 행렬식을 공부한다. 여기서는 주로 수식의 계산이 주를 이루므로 비교적 이해가 쉬운 부분이지만 수식계산의 기초가 부족한 학생이나 수학적 기호의 약속에 둔감한 학생은 예제와 연습문제 등을 통해서 충분히 단련되어야 한다.

제3장에서는 비로소 선형대수학의 가장 중요한 주제인 벡터공간을 소개하고 부수적으로 따르는 일차독립, 일차종속, 생성공간, 기저, 차원 등의 매우 중요한 개념들을 도입한다. 거칠게 말해서 선형대수학은 결국 행렬의 문제로 귀결된다고 할 수 있다. 이 행렬과 연관된 제반 문제들을 단순히 수식계산의 기술로 이해할 것인지, 아니면 탄력성 있는 수학적 토대 위에서 풍부한 응용의 기반으로 삼을 것인지가 이 장의 여러 가지 개념들에 대한 성공적인 이해의 여부에 달려있다고 해도 과언이 아니다. 이 책에서는 복잡성을 피하기 위하여 완전히 일반적인 벡터공간은 단순히 언급하는 것으로 그치고 주로 $\mathbb{R}^n$과 $\mathbb{C}^n$ 및 그들의 부분공간 정도를 다룬다.

제4장에서는 선형변환을 다룬다. 선형변환은 수학의 가장 유용한 도구인 함수를 벡터공간에 적용한 것이다. 함수의 개념이 모호한 학생은 반드시 함수에 대한 명확한 이해가 선행되어야 한다. 이렇게 수학적으로 매우 잘 짜여진 한 도구로서의 선형변환이 단순히 숫자들의 나열에 불과한 행렬에 다름이 아니라는 사실이 이 장에서 밝혀진다.

제5장에서는 내적이 도입된 벡터공간을 다룬다. 정규직교화의 특별한 성질들이 소개되며 특히 최소제곱문제는 선형대수학의 가장 중요하고 폭넓은 응용 가운데 하나이다.

제6장은 고유값과 대각화의 문제를 다루는데 이것은 동일한 선형변환을 나타내는 여러 가지 행렬 중에서 그 표현이 가장 간결한 행렬을 찾으려는 노력이다. 또 고유값은 공학적 응용의 여러 상황에서 매우 유용한 의미를 갖는다.

이상에서 각 장의 주요 내용과 특징들을 살펴보았지만 특별히 이 책은 선형대수학의 학습에 있어서 간명성과 논리적 타당성, 그리고 직관적 이해를 강조하고 있다. 집필의도대로 공과대학의 많은 학생들이 짧은 시간에 효율적으로 이 책의 내용을 학습할 수 있다면 그보다 더 큰 보람은 없을 것이다. 내용이해의 어려움이나 오타 등의 지적은 언제나 겸손하게 기꺼이 받을 것이며 독자 여러분의 충고와 질타를 기다린다.

끝으로 이 책이 나오기까지 수고를 아끼지 않으신 모든 분들께 감사드리며 특히 도서출판 북스힐의 조승식 사장님과 편집부 관계자 분들의 수고에 깊이 감사드린다.

저자대표 배 재 국

차　례

제4장 선형변환

제5장 내적공간

제6장 행렬의 고유값과 대각화

Chapter 1 연립일차방정식과 행렬

현대사회에서 자연과학이나 공학 및 사회과학의 여러 가지 복잡한 문제들에 대한 수학적 모델을 설정할 때, 가장 자주 만나게 되는 것이 연립일차방정식이다. 물론 실제적인 현실의 문제들은 좀 더 복잡한 비선형 연립방정식으로 표현될 때가 많지만, 비선형에 대해서는 일반적으로 알려진 해법이 없으므로 주로 선형, 즉 일차 연립방정식으로 근사 또는 변형하는 방법으로 접근하게 된다. 이러한 의미에서 연립일차방정식을 푸는 일은 매우 중요하며 이것은 상업, 경제학, 사회학, 생태학, 정치학, 유전학, 전자공학, 물리학과 같은 여러 분야의 응용에서 필수적으로 사용되고 있다. 연립일차방정식을 풀 때는 일반적으로 행렬을 이용하면 훨씬 체계적이고 계통적인 해법을 제시할 수 있는 이점이 있다. 이 장에서는 행렬을 정의하고 행렬의 연산과 성질에 대해서 알아본 다음 이를 이용하여 연립일차방정식의 해를 구하는 방법을 소개한다.

1.1 연립일차방정식

미지수의 차수가 1차로 이루어진 방정식을 일차방정식(linear equation)이라고 한다. 이때 미지수의 개수는 상관하지 않는다. 예를 들어

$$x-3y=-1, \quad 2x+y+z=2$$

는 모두 일차방정식이다. 그러나 방정식

$$x-5y=xy, \quad \sqrt{x}=y+7$$

는 둘 다 일차방정식이 아니다. 왜냐하면 첫 번째 식의 xy는 두 일차식 미지수가 곱해져서 2차가 되었기 때문이고 두 번째 식에서는 $\sqrt{x}$ 가 무리식을 나타내기 때

문이다. 한편 여러 개의 일차방정식을 한 묶음으로 동시에 생각하는 것을 연립일차방정식(system of linear equations)이라고 하고 특별히 일차임을 명시할 필요성이 없을 때는 간단히 연립방정식이라고도 한다. 예를 들면

$$\begin{cases} x - y + z = 2 \\ 2x + y - z = 4 \end{cases} \tag{1}$$

는 식이 2개이고 미지수가 3개인 연립일차방정식이다. 연립방정식의 미지수에 어떤 수를 대입하여 모든 식을 만족시킬 수 있을 때, 이 수들의 순서쌍을 그 연립방정식의 해(solution)라고 한다. $x=2$, $y=0$, $z=0$을 (1)에 대입하면 두 방정식을 모두 만족시키므로 (2, 0, 0)은 연립방정식 (1)의 한 해가 된다. 실제로 (1)은 무수히 많은 해를 갖는다.

이제 이러한 연립방정식의 문제들을 좀 더 일반적이고 체계적으로 다루어 보자. 보통 미지수의 개수가 4개 이상일 경우는 미지수에 각기 다른 문자를 배당하는 것보다 $x_1, x_2, x_3, \cdots$ 등과 같이 첨자를 사용하는 것이 더 효과적이다.

정 의

상수 a_{ij}와 $b_i (i=1, 2, \cdots, m, j=1, 2, \cdots, n)$에 대하여 $m \times n$ 연립일차방정식이란 n개의 미지수 $x_1, x_2, \cdots, x_n$을 포함하는 m개의 일차방정식의 묶음

$$\begin{cases} a_{11}x_1 + a_{12}x_2 + \cdots + a_{1n}x_n = b_1 \\ a_{21}x_1 + a_{22}x_2 + \cdots + a_{2n}x_n = b_2 \\ \qquad \vdots \\ a_{m1}x_1 + a_{m2}x_2 + \cdots + a_{mn}x_n = b_m \end{cases}$$

을 말한다. 이때, 연립방정식의 미지수 $x_1, x_2, \cdots, x_n$에 어떤 수 $c_1, c_2, \cdots, c_n$을 각각 대입하였을 때, 각 방정식이 모두 만족되면 순서쌍 $(c_1, c_2, \cdots, c_n)$을 이 연립일차방정식의 해(solution)라고 하고 모든 해들의 집합을 해집합(solution set)이라고 한다. 한편, 같은 변수를 갖는 두 개의 연립방정식이 동일한 해집합을 가질 때, 두 연립방정식을 동치(equivalent)라고 한다.

예 제

다음의 두 연립방정식

$$\begin{cases} x + y = 3 \\ x - y = 1 \end{cases}, \quad \begin{cases} -x - y = -3 \\ 2x - 2y = 2 \end{cases}$$

을 풀면 모두 해집합이 (2, 1)로서 동일하므로 두 연립방정식은 동치이다.

연립일차방정식의 해집합을 기하학적으로 조사하여 보자. 위 예제의 첫 번째 연립일차방정식

$$\begin{cases} x+y=3 \\ x-y=1 \end{cases} \tag{2}$$

에서 각 방정식은 좌표평면 위의 직선으로 표시할 수 있다. 순서쌍 (c_1, c_2)가 이 연립일차방정식의 해가 될 필요충분조건은 점 (c_1, c_2)가 두 직선 위에 공통으로 있는 것, 즉 두 직선의 교점이 되는 것이다(그림 1.1). 연립방정식 (2)의 두 직선은 점 (2, 1)에서 서로 만나며 따라서 (2)의 해집합은 (2, 1)이다.

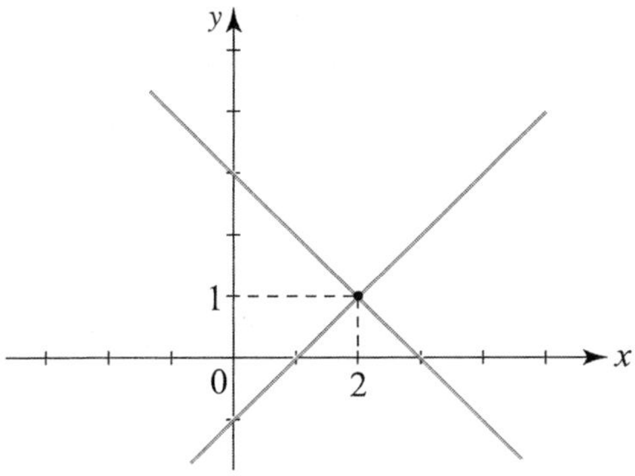

그림 1.1
해와 교점

물론, 두 직선이 만나지 않을 수도 있고, 일치할 수도 있다. 두 직선이 만나지 않는다는 것은 곧 그 연립일차방정식이 해를 갖지 않는다는 것이고, 두 직선이 서로 일치한다는 것은 무수히 많은 해를 갖는다는 것이다. 연립방정식의 해가 없는 경우, 즉 해집합이 공집합일 때, 그 연립방정식을 불능(inconsistent)이라고 한다. 다음은 불능인 경우와 무수히 많은 해를 갖는 경우의 예이다.

$$\begin{cases} x-y=-2 \\ x-y=\ \ \ 4 \end{cases} \tag{3}$$

$$\begin{cases} \ \ \ x-y=-2 \\ -x+y=\ \ \ 2 \end{cases} \tag{4}$$

연립방정식 (3)의 두 직선은 평행하다. 그러므로 연립방정식 (3)은 불능이며, 해집합은 공집합이다. 연립방정식 (4)의 두 방정식은 같은 직선을 나타낸다. 따라서

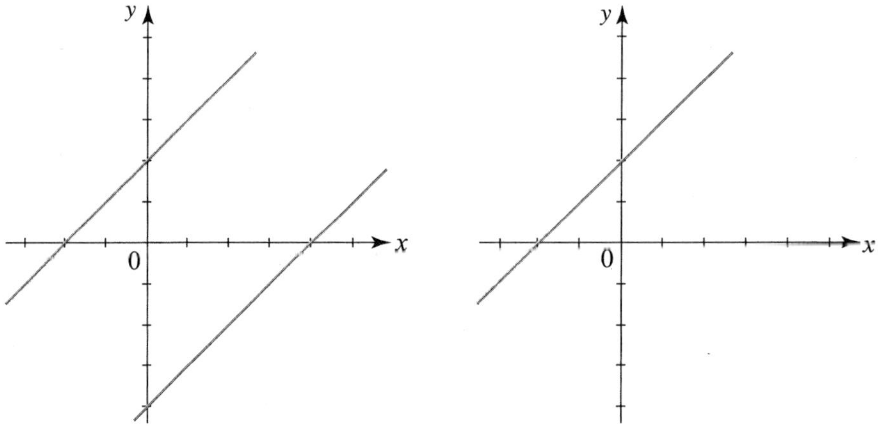

그림 1.2
불능과 무수히 많은 해

그 직선 위에 있는 모든 점들이 이 연립방정식의 해가 된다(그림 1.2).

기하적으로 공간 상에서의 두 직선은 만나지 않든가, 한 점에서 만나든가, 아니면 두 직선이 완전히 일치하든가, 세 가지 중 한 경우가 된다. 일반적인 연립일차방정식에 대해서도 동일한 현상이 일어나는데 다음 정리는 이를 표현하고 있다.

정리 1.1.1

연립일차방정식의 해의 개수에 대하여 다음 중 하나가 성립한다.

(i) 해를 갖지 않는다.
(ii) 유일한 해를 갖는다.
(iii) 무수히 많은 해를 갖는다.

따라서 두 개의 해를 갖는 연립일차방정식이란 있을 수 없게 된다. 그러나 연립방정식이 선형, 즉 일차가 아닐 때는 위의 진술이 참이 아니다. 아래의 연습문제 2에서는 실제로 (일차가 아닌!) 비선형연립방정식이 단 두 개의 해만을 가지는 경우를 제시하고 있다.

연립일차방정식의 한 해법인 소거법을 관찰해 보면, 변수는 계수들의 위치를 나타낼 뿐 별다른 역할을 하지 않음을 알 수 있다. 따라서 변수를 반복해서 쓸 필요 없이, 계수만으로 소거법을 시행하여도 같은 결과를 얻을 수 있는데 이러한 방법을 가우스(Gauss) 소거법이라고 한다. 다음 절에서 먼저 행렬에 대해서 살펴본 후 이것을 소개하기로 한다.

연습문제 1.1

1. 다음 각 연립방정식의 해를 구하여라.

(a) $\begin{cases} x - 2y = 5 \\ 3x + y = 1 \end{cases}$ (b) $\begin{cases} 3x - y + z = 0 \\ 2x + 2z = 1 \end{cases}$

(c) $\begin{cases} x + 2y - z = 1 \\ 2x - y + z = 3 \\ -x + 2y + 3z = 7 \end{cases}$ (d) $\begin{cases} 3x + 2y + z = 0 \\ -2x + y - z = 2 \\ 2x - y + 2z = -1 \end{cases}$

2. 다음 비선형 연립방정식이 단 두 개의 해만을 가짐을 보여라.

$$\begin{cases} x^2 - y = 0 \\ x - y = -2 \end{cases}$$

1.2 행렬의 정의와 연산

mn개의 수 a_{ij}($i=1, 2, \cdots, m$, $j=1, 2, \cdots, n$)를 아래와 같이 직사각형 꼴로 배열한 것을 $m \times n$ 행렬(matrix) 또는 (m, n) 행렬이라고 하고 대문자 A, B, C, … 등으로 표시한다.

$$A = \begin{pmatrix} a_{11} & a_{12} & \cdots & a_{1n} \\ a_{21} & a_{22} & \cdots & a_{2n} \\ \vdots & \vdots & \ddots & \vdots \\ a_{m1} & a_{m2} & \cdots & a_{mn} \end{pmatrix}$$

위의 행렬 A에서 a_{ij}를 (i, j) 원소 또는 성분이라고 하고 가로로 늘어선 수들을 행(row)이라고 하고 세로로 늘어선 수들을 열(column)이라고 한다. 그리고 $1 \le i \le m$에 대해서

$$(a_{i1}\ a_{i2}\ \cdots\ a_{in}) \tag{1}$$

을 행렬 A의 제 i행(ith row)이라고 하고 $1 \le j \le n$에 대해서

$$\begin{pmatrix} a_{1j} \\ a_{2j} \\ \vdots \\ a_{mj} \end{pmatrix}$$

를 행렬 A의 제 j열(jth column)이라고 한다. 또 각 행을 행벡터(row vector),

각 열을 열벡터(column vector)라고 부르기도 하며, (1)과 같은 행벡터의 경우에는 콤마를 삽입하여

$$(a_{i1},\ a_{i2},\ \cdots,\ a_{in})$$

와 같이 표현하기도 한다. 한편, 행렬 A는 간단히 (a_{ij}) 즉, $A=(a_{ij})$ 등으로 표현하기도 하고 특히 A가 $m\times n$ 행렬인을 드러내고자 할 경우에는 $A=(a_{ij})_{m\times n}$과 같이 표현한다. A의 i번째 행벡터를 $\mathbf{a}^i$로, j번째 열벡터를 $\mathbf{a}_j$로 표시할 때 행렬 A를 다음과 같이 자신의 열벡터 또는 행벡터들의 조합으로 표현할 수도 있다.

$$A=(\mathbf{a}_1,\ \mathbf{a}_2,\ \cdots,\ \mathbf{a}_n),\quad A=\begin{pmatrix}\mathbf{a}^1\\ \mathbf{a}^2\\ \vdots\\ \mathbf{a}^m\end{pmatrix}$$

예제 1

다음 행렬들의 형과 행벡터 열벡터 등을 조사하여라.

(a) $A=\begin{pmatrix}2&3&5&7\\-1&4&3&5\end{pmatrix}$ (b) $B=\begin{pmatrix}1&0&2\\0&0&0\\2&3&1\end{pmatrix}$

(c) $C=\begin{pmatrix}4\\2\\1\end{pmatrix}$ (d) $D=(1\ \ -2\ \ 3\ \ 5)$

풀이

(a) A는 2×4 행렬이고 A의 제 1행 행벡터는 $\mathbf{a}^1=(2,\ 3,\ 5,\ 7)$이고 제 2행 행벡터는 $\mathbf{a}^2=(-1,\ 4,\ 3,\ 5)$, 제 1열 열벡터는 $\mathbf{a}_1=\begin{pmatrix}2\\-1\end{pmatrix}$, $\cdots$, 제 4열 열벡터는 $\mathbf{a}_4=\begin{pmatrix}7\\5\end{pmatrix}$이다.

(b) B는 3×3 행렬 또는 3차 행렬이라고 한다.

(c) C는 3×1 행렬로서 열벡터이다.

(d) D는 1×4 행렬로서 행벡터이다.

행과 열의 수가 같은 $n\times n$ 행렬을 n차 정방행렬(square matrix)이라고 한다. n차 정방행렬 $A=(a_{ij})$의 대각선원소 $a_{11},\ a_{22},\ \cdots,\ a_{nn}$을 주대각성분(main diagonal entries)이라고 하고 주대각성분을 맺는 선을 주대각선(main diagonal line)이라고 한다. 정방행렬 중에서 주대각성분 이외의 모든 성분이 0인 행렬을 대각행렬(diagonal matrix)이라고 한다. 이제 행렬의 기본연산을 정의하자.

정 의

두 행렬 $A=(a_{ij})_{m\times n}$와 $B=(b_{ij})_{p\times q}$에 대해

(i) $m=p,\ n=q$

(ii) 임의의 $1\le i\le m,\ 1\le j\le n$에 대해서 $a_{ij}=b_{ij}$

일 때 행렬 A와 B는 서로 같다고 하고 $A=B$로 표시한다.

예제 2

다음의 두 행렬

$$A=\begin{pmatrix}1 & 2\\ x & -3\end{pmatrix},\quad B=\begin{pmatrix}1 & 2\\ 2 & y\end{pmatrix}$$

에 대해서 $A=B$이기 위한 필요충분조건은 $x=2,\ y=-3$이다.

■ 행렬의 스칼라 곱셈과 덧셈

정 의

상수 α와 행렬 A의 스칼라 곱셈(scalar multiplication)은 A의 모든 원소에 α를 곱한 것을 원소로 하는 행렬로 정의하는데 이것을 A의 스칼라배(scalar multiple)라고 한다. 즉

$$\alpha A=\begin{pmatrix}\alpha a_{11} & \alpha a_{12} & \cdots & \alpha a_{1n}\\ \alpha a_{21} & \alpha a_{22} & \cdots & \alpha a_{2n}\\ \vdots & \vdots & \ddots & \vdots\\ \alpha a_{m1} & \alpha a_{m2} & \cdots & \alpha a_{mn}\end{pmatrix}$$

이고 $A\alpha=\alpha A$로 본다. 그리고 두 $m\times n$ 행렬 $A=(a_{ij})$와 $B=(b_{ij})$의 합(sum) $A+B$는 같은 행과 열에 있는 원소끼리의 합으로 이루어진 행렬로 정의된다. 즉,

$$A+B=\begin{pmatrix} a_{11} & a_{12} & \cdots & a_{1n} \\ \vdots & \vdots & & \vdots \\ a_{m1} & a_{m2} & \cdots & a_{mn} \end{pmatrix}+\begin{pmatrix} b_{11} & b_{12} & \cdots & b_{1n} \\ \vdots & \vdots & & \vdots \\ b_{m1} & b_{m2} & \cdots & b_{mn} \end{pmatrix}$$

$$=\begin{pmatrix} a_{11}+b_{11} & a_{12}+b_{12} & \cdots & a_{1n}+b_{1n} \\ \vdots & \vdots & & \vdots \\ a_{m1}+b_{m1} & a_{m2}+b_{m2} & \cdots & a_{mn}+b_{mn} \end{pmatrix}$$

한편 $A-B=A+(-1)B$로 정의하면 $A-B$는 A의 각 성분에서 그에 대응하는 B의 각 성분을 뺀 것임을 알 수 있다.

예제 3

행렬 A, B가 다음과 같이 주어졌을 때 아래 각 문항의 행렬을 구하여라.

$$A=\begin{pmatrix} 1 & -3 & 4 \\ -2 & 1 & 3 \end{pmatrix},\ B=\begin{pmatrix} -1 & -3 & 2 \\ 4 & 1 & 1 \end{pmatrix}$$

(a) $-3A$ (b) $\frac{1}{2}(A+B)$ (c) $\frac{1}{2}(A-B)$

풀이

(a) $-3A=\begin{pmatrix} -3 & 9 & -12 \\ 6 & -3 & -9 \end{pmatrix}$

(b) $\frac{1}{2}(A+B)=\frac{1}{2}\begin{pmatrix} 0 & -6 & 6 \\ 2 & 2 & 4 \end{pmatrix}=\begin{pmatrix} 0 & -3 & 3 \\ 1 & 1 & 2 \end{pmatrix}$

(c) $\frac{1}{2}(A-B)=\frac{1}{2}\begin{pmatrix} 2 & 0 & 2 \\ -6 & 0 & 2 \end{pmatrix}=\begin{pmatrix} 1 & 0 & 1 \\ -3 & 0 & 1 \end{pmatrix}$

정 의

다음의 행렬

$$O=\begin{pmatrix} 0 & 0 & \cdots & 0 \\ 0 & 0 & \cdots & 0 \\ \vdots & \vdots & & \vdots \\ 0 & 0 & \cdots & 0 \end{pmatrix}$$

과 같이 모든 원소가 0인 행렬을 **영행렬**(zero matrix)이라고 한다.

행렬 A와 같은 크기를 갖는 영행렬 O에 대해서

$$A + O = O + A = A$$

가 성립한다. 즉, $m \times n$ 영행렬은 모든 $m \times n$ 행렬들의 집합에서 덧셈에 대한 항등원의 역할을 한다. 그리고 이 집합에서 각 행렬은 덧셈에 대한 역원을 갖는다. 왜냐하면

$$A + (-1)A = O = (-1)A + A$$

이기 때문이다. 따라서 A의 역원을 $-A$라고 표시하면 $-A = (-1)A$임을 알 수 있다.

다음 정리는 행렬의 스칼라 곱셈과 행렬의 합 사이에 교환법칙, 결합법칙, 분배법칙 등이 성립함을 말해준다.

정리 1.2.1

임의의 상수 α, β와 같은 크기의 임의의 행렬 A, B, C에 대하여 다음은 항상 성립한다

(i) $A + B = B + A$
(ii) $(A + B) + C = A + (B + C)$
(iii) $(\alpha\beta)A = \alpha(\beta A)$
(iv) $(\alpha + \beta)A = \alpha A + \beta A$
(v) $\alpha(A + B) = \alpha A + \alpha B$

■ 행렬의 곱셈

정 의

행렬 $A = (a_{ij})$가 $m \times n$ 행렬이고 행렬 $B = (b_{jk})$가 $n \times p$ 행렬일 때, 두 행렬 A와 B의 곱(product) $AB = C = (c_{ik})$는 $m \times p$ 행렬로서 그 (i, k) 성분은 다음과 같이 정의된다.

$$c_{ik} = \sum_{j=1}^{n} a_{ij} b_{jk} = a_{i1} b_{1k} + a_{i2} b_{2k} + \cdots + a_{in} b_{nk}$$

위의 정의에서 두 행렬을 곱한 행렬의 (i, k) 성분은 A의 i행과 B의 k열을 택해

서 대응하는 성분을 서로 곱한 다음 그들을 모두 더한 것이다. 이런 방법으로 성분들을 짝짓기 위해서는 A의 열의 개수와 B의 행의 개수가 같아야만 한다. 이 개수가 서로 다른 경우에는 곱이 정의되지 않는다.

행렬의 곱셈을 덧셈처럼 같은 크기의 행렬을 가지고 같은 위치에 있는 성분끼리 곱하는 방식으로 정의하지 않고 이처럼 좀 특이하게 정의하는 데는 이유가 있다. 그것은 곧 유용성의 문제이다. 위의 정의와 같이 행렬의 곱셈을 정의할 때, 실제적 응용에 있어서 훨씬 더 큰 효용성을 가지기 때문이다. 예를 들면 앞 절에서 공부한 일반적인 연립일차방정식

$$\begin{cases} a_{11}x_1 + a_{12}x_2 + \cdots + a_{1n}x_n = b_1 \\ a_{21}x_1 + a_{22}x_2 + \cdots + a_{2n}x_n = b_2 \\ \quad\quad\vdots \\ a_{m1}x_1 + a_{m2}x_2 + \cdots + a_{mn}x_n = b_m \end{cases} \tag{2}$$

도 행렬의 곱셈을 이용하면 다음과 같이 간단히 표현할 수 있다. 즉, 연립방정식 (2)의 계수로 이루어진 $m \times n$ 행렬을 $A = (a_{ij})$라고 하고

$$\mathbf{x} = \begin{pmatrix} x_1 \\ x_2 \\ \vdots \\ x_n \end{pmatrix}, \quad \mathbf{b} = \begin{pmatrix} b_1 \\ b_2 \\ \vdots \\ b_m \end{pmatrix}$$

라고 두면 연립일차방정식 (2)는

$$A\mathbf{x} = \mathbf{b}$$

로 표현된다. 이것은 마치 통상적인 일차방정식 $ax = b$를 연상하게 한다. 행렬의 곱셈의 다소 특별한 정의는 이와 같이 연립일차방정식의 매우 깨끗하고 세련된 표현을 제공한다. 이러한 맥락에서 앞으로는 연립방정식의 해를 행벡터가 아닌 열벡터로 표현하기로 한다. 즉 $x_1 = c_1, x_2 = c_2, \cdots, x_n = c_n$이 연립방정식 (2)의 해일 때 이 해를$(c_1, c_2, \ldots, c_n)$으로 표현하지 않고 열벡터인$(c_1, c_2, \ldots, c_n)^T$로 표현한다.

예제 4

다음 주어진 행렬들에 대해서 아래 각 문항의 행렬을 계산하여라.

$$A = \begin{pmatrix} 1 & 2 & 3 \\ 0 & 1 & -1 \end{pmatrix}, \quad B = \begin{pmatrix} 1 & 1 \\ 2 & 0 \\ 3 & -1 \end{pmatrix}, \quad C = \begin{pmatrix} 1 & -1 \\ 0 & 1 \end{pmatrix}, \quad D = \begin{pmatrix} 1 & 2 \\ 1 & 1 \end{pmatrix}$$

(a) AB (b) BA (c) $(AB)C$
(d) $A(BC)$ (e) CD (f) DC

풀이

먼저 A는 2×3 행렬, B는 3×2 행렬, C는 2×2 행렬이므로 AB, BA, BC, CA 등에 대해서는 곱셈이 가능함을 알 수 있다. 그러나 AC나 CB는 곱셈이 정의될 수 없다.

(a) $$AB=\begin{pmatrix} 1\cdot 1+2\cdot 2+3\cdot 3 & 1\cdot 1+2\times 0+3\cdot(-1) \\ 0\cdot 1+1\cdot 2+(-1)\cdot 3 & 0\cdot 1+1\cdot 0+(-1)\cdot(-1)\end{pmatrix}$$
$$=\begin{pmatrix} 14 & -2 \\ -1 & 1\end{pmatrix}$$

(b) $$BA=\begin{pmatrix} 1\cdot 1+1\cdot 0 & 1\cdot 2+1\cdot 1 & 1\cdot 3+1\cdot(-1) \\ 2\cdot 1+0\cdot 0 & 2\cdot 2+0\cdot 1 & 2\cdot 3+0\cdot(-1) \\ 3\cdot 1+(-1)\cdot 0 & 3\cdot 2+(-1)\cdot 1 & 3\cdot 3+(-1)\cdot(-1)\end{pmatrix}$$
$$=\begin{pmatrix} 1 & 3 & 2 \\ 2 & 4 & 6 \\ 3 & 5 & 10\end{pmatrix}$$

(c) $$(AB)C=\begin{pmatrix} 14 & -2 \\ -1 & 1\end{pmatrix}\begin{pmatrix} 1 & -1 \\ 0 & 1\end{pmatrix}=\begin{pmatrix} 14 & -16 \\ -1 & 2\end{pmatrix}$$

(d) $$A(BC)=\begin{pmatrix} 1 & 2 & 3 \\ 0 & 1 & -1\end{pmatrix}\begin{pmatrix} 1 & 0 \\ 2 & -2 \\ 3 & -4\end{pmatrix}=\begin{pmatrix} 14 & -16 \\ -1 & 2\end{pmatrix}$$

(e) $$CD=\begin{pmatrix} 0 & 1 \\ 1 & 1\end{pmatrix}$$

(f) $$DC=\begin{pmatrix} 1 & 1 \\ 1 & 0\end{pmatrix}$$

위의 예제에서 알 수 있는 바와 같이 행렬 A와 B의 곱 AB는 A의 열의 수와 B의 행의 수가 같을 때만 정의된다. 여기서 AB는 2차, BA는 3차 정방행렬이므로 $AB\neq BA$이다. 두 행렬 A와 B가 $n\times n$ 정방행렬이면, AB와 BA도 모두 $n\times n$ 정방행렬이지만, 위의 예제 (e), (f)에서 보듯이, 일반적으로 같지는 않다. 즉, 행렬의 곱셈은 교환법칙이 성립하지는 않는다. 그러나 다음 정리에서 보듯이 행렬의 곱셈에 관한 결합법칙, 분배법칙 등은 여전히 성립한다는 것을 알 수 있다.

정리 1.2.2

임의의 상수 α와 임의의 행렬 A, B, C에 대하여 다음은 항상 성립한다. 단, 주어진 연산은 정의되어 있다고 가정한다.

(i) $(AB)C=A(BC)$

(ii) $A(B+C)=AB+AC$

(iii) $(A+B)C=AC+BC$

(iv) $\alpha(AB)=(\alpha A)B=A(\alpha B)$

[증명] 나머지는 모두 쉽게 확인할 수 있으므로 여기서는 (i)만 증명하기로 한다. $A=(a_{ik})$는 $m\times n$ 행렬, $B=(b_{kl})$는 $n\times r$ 행렬, $C=(c_{lj})$는 $r\times s$ 행렬이라고 하자. 이제

$$AB=D=(d_{ij}), \quad BC=E=(e_{ij})$$

라고 놓고 $DC=AE$, 즉 DC의 (i, j) 성분과 AE의 (i, j) 성분이 항상 일치함을 보이면 된다. 행렬의 곱의 정의에 의하여

$$d_{il}=\sum_{k=1}^{n}a_{ik}b_{kl}, \quad e_{kj}=\sum_{l=1}^{r}b_{kl}c_{lj}$$

이다. 그러므로 DC의 (i, j) 성분은

$$\sum_{l=1}^{r}d_{il}c_{lj}=\sum_{l=1}^{r}\left(\sum_{k=1}^{n}(a_{ik}b_{kl})c_{lj}\right)=\sum_{l=1}^{r}\sum_{k=1}^{n}(a_{ik}b_{kl}c_{lj}),$$

또 AE의 (i, j) 성분은

$$\sum_{k=1}^{n}a_{ik}e_{kj}=\sum_{k=1}^{n}a_{ik}\left(\sum_{l=1}^{r}b_{kl}c_{lj}\right)=\sum_{l=1}^{r}\sum_{k=1}^{n}(a_{ik}b_{kl}c_{lj})$$

으로서 서로 같다. 따라서 $(AB)C=DC=AE=A(BC)$가 성립한다.

위의 정리 (i)은 행렬의 곱셈에 관한 결합법칙 $(AB)C=A(BC)$가 성립함을 나타내고 있다. 따라서 곱하는 연산을 어느 쪽을 먼저 하든지 동일한 결과를 얻으므로 세 행렬의 곱을 표현할 때 괄호를 생략하고 간단히 ABC로 쓰기도 한다.

■ 행렬의 여러 종류

주대각성분이 모두 1이고 다른 성분은 모두 0인 n차 정방행렬 즉,

$$I=\begin{pmatrix}1 & 0 & \cdots & 0\\ 0 & 1 & \cdots & 0\\ \vdots & \vdots & \ddots & \vdots\\ 0 & 0 & \cdots & 1\end{pmatrix}$$

를 n차 항등행렬(identity matrix)이라고 한다. 또 항등행렬은

$$\delta_{ij}=\begin{cases}1, & i=j\\ 0, & i\neq j\end{cases}$$

와 같이 정의되는 크로네커(Kronecker)의 δ를 이용하여 $I=(\delta_{ij})$로 표현되기도 한다. 임의의 n차 정방행렬 A에 대하여 다음이 성립함을 쉽게 알 수 있다.

$$AI=IA=A$$

즉, n차 항등행렬 I는 모든 n차 정방행렬들의 집합에서 행렬의 곱셈에 대한 항등원이다. 한편 n차 정방행렬 A의 거듭제곱은 다음과 같이 정의된다.

$$A^k=AA\cdots A$$

우변은 A가 연속적으로 k번 곱해졌음을 나타낸다.

정 의

행렬 A의 모든 행을 열로 뒤바꾼 행렬을 A의 전치행렬(transpose of A)이라고 하고 A^T로 나타낸다. 즉, $A=(a_{ij})$가 $m\times n$ 행렬이면 A^T는 $n\times m$ 행렬로서

$$A^T=(a'_{ji})$$

이다. 여기서 $a'_{ji}=a_{ij}$, $(1\le i\le m, 1\le j\le n)$이다. 따라서 A^T의 j행은 A의 j열의 성분과 같고, A^T의 i열은 A의 i행의 성분과 같게 된다.

예제 5

다음 행렬 A, B에 대하여 A^2, A^3, A^T와 B^T를 구하여라.

$$A=\begin{pmatrix}1 & -2\\ 2 & 3\end{pmatrix},\qquad B=\begin{pmatrix}1 & 0 & 2\\ -1 & 3 & 5\end{pmatrix}$$

풀이

$A^2 = \begin{pmatrix} -3 & -8 \\ 8 & 5 \end{pmatrix}$이므로 $A^3 = \begin{pmatrix} -3 & -8 \\ 8 & 5 \end{pmatrix}\begin{pmatrix} 1 & -2 \\ 2 & 3 \end{pmatrix} = \begin{pmatrix} -19 & -18 \\ 18 & -1 \end{pmatrix}$이다.

한편 A, B의 전치행렬은 각각

$$A^T = \begin{pmatrix} 1 & 2 \\ -2 & 3 \end{pmatrix}, \qquad B^T = \begin{pmatrix} 1 & -1 \\ 0 & 3 \\ 2 & 5 \end{pmatrix}$$

와 같이 원래 행렬의 행과 열을 뒤바꾼 형태이다.

정리 1.2.3

임의의 상수 α와 행렬 A, B에 대하여 다음이 성립한다.

(i) $(A^T)^T = A$

(ii) $(A+B)^T = A^T + B^T$

(iii) $(\alpha A)^T = \alpha A^T$

(iv) $(AB)^T = B^T A^T$

예제 6

다음의 두 행렬 A, B 에 대하여 $(AB)^T$와 $B^T A^T$를 비교하여라.

$$A = \begin{pmatrix} 1 & -2 & 3 \\ 2 & 0 & 1 \end{pmatrix}, \qquad B = \begin{pmatrix} 1 & 2 & -2 \\ -1 & 3 & 4 \\ 0 & 1 & 5 \end{pmatrix}$$

풀이

먼저 행렬 AB 및 A^T, B^T는 다음과 같다.

$$AB = \begin{pmatrix} 3 & -1 & 5 \\ 2 & 5 & 1 \end{pmatrix}, \ A^T = \begin{pmatrix} 1 & 2 \\ -2 & 0 \\ 3 & 1 \end{pmatrix}, \ B^T = \begin{pmatrix} 1 & -1 & 0 \\ 2 & 3 & 1 \\ -2 & 4 & 5 \end{pmatrix}$$

따라서

$$(AB)^T = \begin{pmatrix} 3 & 2 \\ -1 & 5 \\ 5 & 1 \end{pmatrix}, \ B^T A^T = \begin{pmatrix} 1 & -1 & 0 \\ 2 & 3 & 1 \\ -2 & 4 & 5 \end{pmatrix}\begin{pmatrix} 1 & 2 \\ -2 & 0 \\ 3 & 1 \end{pmatrix} = \begin{pmatrix} 3 & 2 \\ -1 & 5 \\ 5 & 1 \end{pmatrix}$$

즉, 위 정리의 (iv)에서 주장한 바와 같이 $(AB)^T = B^T A^T$ 임을 확인할 수 있다.

정 의

정방행렬 A가 $A^T = A$를 만족할 때 A를 대칭행렬(symmetric matrix)이라고 하고, $A^T = -A$를 만족하면 엇대칭행렬(skew symmetric matrix)이라고 한다.

위의 정의로부터 정방행렬 $A = (a_{ij})$가 대칭행렬이면 모든 i, j에 대하여 $a_{ij} = a_{ji}$ 임을 알 수 있다. 또 $A = (a_{ij})$가 엇대칭행렬이면 모든 i, j에 대하여 $a_{ij} = -a_{ji}$임을 알 수 있고 이 경우 특히 $i = j$이면 $a_{ii} = -a_{ii}$ 즉, $a_{ii} = 0$이므로 엇대칭행렬의 주대각성분은 모두 0임을 알 수 있다.

예제 7

아래의 행렬 중에서 A와 I는 대칭행렬이고, B는 엇대칭행렬이다.

$$A = \begin{pmatrix} 1 & 2 & 3 \\ 2 & 4 & 5 \\ 3 & 5 & 6 \end{pmatrix}, \qquad B = \begin{pmatrix} 0 & 1 & -2 \\ -1 & 0 & 3 \\ 2 & -3 & 0 \end{pmatrix}, \qquad I = \begin{pmatrix} 1 & 0 & 0 \\ 0 & 1 & 0 \\ 0 & 0 & 1 \end{pmatrix}$$

■ 행렬의 분할

주어진 행렬에 횡선과 수선을 적당히 그어서 그 행렬을 부분행렬들의 행렬로 생각하는 것이 유용한 경우가 많이 있다. 예를 들어

$$A = \left(\begin{array}{ccc|cc} 1 & -1 & 0 & 2 & -2 \\ 3 & 0 & -1 & 1 & -3 \\ \hline -2 & 4 & 1 & 3 & 2 \end{array}\right)$$

와 같이 행렬 A를 부분행렬

$$A_{11} = \begin{pmatrix} 1 & -1 & 0 \\ 3 & 0 & -1 \end{pmatrix}, \qquad A_{12} = \begin{pmatrix} 2 & -2 \\ 1 & -3 \end{pmatrix},$$

$$A_{21} = (-2,\ 4,\ 1), \qquad A_{22} = (3, 2)$$

로 나누어서

$$A = \begin{pmatrix} A_{11} & A_{12} \\ A_{21} & A_{22} \end{pmatrix}$$

로 나타낼 수도 있고, 또

$$A = \left(\begin{array}{cc|cc|c} 1 & -1 & 0 & 2 & -2 \\ \hline 3 & 0 & -1 & 1 & -3 \\ -2 & 4 & 1 & 3 & 2 \end{array}\right)$$

와 같이 부분행렬

$$A_{11} = (1, \ -1), \qquad A_{12} = (0, \ 2), \qquad A_{13} = (-2),$$
$$A_{21} = \begin{pmatrix} 3 & 0 \\ -2 & 4 \end{pmatrix}, \qquad A_{22} = \begin{pmatrix} -1 & 1 \\ 1 & 3 \end{pmatrix}, \quad A_{23} = \begin{pmatrix} -3 \\ 2 \end{pmatrix}$$

로 분할하여

$$A = \begin{pmatrix} A_{11} & A_{12} & A_{13} \\ A_{21} & A_{22} & A_{23} \end{pmatrix} \tag{3}$$

로 나타낼 수도 있다. 이렇게 분할된 행렬을 **블록행렬**(block matrix)이라고 한다. 이러한 블록행렬을 행렬의 곱셈에 이용할 수도 있는데 예를 들어

$$B = \begin{pmatrix} 1 & 0 & 2 & 1 \\ 2 & 3 & 1 & 0 \\ 1 & 0 & 0 & 1 \\ 1 & 2 & 1 & 1 \\ 5 & 4 & 0 & 0 \end{pmatrix}$$

일 때, 행렬의 곱 AB의 계산에 블록행렬 (3)을 사용하여 보자. A가 2×3 블록행렬이므로 일단 B는 세 개의 행으로 분할되어야 한다. 열의 개수는 어떻게 분할하든지 상관이 없지만 예를 들어 두 개로 분할해 보자. 그러면 B는 다음과 같이 3×2 블록행렬이 된다.

$$B = \begin{pmatrix} B_{11} & B_{12} \\ B_{21} & B_{22} \\ B_{31} & B_{32} \end{pmatrix} \tag{4}$$

(3)과 (4)를 써서 AB를 계산하면 다음과 같이 된다.

$$AB = \begin{pmatrix} A_{11}B_{11} + A_{12}B_{21} + A_{13}B_{31} & A_{11}B_{12} + A_{12}B_{22} + A_{13}B_{32} \\ A_{21}B_{11} + A_{22}B_{21} + A_{23}B_{31} & A_{21}B_{12} + A_{22}B_{22} + A_{23}B_{32} \end{pmatrix} \tag{5}$$

여기서 볼 수 있듯이 이러한 부분행렬들끼리의 곱셈이 이루어지기 위해서는 각 $A_{ij}B_{jk}$에서 A_{ij}의 열의 수와 B_{jk}의 행의 수가 일치해야 한다. 따라서 B_{11}, B_{21}은 두 개의 행으로, 그리고 B_{31}은 한 개의 행으로 구성되어야 한다. 역시 열은 어떤 형

태의 구성이든지 상관이 없지만 예를 들어 B를 다음과 같이 분할하였다고 해보자.

$$B=\left(\begin{array}{c|ccc}1&0&2&1\\2&3&1&0\\\hline 1&0&0&1\\1&2&1&1\\\hline 5&4&0&0\end{array}\right)$$

그러면

$$\begin{aligned}A_{11}B_{11}+A_{12}B_{21}+A_{13}B_{31}&=(1,\,-1)\begin{pmatrix}1\\2\end{pmatrix}+(0,\;2)\begin{pmatrix}1\\1\end{pmatrix}+(-2)(5)\\&=(-9)\end{aligned}$$

$$\begin{aligned}A_{11}B_{12}+A_{12}B_{22}+A_{13}B_{32}&=(1,-1)\begin{pmatrix}0&2&1\\3&1&0\end{pmatrix}+(0,,\;2)\begin{pmatrix}0&0&1\\2&1&1\end{pmatrix}\\&\quad+(-2)(4,0,0)=(-7,3,3)\end{aligned}$$

$$\begin{aligned}A_{21}B_{11}+A_{22}B_{21}+A_{23}B_{31}&=\begin{pmatrix}3&0\\-2&4\end{pmatrix}\begin{pmatrix}1\\2\end{pmatrix}+\begin{pmatrix}-1&1\\1&3\end{pmatrix}\begin{pmatrix}1\\1\end{pmatrix}+\begin{pmatrix}-3\\2\end{pmatrix}(5)\\&=\begin{pmatrix}-12\\20\end{pmatrix}\end{aligned}$$

$$\begin{aligned}A_{21}B_{12}+A_{22}B_{22}+A_{23}B_{32}&=\begin{pmatrix}3&0\\-2&4\end{pmatrix}\begin{pmatrix}0&2&1\\3&1&0\end{pmatrix}+\begin{pmatrix}-1&1\\1&3\end{pmatrix}\begin{pmatrix}0&0&1\\2&1&1\end{pmatrix}\\&\quad+\begin{pmatrix}-3\\2\end{pmatrix}(4,0,0)=\begin{pmatrix}-10&7&3\\26&3&2\end{pmatrix}\end{aligned}$$

이므로 식 (5)는

$$AB=\left(\begin{array}{c|ccc}-9&-7&3&3\\\hline -12&-10&7&3\\20&26&3&2\end{array}\right)=\begin{pmatrix}-9&-7&3&3\\-12&-10&7&3\\20&26&3&2\end{pmatrix}$$

가 되어 통상적인 행렬의 곱셈 계산과 일치하게 된다.

이상에서 살펴본 것처럼 블록행렬을 구성하여 행렬의 곱셈을 하려고 할 때, 어떤 형태로 행렬을 분할하든지 임의적으로 할 수 있지만, 주의해야 할 것은 부분행렬들끼리의 곱셈이 가능하도록 분할해야 한다는 것이다.

예제 8

행렬 A와 B를 다음과 같이 분할하였을 때, 그들의 곱 AB를 계산하여라.

$$A=\left(\begin{array}{cc|cc} 3 & 1 & 0 & 0 \\ \hline 0 & 0 & 1 & 1 \\ 0 & 0 & 2 & 1 \end{array}\right), \quad B=\left(\begin{array}{cc|cc} 0 & 0 & 2 & 2 \\ 0 & 0 & 4 & 1 \\ \hline 2 & 1 & 0 & 0 \\ 1 & 5 & 0 & 0 \end{array}\right)$$

풀이

A와 B의 부분행렬들을 각각의 위치에 따라서 A_{ij}, B_{ij}라고 하고 특히 영행렬은 크기에 관계없이 O라고 쓰면 블록행렬 A, B의 곱은 다음과 같이 계산된다.

$$AB=\begin{pmatrix} A_{11} & O \\ O & A_{22} \end{pmatrix}\begin{pmatrix} O & B_{12} \\ B_{21} & O \end{pmatrix}=\begin{pmatrix} O & A_{11}B_{12} \\ A_{22}B_{21} & O \end{pmatrix}$$

$$=\left(\begin{array}{cc|cc} 0 & 0 & 10 & 7 \\ \hline 3 & 6 & 0 & 0 \\ 5 & 7 & 0 & 0 \end{array}\right)=\begin{pmatrix} 0 & 0 & 10 & 7 \\ 3 & 6 & 0 & 0 \\ 5 & 7 & 0 & 0 \end{pmatrix}$$

블록행렬이 특히 유용하게 사용되는 것은 행렬을 행벡터들로만, 또는 열벡터들로만 분할할 때이다. $A=(a_{ij})$가 $m \times n$ 행렬이고 $B=(b_{ij})$가 $n \times p$ 행렬이면 이들을 다음과 같이 분할 할 수 있다.

$$A=(\mathbf{a}_1, \cdots, \mathbf{a}_n)=\begin{pmatrix} \mathbf{a}^1 \\ \vdots \\ \mathbf{a}^m \end{pmatrix}, \quad B=(\mathbf{b}_1, \cdots, \mathbf{b}_p)=\begin{pmatrix} \mathbf{b}^1 \\ \vdots \\ \mathbf{b}^n \end{pmatrix}$$

물론 여기서 $\mathbf{a}_j$, $\mathbf{b}_j$는 각기 A, B의 j열을, 또 $\mathbf{a}^i$, $\mathbf{b}^i$는 각기 A, B의 i행을 나타낸다. 따라서 행렬 A, B의 곱은

$$AB=A(\mathbf{b}_1, \cdots, \mathbf{b}_p)=(A\mathbf{b}_1, \cdots, A\mathbf{b}_p)$$

$$AB=\begin{pmatrix} \mathbf{a}^1 \\ \vdots \\ \mathbf{a}^m \end{pmatrix}B=\begin{pmatrix} \mathbf{a}^1B \\ \vdots \\ \mathbf{a}^mB \end{pmatrix}$$

와 같이 쓸 수 있다.

예제 9

다음 행렬

$$A=\begin{pmatrix} x & y \\ z & w \end{pmatrix}, \quad B=\begin{pmatrix} 2 & 2 & 3 \\ 4 & 5 & 5 \end{pmatrix}$$

에 대하여 위와 같은 블록행렬의 계산을 해 보면,

$$AB=\begin{pmatrix} (x,y)B \\ (z,w)B \end{pmatrix}=\begin{pmatrix} 2x+4y & 2x+5y & 3x+5y \\ 2z+4w & 2z+5w & 3z+5w \end{pmatrix}=\left(A\begin{pmatrix} 2 \\ 4 \end{pmatrix}, A\begin{pmatrix} 2 \\ 5 \end{pmatrix}, A\begin{pmatrix} 3 \\ 5 \end{pmatrix}\right)$$

를 확인할 수 있다.

연습문제 1.2

1. 행렬 A, B, C 가 다음과 같이 주어졌을 때 아래 각 문항의 행렬을 계산하여라.

$$A=\begin{pmatrix} 1 & 3 & 0 \\ 2 & 4 & 1 \end{pmatrix}^T, \quad B=\begin{pmatrix} 1 & 2 \\ 3 & 4 \end{pmatrix}, \quad C=\begin{pmatrix} 1 & 0 \\ 2 & 3 \end{pmatrix}$$

(a) AB (b) AC (c) $AB-AC$

(d) ABC (e) A^TA (f) AA^T

2. 다음 행렬 A, B에 대하여 $XA^T=B$를 만족하는 2×4 행렬 X를 구하여라.

$$A=\begin{pmatrix} 1 & 2 & 1 & -2 \\ -1 & 2 & 0 & 1 \end{pmatrix}, \quad B=\begin{pmatrix} 1 & -1 \\ 1 & 2 \end{pmatrix}$$

3. 다음 행렬 A에 대하여 A^2 과 A^3을 구하여라.

$$A=\begin{pmatrix} 0 & 1 & 0 \\ 0 & 0 & 1 \\ 0 & 0 & 0 \end{pmatrix}$$

4. 행렬 A가 다음과 같이 주어질 때, $A^2=A$임을 증명하여라.

$$A=\begin{pmatrix} \frac{1}{6} & -\frac{1}{6} & \frac{2}{6} \\ -\frac{1}{6} & \frac{1}{6} & -\frac{2}{6} \\ \frac{2}{6} & -\frac{2}{6} & \frac{4}{6} \end{pmatrix}$$

5. A가 $m \times n$ 행렬일 때,

(a) 행렬의 곱 A^TA와 AA^T가 가능한 이유를 설명하여라.

(b) A^TA와 AA^T는 모두 대칭행렬임을 보여라.

6. 정방행렬 A가 대칭행렬인 동시에 엇대칭행렬이라고 한다. A는 어떤 행렬인가?

7. 행렬 A가 n차 정방행렬일 때

$$B = A + A^T, \qquad C = A - A^T$$

라고 두면

(a) B는 대칭행렬이고 C는 엇대칭행렬임을 보여라.

(b) 모든 n차 정방행렬은 대칭행렬과 엇대칭행렬의 합으로 나타낼 수 있음을 보여라.

8. 위 문제 7(b)의 결과를 이용하여 다음 행렬을 대칭행렬과 엇대칭행렬의 합으로 표시하여라.

$$A = \begin{pmatrix} 5 & 4 & -2 \\ 2 & -1 & 3 \\ 6 & 3 & 4 \end{pmatrix}$$

9. 다음 행렬 A에 대하여 A^3을 구하고 $A^3 + A = O$임을 보여라.

$$A = \begin{pmatrix} 0 & -1 \\ 1 & 0 \end{pmatrix}$$

10. 다음 행렬 B를 적절히 분할하여 블록행렬을 만든 다음 위 문제 9의 결과를 이용하여 $B^9 - B = O$임을 보여라.

$$B = \begin{pmatrix} 0 & -1 & 0 \\ 1 & 0 & 0 \\ 0 & 0 & 0 \end{pmatrix}$$

11. 정방행렬 A에 대하여

$$I - A^m = (I - A)(I + A + A^2 + \cdots + A^{m-1})$$

인 관계가 성립함을 증명하여라.

1.3 가우스 소거법과 가우스-조르당 소거법

이제 1.2절에서 살펴본 행렬을 연립일차방정식에 적용하여 연립일차방정식의 일반적인 해법을 알아본다. 먼저 다음 연립방정식을 보통의 소거법을 적용하여 풀 때, 연립방정식 자체가 어떻게 변화해 나가는지 관찰해 보자.

예제 1

다음 연립방정식을 풀어라.

$$\begin{cases} 2x_1 - x_2 + x_3 = 3 \\ 3x_1 + 9x_2 - 3x_3 = 12 \\ x_1 + 2x_2 - 3x_3 = -4 \end{cases} \tag{1}$$

풀이

먼저 (1)의 두 번째 방정식의 양변에 $\frac{1}{3}$을 곱하여 다음을 얻는다.

$$\begin{cases} 2x_1 - x_2 + x_3 = 3 \\ x_1 + 3x_2 - x_3 = 4 \\ x_1 + 2x_2 - 3x_3 = -4 \end{cases} \tag{2}$$

이 연립방정식에서 첫 번째와 두 번째 식의 순서를 교환하면

$$\begin{cases} x_1 + 3x_2 - x_3 = 4 \\ 2x_1 - x_2 + x_3 = 3 \\ x_1 + 2x_2 - 3x_3 = -4 \end{cases} \tag{3}$$

이 되고 (3)의 첫 번째 식의 양변에 -2를 곱한 것을 두 번째 식의 양변에 더해주면

$$\begin{cases} x_1 + 3x_2 - x_3 = 4 \\ 0x_1 - 7x_2 + 3x_3 = -5 \\ x_1 + 2x_2 - 3x_3 = -4 \end{cases} \tag{4}$$

가 된다. 같은 방법으로 (4)의 첫 번째 식의 양변에 -1을 곱한 것을 세 번째 식의 양변에 더해주면

$$\begin{cases} x_1 + 3x_2 - x_3 = 4 \\ 0x_1 - 7x_2 + 3x_3 = -5 \\ 0x_1 - x_2 - 2x_3 = -8 \end{cases} \tag{5}$$

이다. 그리고 연립방정식 (5)의 두 번째와 세 번째 식을 교환해서 나타내면

$$\begin{cases} x_1 + 3x_2 - x_3 = 4 \\ 0x_1 - x_2 - 2x_3 = -8 \\ 0x_1 - 7x_2 + 3x_3 = -5 \end{cases} \tag{6}$$

가 되고, 또 (6)의 두 번째 식의 양변에 -7을 곱한 것을 세 번째 식에 더해주면

$$\begin{cases} x_1 + 3x_2 - x_3 = 4 \\ 0x_1 - x_2 - 2x_3 = -8 \\ 0x_1 + 0x_2 + 17x_3 = 51 \end{cases} \tag{7}$$

이고, 이제 (7)의 두 번째 식에는 -1을 곱해주고 세 번째 식의 양변에는 $\frac{1}{17}$을 곱해주면

$$\begin{cases} x_1 + 3x_2 - x_3 = 4 \\ 0x_1 + x_2 + 2x_3 = 8 \\ 0x_1 + 0x_2 + x_3 = 3 \end{cases} \tag{8}$$

이 얻어진다. 연립방정식 (8)을 뒤에서부터 차례로 풀면 $x_3 = 3$, $x_2 = 2$, $x_1 = 1$이다. 따라서 해집합은 $\{(1, 2, 3)^T\}$이다.

앞으로 연립일차방정식의 해는 반드시 행벡터가 아닌 열벡터로 표현하기로 한다. 따라서 위의 예제의 연립방정식의 해집합도 $(1,\ 2,\ 3)^T$로 표현하기로 한다. 이제 이 예제의 풀이 과정을 살펴보면 각 단계에서의 연립방정식의 해집합은 그 다음 단계의 연립방정식의 해집합과 동일하므로 계속해서 동치인 연립방정식으로 변형해나가고 있음을 알 수 있다. 즉, 주어진 연립방정식은 다음과 같은 연립방정식의 변형에 의해서 그 해집합이 변하지 않는다. 이러한 변형을 연립방정식의 기본변형이라고 한다.

(Ⅰ) 한 방정식과 다른 방정식의 자리를 바꾼다.
(Ⅱ) 어느 한 방정식의 양변에 영이 아닌 상수를 곱한다.
(Ⅲ) 어느 한 방정식의 상수배를 다른 방정식에 더해준다.

■ 행계단형과 가우스 소거법

위 예제 1의 풀이를 다시 한번 자세히 관찰해 보면 미지수 x_1, x_2, x_3는 연립방정식에서 각 계수의 위치만 표시할 뿐 별다른 역할이 없음을 알 수 있다. 따라서 아예 미지수를 생략하고 쓰지 않는 방법은 없는지 생각해 보게 된다. 연립방정식 (1)의 미지수의 계수만으로 된 행렬

$$\begin{pmatrix} 2 & -1 & 1 \\ 3 & 9 & -3 \\ 1 & 2 & -3 \end{pmatrix}$$

을 계수행렬(coefficient matrix)이라고 하고 계수행렬의 오른쪽에 세로줄을 긋

고 연립방정식의 우변에 있는 수들을 첨가한 행렬

$$\left(\begin{array}{ccc|c} 2 & -1 & 1 & 3 \\ 3 & 9 & -3 & 12 \\ 1 & 2 & -3 & -4 \end{array}\right)$$

을 확대계수행렬 또는 첨가행렬(augmented matrix)이라고 한다. 이제 예제의 풀이에서 확대계수행렬의 변화를 살펴보자.

$$\left(\begin{array}{ccc|c} 2 & -1 & 1 & 3 \\ 3 & 9 & -3 & 12 \\ 1 & 2 & -3 & -4 \end{array}\right) \to \left(\begin{array}{ccc|c} 2 & -1 & 1 & 3 \\ 1 & 3 & -1 & 4 \\ 1 & 2 & -3 & -4 \end{array}\right) \to \left(\begin{array}{ccc|c} 1 & 3 & -1 & 4 \\ 2 & -1 & 1 & 3 \\ 1 & 2 & -3 & -4 \end{array}\right)$$

$$\to \left(\begin{array}{ccc|c} 1 & 3 & -1 & 4 \\ 0 & -7 & 3 & -5 \\ 1 & 2 & -3 & -4 \end{array}\right) \to \left(\begin{array}{ccc|c} 1 & 3 & -1 & 4 \\ 0 & -7 & 3 & -5 \\ 0 & -1 & -2 & -8 \end{array}\right) \to \left(\begin{array}{ccc|c} 1 & 3 & -1 & 4 \\ 0 & -1 & -2 & -8 \\ 0 & -7 & 3 & -5 \end{array}\right)$$

$$\to \left(\begin{array}{ccc|c} 1 & 3 & -1 & 4 \\ 0 & -1 & -2 & -8 \\ 0 & 0 & 17 & 51 \end{array}\right) \to \left(\begin{array}{ccc|c} 1 & 3 & -1 & 4 \\ 0 & 1 & 2 & 8 \\ 0 & 0 & 1 & 3 \end{array}\right)$$

이 변화를 보면, 연립방정식에서 행한 기본변형이 행렬에서는 행을 변형하는 것으로 나타나고 있다. 예를 들면, 첫 번째 화살표에서는 둘째 행에 $\frac{1}{3}$을 곱해준 것이고, 두 번째 화살표에서는 첫 행과 둘째 행을 서로 자리바꿈한 것이고, 세 번째 화살표에서는 첫 행에 -2를 곱한 것을 둘째 행에 더해준 것이다. 연립방정식의 기본변형에 해당하는 행렬의 이러한 변형 작업을 기본행연산(elementary row operation)이라고 한다. 따라서 연립방정식의 기본변형과 마찬가지로 기본행연산도 다음과 같이 세 가지 종류가 있다.

(Ⅰ) 두 행을 서로 자리바꿈한다.

(Ⅱ) 어느 한 행에 0이 아닌 상수를 곱해준다.

(Ⅲ) 어느 한 행의 상수배를 다른 한 행에 더해준다.

위의 확대계수행렬의 변형에서 맨 마지막에 형성된 행렬

$$\begin{pmatrix} 1 & 3 & -1 & 4 \\ 0 & 1 & 2 & 8 \\ 0 & 0 & 1 & 3 \end{pmatrix}$$

과 같은 형태를 행계단형이라고 한다. 이것을 아래에서 정확히 정의해 두도록 하자.

정 의

다음의 세 조건을 만족하는 행렬을 행계단형(row echelon form)이라고 한다.

(i) 각 행에서 0이 아닌 처음 수(이 수를 선도원소라고 한다)는 1이다.

(ii) 각 열에는 선도원소가 없거나 있다면 유일하다.

(iii) 각 행의 제 1열에서부터 시작되는 연속된 0의 개수가 더 많은 행은 그 개수가 더 적은 행의 아래에 위치한다.

이상으로부터, 연립일차방정식을 푼다는 것은 곧 확대계수행렬을 세 가지 기본 행연산을 통해서 행계단형으로 변형시키는 작업임을 알 수 있다.

정 의

주어진 연립일차방정식의 확대계수행렬을 기본행연산 Ⅰ, Ⅱ, Ⅲ을 통하여 행계단형으로 변형함으로써 그 연립방정식의 해를 구하는 과정을 가우스 소거법(Gaussian elimination)이라고 한다.

예제 2

다음 행렬들 가운데에서 행계단형을 모두 가려내어라.

(a) $\begin{pmatrix} 0 & 0 & 0 \\ 0 & 1 & 0 \end{pmatrix}$ (b) $\begin{pmatrix} 1 & 3 & 5 \\ 0 & 0 & 0 \end{pmatrix}$ (c) $\begin{pmatrix} 0 & 1 & 1 & 0 \\ 1 & 0 & 0 & 0 \end{pmatrix}$

(d) $\begin{pmatrix} 1 & 4 & 2 \\ 0 & 1 & 3 \\ 0 & 0 & 2 \end{pmatrix}$ (e) $\begin{pmatrix} 1 & 2 & 3 \\ 0 & 0 & 1 \\ 0 & 0 & 0 \end{pmatrix}$ (f) $\begin{pmatrix} 1 & 0 & 0 & 0 \\ 0 & 1 & 4 & 1 \\ 0 & 0 & 0 & 1 \end{pmatrix}$

풀이

(b), (e), (f)는 세 조건을 모두 만족하므로 행계단형이다. 한편 (a), (c)는 (iii)를, (d)는 (i)을 각기 만족하지 못하므로 행계단형이 아니다.

예제 3

다음 연립방정식을 가우스 소거법을 이용하여 풀어라.

$$\begin{cases} -x_2 - x_3 + x_4 = 0 \\ x_1 + x_2 + x_3 + x_4 = 6 \\ 2x_1 + 4x_2 + x_3 - 2x_4 = -1 \\ 3x_1 + x_2 - 2x_3 + 2x_4 = 3 \end{cases}$$

풀이

기본행연산을 써서 주어진 연립방정식의 확대계수행렬을 행계단형으로 변형해 보자.

$$\left(\begin{array}{cccc|c} 0 & -1 & -1 & 1 & 0 \\ 1 & 1 & 1 & 1 & 6 \\ 2 & 4 & 1 & -2 & -1 \\ 3 & 1 & -2 & 2 & 3 \end{array}\right) \rightarrow \left(\begin{array}{cccc|c} 1 & 1 & 1 & 1 & 6 \\ 0 & -1 & -1 & 1 & 0 \\ 2 & 4 & 1 & -2 & -1 \\ 3 & 1 & -2 & 2 & 3 \end{array}\right) \tag{9}$$

위의 변형은 제 1열의 기준원소로서 0을 사용하면 그 열의 어떤 원소도 소거할 수 없으므로, 첫 번째 기본행연산을 적용하여 제 1행과 제 2행을 자리바꿈하여 얻은 것이다. 이제 (9)의 두 번째 행렬을 살펴보자. 제 1열에 있는 0이 아닌 두 개의 원 2와 3을 소거하기 위하여 제 1행을 기준행으로 하여 기본행연산 Ⅲ을 두 번 적용하면 아래의 왼쪽 행렬을 얻는다.

$$\rightarrow \left(\begin{array}{cccc|c} 1 & 1 & 1 & 1 & 6 \\ 0 & -1 & -1 & 1 & 0 \\ 0 & 2 & -1 & -4 & -13 \\ 0 & -2 & -5 & -1 & 15 \end{array}\right) \rightarrow \left(\begin{array}{cccc|c} 1 & 1 & 1 & 1 & 6 \\ 0 & 1 & 1 & -1 & 0 \\ 0 & 0 & -3 & -2 & -13 \\ 0 & 0 & -3 & -3 & -15 \end{array}\right) \tag{10}$$

(10)의 변형은 먼저 제 2행을 기준행으로 하고 기본행연산 Ⅲ을 역시 두 번 적용하여 제 2열에 있는 두 개의 원소 2와 -2를 소거한 다음 기본행연산 Ⅱ를 적용하여 제 2행에 -1을 곱해서 얻은 것이다. 다음으로 (10)의 두 번째 행렬에서 3행에 -1을 곱한 것을 4행에 더해주면 아래의 왼쪽 행렬을 갖게 된다. 물론 기본행연산 Ⅲ을 적용한 것이다.

$$\rightarrow \left(\begin{array}{cccc|c} 1 & 1 & 1 & 1 & 6 \\ 0 & 1 & 1 & -1 & 0 \\ 0 & 0 & -3 & -2 & -13 \\ 0 & 0 & 0 & -1 & -2 \end{array}\right) \rightarrow \left(\begin{array}{cccc|c} 1 & 1 & 1 & 1 & 6 \\ 0 & 1 & 1 & -1 & 0 \\ 0 & 0 & 1 & \frac{2}{3} & \frac{13}{3} \\ 0 & 0 & 0 & 1 & 2 \end{array}\right) \tag{11}$$

마지막으로 기본행연산 Ⅱ를 두 번 적용하여 3행에는 $-\frac{1}{3}$을, 그리고 4행에는 -1을 곱하면 최종적으로 행계단형을 얻게 된다. 이 행계단형을 연립방정식으로 환원하여 풀면 $x_1 = 2,\ x_2 = -1,\ x_3 = 3,\ x_4 = 2$ 즉, 해집합은 $\{(2, -1, 3, 2)^T\}$이다.

예제 4

확대계수행렬이 다음과 같은 연립일차방정식의 해집합을 구하여라.

$$\left(\begin{array}{ccccc|c} 1 & 1 & 1 & 1 & 1 & 1 \\ -1 & -1 & 0 & 0 & 1 & -2 \\ -2 & -2 & 0 & 0 & 2 & 1 \\ 0 & 0 & 1 & 1 & 2 & -1 \end{array}\right)$$

풀이

주어진 확대계수행렬을 행계단형으로 변형해 보자.

$$\left(\begin{array}{ccccc|c} 1 & 1 & 1 & 1 & 1 & 1 \\ -1 & -1 & 0 & 0 & 1 & -2 \\ -2 & -2 & 0 & 0 & 2 & 1 \\ 0 & 0 & 1 & 1 & 2 & -1 \end{array}\right) \to \left(\begin{array}{ccccc|c} 1 & 1 & 1 & 1 & 1 & 1 \\ 0 & 0 & 1 & 1 & 2 & -1 \\ 0 & 0 & 2 & 2 & 4 & 3 \\ 0 & 0 & 1 & 1 & 2 & -1 \end{array}\right)$$

$$\to \left(\begin{array}{ccccc|c} 1 & 1 & 1 & 1 & 1 & 1 \\ 0 & 0 & 1 & 1 & 2 & -1 \\ 0 & 0 & 0 & 0 & 0 & 5 \\ 0 & 0 & 0 & 0 & 0 & 0 \end{array}\right) \to \left(\begin{array}{ccccc|c} 1 & 1 & 1 & 1 & 1 & 1 \\ 0 & 0 & 1 & 1 & 2 & -1 \\ 0 & 0 & 0 & 0 & 0 & 1 \\ 0 & 0 & 0 & 0 & 0 & 0 \end{array}\right)$$

마지막 행계단형의 세 번째 행을 방정식으로 나타내면

$$0 \cdot x_1 + 0 \cdot x_2 + 0 \cdot x_3 + 0 \cdot x_4 + 0 \cdot x_5 = 1$$

즉, $0=1$의 형태이므로 이것을 만족하는 x_i 들은 있을 수 없다. 따라서 불능이며 해집합은 공집합이다.

위의 예제에서 알 수 있는 바와 같이 어떤 연립일차방정식의 확대계수행렬을 행계단형으로 변형해나가는 과정에서

$$(0\,0 \cdots 0 \mid a), \qquad a \neq 0$$

와 같은 형태의 행을 포함하는 행렬이 발견되면 그 연립방정식은 불능, 즉 해집합은 공집합이 된다.

■ 기약 행계단형과 가우스-조르당 소거법

다음으로, 기본행연산을 이용하여 행렬의 행계단형 보다 더 간단한 형태의 변형을 얻을 수는 없는지 알아보자. 앞의 (11)에서 얻은 행계단형

$$\left(\begin{array}{cccc|c} 1 & 1 & 1 & 1 & 6 \\ 0 & 1 & 1 & -1 & 0 \\ 0 & 0 & 1 & \frac{2}{3} & \frac{13}{3} \\ 0 & 0 & 0 & 1 & 2 \end{array}\right)$$

을 살펴보면 각 행에서 처음으로 0이 아닌 원소를 이용해서 그 원소의 위쪽에 위치한 원소들을 모두 0으로 만들 수 있음을 관찰할 수 있다. 먼저 2행의 -1배를 1행에 더해주면

$$\left(\begin{array}{cccc|c} 1 & 0 & 0 & 2 & 6 \\ 0 & 1 & 1 & -1 & 0 \\ 0 & 0 & 1 & \frac{2}{3} & \frac{13}{3} \\ 0 & 0 & 0 & 1 & 2 \end{array}\right)$$

이 된다. 다시 이 행렬에서, 4행의 -2배, 1배, $-\frac{2}{3}$배를 각기 1행, 2행, 3행에 더해주어서 아래의 왼쪽 행렬을 얻는다.

$$\left(\begin{array}{cccc|c} 1 & 0 & 0 & 0 & 2 \\ 0 & 1 & 1 & 0 & 2 \\ 0 & 0 & 1 & 0 & 3 \\ 0 & 0 & 0 & 1 & 2 \end{array}\right) \to \left(\begin{array}{cccc|c} 1 & 0 & 0 & 0 & 2 \\ 0 & 1 & 0 & 0 & -1 \\ 0 & 0 & 1 & 0 & 3 \\ 0 & 0 & 0 & 1 & 2 \end{array}\right)$$

마지막 변형은 3행의 -1배를 2행에 더해준 것이다. 위의 오른쪽 행렬을 연립방정식의 형태로 옮기면 곧바로 연립방정식의 해 $x_1 = 2,\ x_2 = -1,\ x_3 = 3,\ x_4 = 2$를 얻게 된다. 이와 같은 형태의 행렬을 기약 행계단형이라고 한다.

정 의

주어진 행렬이 행계단형의 세 가지 조건과 더불의 다음의 네 번째 조건까지 만족할 때 기약 행계단형(reduced row echelon form)이라고 한다.

(iv) 각 행에서 처음으로 0이 아닌 수는 그 열에서는 유일하게 0이 아닌 수이다.

정 의

주어진 연립일차방정식의 확대계수행렬을 기본행연산 Ⅰ, Ⅱ, Ⅲ을 통하여 기약 행계단형으로 변형함으로써 그 연립방정식의 해를 구하는 과정을 가우스-조르당 소거법(Gauss-Jordan elimination)이라고 한다.

예제 5

다음 행렬들 가운데에서 기약 행계단형을 모두 가려내어라.

(a) $\begin{pmatrix} 0 & 0 & 1 \\ 0 & 0 & 0 \end{pmatrix}$ (b) $\begin{pmatrix} 1 & 3 & 5 \\ 0 & 0 & 0 \end{pmatrix}$ (c) $\begin{pmatrix} 1 & 1 & 1 & 0 \\ 0 & 0 & 1 & 0 \end{pmatrix}$

(d) $\begin{pmatrix} 1 & 0 & 0 \\ 0 & 1 & 0 \\ 0 & 0 & 2 \end{pmatrix}$ (e) $\begin{pmatrix} 1 & 2 & 0 \\ 0 & 0 & 1 \\ 0 & 0 & 0 \end{pmatrix}$ (f) $\begin{pmatrix} 1 & 2 & 0 & 1 \\ 0 & 0 & 1 & 3 \\ 0 & 0 & 0 & 0 \end{pmatrix}$

풀이

(a), (b), (e), (f)는 모든 조건을 다 만족하므로 기약 행계단형이다. 한편 (d)는 행계단형이 아니고, (c)는 행계단형이기는 하지만 조건 (iv)를 만족하지 못하므로 기약 행계단형이 아니다.

정리 1.1.1에서, 연립일차방정식의 해가 하나 보다 더 많으면 그 연립방정식은 곧 무한히 많은 해를 가진다는 것을 배웠다. 이제 연립일차방정식의 해가 무한이 많은 경우를 보기로 하자. 예를 들어, 확대계수행렬이 다음과 같은 연립일차방정식을 생각해 보자.

$$\left(\begin{array}{ccccc|c} 1 & 1 & 1 & 1 & 1 & 1 \\ -1 & -1 & 0 & 0 & 1 & -1 \\ -2 & -2 & 0 & 0 & 3 & 1 \\ 0 & 0 & 1 & 1 & 3 & 3 \\ 1 & 1 & 2 & 2 & 4 & 4 \end{array}\right)$$

이 행렬의 기약 행계단형을 구해보면 다음과 같다.

$$\left(\begin{array}{ccccc|c} 1 & 1 & 0 & 0 & 0 & 4 \\ 0 & 0 & 1 & 1 & 0 & -6 \\ 0 & 0 & 0 & 0 & 1 & 3 \\ 0 & 0 & 0 & 0 & 0 & 0 \\ 0 & 0 & 0 & 0 & 0 & 0 \end{array}\right)$$

이 행렬의 마지막 두 행을 방정식으로 환원하면

$$0 \cdot x_1 + 0 \cdot x_2 + 0 \cdot x_3 + 0 \cdot x_4 + 0 \cdot x_5 = 0$$

즉 $0 = 0$이므로 아무런 정보를 갖지 않는다. 따라서 이 기약 행계단형이 나타내는 연립방정식은

$$\begin{aligned} x_1 + x_2 + 0\cdot x_3 + 0\cdot x_4 + 0\cdot x_5 &= 4 \\ x_3 + \quad x_4 + 0\cdot x_5 &= -6 \\ x_5 &= 3 \end{aligned} \tag{12}$$

이 된다.

따라서 변수 x_1, x_3, x_5는 다른 변수들과 상수들로 표현할 수 있게 되는데, 이와 같이 기약 행계단형의 선도원소(물론 그 원소는 1이다!)에 대응하는 변수를 **선도변수**(lead variables)라고 하고 그 나머지 변수들을 **자유변수**(free variables)라고 한다. 위의 경우는 x_2, x_4가 자유변수이다. 자유변수는 자유롭게 어떤 값이든 취할 수 있으므로 $x_2 = \alpha$, $x_4 = \beta$라고 두면 식 (12)로부터 $x_1 = 4 - \alpha$, $x_3 = -6-\beta$, $x_5 = 3$이 된다. 따라서 해집합은

$$\left\{ \begin{pmatrix} 4-\alpha \\ \alpha \\ -6-\beta \\ \beta \\ 3 \end{pmatrix} \middle| \, \alpha, \beta \text{는 실수} \right\}$$

이다. 여기서는 모든 계산이 실수의 범위 안에서 이루어지기 때문에 α, β도 실수라고 한정하였다. 만일 복소수의 범위까지 계산이 확장되어야 한다면 α, β도 복소수라고 해야 마땅할 것이다.

예제 6

가우스-조르당 소거법을 이용하여 다음 연립방정식을 풀어라.

$$\begin{cases} 2x_1 - 2x_3 + 4x_4 + x_5 + 4x_6 = 0 \\ 2x_1 + 2x_2 - 2x_4 - 8x_6 = 2 \\ x_1 - x_3 + 2x_4 + x_5 + 3x_6 = -1 \end{cases}$$

풀이

이 연립방정식의 확대계수행렬은

$$\left(\begin{array}{cccccc|c} 2 & 0 & -2 & 4 & 1 & 4 & 0 \\ 2 & 2 & 0 & -2 & 0 & -8 & 2 \\ 1 & 0 & -1 & 2 & 1 & 3 & -1 \end{array}\right)$$

이고 기본행연산을 이용하여 기약 행계단형으로 변형하면

$$\left(\begin{array}{cccccc|c} 1 & 0 & -1 & 2 & 0 & 1 & 1 \\ 0 & 1 & 1 & -3 & 0 & -5 & 0 \\ 0 & 0 & 0 & 0 & 1 & 2 & -2 \end{array}\right)$$

과 같이 된다. 따라서 x_3, x_4, x_6은 자유변수이다. $x_3 = \alpha$, $x_4 = \beta$, $x_6 = \gamma$라고 하면

$$x_1 = \alpha - 2\beta - \gamma + 1, \quad x_2 = -\alpha + 3\beta + 5\gamma, \quad x_5 = -2\gamma - 2$$

가 된다. 그러므로 주어진 연립방정식의 해집합은 다음과 같다.

$$\left\{ \begin{pmatrix} \alpha - 2\beta - \gamma + 1 \\ -\alpha + 3\beta + 5\gamma \\ \alpha \\ \beta \\ -2\gamma - 2 \\ \gamma \end{pmatrix} \middle| \ \alpha, \beta, \gamma \text{는 실수} \right\}$$

정 의

아래와 같이 연립일차방정식의 우변의 상수가 모두 0인 연립방정식을 **동차연립일차방정식**(homogeneous system of linear equations)이라고 한다.

$$\begin{cases} a_{11} x_1 + a_{12} x_2 + \cdots + a_{1n} x_n = 0 \\ a_{21} x_1 + a_{22} x_2 + \cdots + a_{2n} x_n = 0 \\ \vdots \\ a_{m1} x_1 + a_{m2} x_2 + \cdots + a_{mn} x_n = 0 \end{cases}$$

이러한 동차연립방정식에 $x_1 = 0$, $x_2 = 0$, $\cdots$, $x_n = 0$을 대입하면 모든 식이 성립하므로 이것은 동차연립방정식의 해가 된다. 이 해를 **자명한 해**(trivial solution)라고 하며, 그 외의 해를 **자명하지 않은 해**(nontrivial solution)라고 한다.

정리 1.3.1

$m \times n$ 동차연립방정식이 $m < n$이면 무한히 많은 해를 갖는다.

[증명] 동차연립방정식은 항상 자명한 해를 가지므로 불능이 아니다. 한편 이 연립방정식의 선도변수의 개수는 많아야 m개 이므로 자유변수의 개수는 $n - m (\geq 1)$개 이상이다. 자유변수는 임의의 실수값을 취할 수 있으므로 연립방정식은 무한히 많은 해를 갖게 된다.

예제 7

가우스-조르당 소거법을 이용하여 다음 동차연립방정식을 풀어라.

$$\begin{cases} -x_1 + x_2 - x_3 + 3x_4 = 0 \\ 3x_1 + x_2 - x_3 - x_4 = 0 \\ 2x_1 - x_2 - 2x_3 - x_4 = 0 \end{cases}$$

풀이

주어진 동차연립방정식의 확대계수행렬을 기약 행계단형으로 변형하면 다음과 같다.

$$\left(\begin{array}{cccc|c} 1 & 0 & 0 & -1 & 0 \\ 0 & 1 & 0 & 1 & 0 \\ 0 & 0 & 1 & -1 & 0 \end{array}\right)$$

따라서 자유변수 $x_4 = \alpha$로 두면 해집합은 $\{(\alpha, -\alpha, \alpha, \alpha)^T | \alpha$는 실수$\}$이다.

연습문제 1.3

1. 다음의 행렬들 중에서 행계단형과 기약행계단형을 구분하여라.

(a) $\begin{pmatrix} 1 & 2 & 2 & 2 \\ 0 & 0 & 1 & 1 \end{pmatrix}$ (b) $\begin{pmatrix} 1 & 0 & 1 \\ 0 & 0 & 1 \end{pmatrix}$ (c) $\begin{pmatrix} 0 & 1 & 8 & 0 & 5 \\ 0 & 0 & 0 & 1 & 0 \end{pmatrix}$

(d) $\begin{pmatrix} 0 & 1 & 0 & 0 \\ 0 & 0 & 0 & 0 \\ 0 & 0 & 0 & 0 \end{pmatrix}$ (e) $\begin{pmatrix} 1 & 0 & 0 \\ 0 & 1 & 0 \\ 0 & 1 & 1 \end{pmatrix}$ (f) $\begin{pmatrix} 1 & 0 & 0 & 1 & 4 \\ 0 & 1 & 0 & 1 & 0 \\ 0 & 0 & 1 & 1 & 2 \end{pmatrix}$

2. 다음의 확대계수행렬은 (기약) 행계단형이다. 각각의 경우에 대응하는 연립일차방정식의 해집합을 구하고 각 연립방정식에서 선도변수와 자유변수를 말하여라.

(a) $\left(\begin{array}{ccc|c} 1 & 0 & 0 & 2 \\ 0 & 1 & 0 & 5 \\ 0 & 0 & 1 & 3 \end{array}\right)$ (b) $\left(\begin{array}{ccc|c} 1 & 4 & 0 & -2 \\ 0 & 0 & 1 & 3 \\ 0 & 0 & 0 & 2 \end{array}\right)$

(c) $\left(\begin{array}{cccc|c} 1 & 2 & 0 & 1 & 5 \\ 0 & 0 & 1 & 3 & 4 \\ 0 & 0 & 0 & 0 & 0 \end{array}\right)$ (d) $\left(\begin{array}{ccc|c} 0 & 1 & 0 & 2 \\ 0 & 0 & 1 & -1 \\ 0 & 0 & 0 & 0 \end{array}\right)$

3. 가우스-조르당 소거법을 이용하여 다음 연립방정식을 풀어라.

(a) $\begin{cases} 2x_1 + 3x_2 = 8 \\ x_1 + 2x_2 = 5 \end{cases}$ (b) $\begin{cases} x_1 + x_2 + 2x_3 = 0 \\ 2x_1 - x_2 + x_3 = 1 \\ 4x_1 + 4x_3 = 1 \end{cases}$

(c) $\begin{cases} x_1 - x_2 + x_3 = 2 \\ 3x_1 - 2x_2 - x_3 = 8 \\ 2x_1 + x_2 - 3x_3 = 17 \end{cases}$

(d) $\begin{cases} x_1 - 3x_2 + x_3 + x_4 = 3 \\ 2x_1 - 2x_2 + x_3 + 2x_4 = 8 \\ 3x_1 + x_2 + 2x_3 - x_4 = -1 \end{cases}$

4. 다음 동차연립방정식을 풀어라.

(a) $\begin{cases} x + 3y - 2z = 0 \\ 2x + y + z = 0 \end{cases}$

(b) $\begin{cases} x - y + z + w = 0 \\ 2x - y + 2z + 4w = 0 \end{cases}$

(c) $\begin{cases} x + 3y - 2z = 0 \\ 4x - 7y + z = 0 \\ x - 8y + 4z = 0 \\ 3x + y - 3z = 0 \end{cases}$

(d) $\begin{cases} x + 2y + 2z + 3w = 0 \\ 2x + 5y + 4z + 8w = 0 \\ -x - 3y - 2z - 5w = 0 \\ 2y + 4w = 0 \end{cases}$

5. 다음과 같은 확대계수행렬을 갖는 연립일차방정식이 유일한 해를 가지도록 a의 값을 정하여라.

$$\left(\begin{array}{ccc|c} 1 & 2 & 1 & 1 \\ -1 & 4 & 3 & 2 \\ 2 & -2 & a & 3 \end{array}\right)$$

6. 어떤 연립일차방정식이 다음과 같은 확대계수행렬을 갖는다고 한다.

$$\left(\begin{array}{ccc|c} 1 & 2 & 1 & 0 \\ 2 & 5 & 3 & 0 \\ -1 & 1 & \beta & 0 \end{array}\right)$$

(a) 주어진 연립방정식이 불능이 될 수 있는지 알아보아라.

(b) 주어진 연립방정식이 무한히 많은 해를 갖도록 β의 값을 정하여라.

1.4 역행렬

역행렬은 행렬의 곱셈이라는 연산에서 역원의 역할을 하는 행렬이다. 이 절에서는 역행렬의 개념을 소개하고 어떤 행렬이 역행렬을 가질 수 있는지 알아본다. 또 주어진 행렬이 역행렬을 가질 경우, 그 역행렬을 구하는 구체적인 방법을 공부한다.

정 의

정방행렬 A에 대해서

$$AX = I = XA \tag{1}$$

를 만족하는 정방행렬 X가 존재하면 A를 정상(nonsingular) 또는 가역(invertible)이라고 한다. 그리고 이런 X를 A의 역행렬(inverse matrix)이라고 하고, A^{-1}로 쓴다. 그러면 (1)은

$$AA^{-1} = I = A^{-1}A$$

와 같은 표현을 갖게 된다. 한편 정방행렬 A가 정상행렬이 아닐 때 특이(singular)라고 한다.

무작위적으로 수들을 선택하여 어떤 정방행렬을 구성하면 거의 대부분의 경우 정상행렬이 되고 특이행렬이 되는 때는 굉장히 특수한 경우이다. 확률적으로 말하자면, 임의로 n차 정방행렬을 추출하였을 때 이 행렬이 특이일 확률은 0이고 정상일 확률은 1이라고 할 수 있다. 그러므로 정상행렬은 말 그대로 정상적인 행렬이고 특이행렬은 매우 특이한 종류의 행렬인 것이다.

예제 1

행렬 A, B가 다음과 같다고 하자.

$$A = \begin{pmatrix} 2 & -5 \\ -1 & 3 \end{pmatrix}, \quad B = \begin{pmatrix} 3 & 5 \\ 1 & 2 \end{pmatrix}$$

그러면 행렬의 계산에 의해서 $AB = BA = I$ 임을 쉽게 알 수 있다. 따라서 $B = A^{-1}$ 이다.

예제 2

역행렬을 가지지 않는 행렬의 예를 보자. 행렬

$$A = \begin{pmatrix} 0 & 2 & 1 \\ 0 & 2 & 3 \\ 0 & 6 & 4 \end{pmatrix}$$

를 블록행렬 $A = (O, \mathbf{a}_2, \mathbf{a}_3)$로 나타내면 (여기서 물론 $O = (0, 0, 0)^T$ 이다) 임의의 3×3 행렬 X행렬에 대해서 $XA = (XO, X\mathbf{a}_2, X\mathbf{a}_3) = (O, X\mathbf{a}_2, X\mathbf{a}_3)$이므로 $XA = I$를 만족하는 X는 있을 수 없다. 따라서 A는 특이행렬이다.

정상행렬은 취급하기가 용이한 측면이 있다. 예를 들어, 어떤 연립일차방정식

의 계수행렬이 정상이면 그 연립방정식은 유일한 해를 갖게 되고, 또 역행렬을 이용해서 그 해를 쉽게 구할 수 있다. 즉, 아래의 연립방정식

$$\begin{cases} a_{11}x_1 + a_{12}x_2 + \cdots + a_{1n}x_n = b_1 \\ a_{21}x_1 + a_{22}x_2 + \cdots + a_{2n}x_n = b_2 \\ \quad \vdots \\ a_{n1}x_1 + a_{n2}x_2 + \cdots + a_{nn}x_n = b_n \end{cases} \tag{2}$$

는 행렬의 곱셈을 이용하여

$$A\mathbf{x} = \mathbf{b} \tag{3}$$

로 표현할 수 있다. 물론 여기서 $A = (a_{ij})$이고 $\mathbf{x} = (x_1, x_2, \cdots, x_n)^T$이다. 만일 (2)의 계수행렬인 A가 정상이라면 A^{-1}이 존재하므로 (3)의 양변에 A^{-1}를 곱하여

$$A^{-1}A\mathbf{x} = A^{-1}\mathbf{b}$$

를 얻는다. 따라서 다음의 행렬 계산에 의하여 유일한 해

$$\mathbf{x} = I\,\mathbf{x} = A^{-1}A\,\mathbf{x} = \mathbf{A}^{-1}\mathbf{b}$$

를 구할 수 있다.

예제 3

역행렬을 이용하여 다음 연립방정식의 해를 구하여라.

$$\begin{cases} 2x_1 - 5x_2 = 1 \\ -x_1 + 3x_2 = 3 \end{cases}$$

풀이

주어진 연립방정식의 계수행렬은

$$A = \begin{pmatrix} 2 & -5 \\ -1 & 3 \end{pmatrix}$$

이고 예제 1에서 이 행렬은 정상이며 그 역행렬은

$$A^{-1} = \begin{pmatrix} 3 & 5 \\ 1 & 2 \end{pmatrix}$$

임을 보였다. 따라서 연립방정식은 유일한 해를 가지며 그 해는 아래와 같이 주어진다.

$$\begin{pmatrix} x_1 \\ x_2 \end{pmatrix} = A^{-1}\begin{pmatrix} 1 \\ 3 \end{pmatrix} = \begin{pmatrix} 3 & 5 \\ 1 & 2 \end{pmatrix}\begin{pmatrix} 1 \\ 3 \end{pmatrix} = \begin{pmatrix} 18 \\ 7 \end{pmatrix}$$

정리 1.4.1

A가 정상행렬이면 A의 역행렬은 유일하다.

[증명] 행렬 B, C가 모두 A의 역행렬이라고 하면

$$AB = BA = I, AC = CA = I$$

이므로 이 관계식을 이용하면

$$B = BI = B(AC) = (BA)C = IC = C$$

이다. 따라서 A의 역행렬은 유일하다.

예제 4

임의의 2×2 행렬

$$A = \begin{pmatrix} a & b \\ c & d \end{pmatrix}$$

에 대해서

$$\begin{pmatrix} a & b \\ c & d \end{pmatrix}\begin{pmatrix} d & -b \\ -c & a \end{pmatrix} = \begin{pmatrix} ad-bc & 0 \\ 0 & ad-bc \end{pmatrix} = (ad-bd)\begin{pmatrix} 1 & 0 \\ 0 & 1 \end{pmatrix},$$

$$\begin{pmatrix} d & -b \\ -c & a \end{pmatrix}\begin{pmatrix} a & b \\ c & d \end{pmatrix} = \begin{pmatrix} ad-bc & 0 \\ 0 & ad-bc \end{pmatrix} = (ad-bd)\begin{pmatrix} 1 & 0 \\ 0 & 1 \end{pmatrix}$$

이므로 $ad-bc \neq 0$이면 A는 역행렬을 가지고 그 역행렬은

$$A^{-1} = \frac{1}{ad-bc}\begin{pmatrix} d & -b \\ -c & a \end{pmatrix}$$

임을 알 수 있다.

정리 1.4.2

행렬 A, B가 같은 크기의 정상행렬이고 α가 0이 아닌 상수일 때, 다음이 성립한다.

(i) A^{-1}은 정상이고 $(A^{-1})^{-1} = A$이다.
(ii) AB는 정상이고 $(AB)^{-1} = B^{-1}A^{-1}$ 이다.
(iii) A^T는 정상이고 $(A^T)^{-1} = (A^{-1})^T$이다.

(iv) αA는 정상이고 $(\alpha A)^{-1} = \frac{1}{\alpha} A^{-1}$이다.

[증명] 여기서는 (ii)와 (iii)만 증명하기로 한다. 먼저

$$(AB)(B^{-1}A^{-1}) = A(BB^{-1})A^{-1} = AIA^{-1} = AA^{-1} = I,$$
$$(B^{-1}A^{-1})(AB) = B^{-1}(A^{-1}A)B = B^{-1}IB = B^{-1}B = I$$

로부터 AB는 정상이고 $(AB)^{-1} = B^{-1}A^{-1}$이다.
한편 $AA^{-1} = A^{-1}A = I$이므로 전치행렬을 취하면
$(AA^{-1})^T = (A^{-1}A)^T = I^T$ 이다. 즉,

$$(A^{-1})^T A^T = A^T (A^{-1})^T = I$$

이다. 따라서 A^T는 정상이고 $(A^T)^{-1} = (A^{-1})^T$이다.

예제 5

다음의 두 행렬

$$A = \begin{pmatrix} 3 & 5 \\ 1 & 2 \end{pmatrix}, \quad B = \begin{pmatrix} 1 & 3 \\ 2 & 7 \end{pmatrix}$$

에 대하여 $(A^T)^{-1} = (A^{-1})^T$ 와 $(AB)^{-1} = B^{-1}A^{-1}$임을 확인하여라.

풀이

예제 4의 역행렬 계산에 의하여

$$A^T = \begin{pmatrix} 3 & 1 \\ 5 & 2 \end{pmatrix}, \quad (A^T)^{-1} = \begin{pmatrix} 2 & -1 \\ -5 & 3 \end{pmatrix}, \quad A^{-1} = \begin{pmatrix} 2 & -5 \\ -1 & 3 \end{pmatrix}$$

이므로 $(A^T)^{-1} = (A^{-1})^T$를 확인할 수 있다. 한편,

$$AB = \begin{pmatrix} 13 & 44 \\ 5 & 17 \end{pmatrix}, \quad (AB)^{-1} = \begin{pmatrix} 17 & -44 \\ -5 & 13 \end{pmatrix}$$

이고

$$B^{-1}A^{-1} = \begin{pmatrix} 7 & -3 \\ -2 & 1 \end{pmatrix}\begin{pmatrix} 2 & -5 \\ -1 & 3 \end{pmatrix} = \begin{pmatrix} 17 & -44 \\ -5 & 13 \end{pmatrix}$$

이므로 $(AB)^{-1} = B^{-1}A^{-1}$이다.

■ 기본행렬과 역행렬의 계산

이제 기본행렬을 소개하고 이 기본행렬의 개념을 이용하여 주어진 행렬의 역행렬을 계산하는 방법을 알아보자.

정 의

항등행렬 I에 단 한번의 기본행연산을 취함으로써 얻어지는 행렬을 기본행렬(elementary matrix)이라고 한다. 세 가지의 기본행연산이 있으므로 이에 대응되는 세 가지 형태의 기본행렬이 있다.

(Ⅰ) 항등행렬의 두 행을 자리바꿈하여 얻은 행렬
(Ⅱ) 항등행렬의 어느 한 행에 0이 아닌 상수를 곱해서 얻은 행렬
(Ⅲ) 항등행렬의 어느 한 행의 상수배를 다른 한 행에 더해주어서 얻은 행렬

기본행렬과 기본행연산의 관계를 알아보기 위하여 기본행렬을 다른 행렬의 왼쪽에 곱하면 어떤 현상이 일어나는지 조사해 보자. 또 주어진 기본행렬은 역행렬을 가지는지, 그리고 역행렬을 가진다면 그것은 어떤 형태인지 알아보자. 표현의 간결성을 위해서 3차 기본행렬들에 대해서 다루기로 한다. 이제 $A=(a_{ij})$가 임의의 3×4 행렬이라고 하자.

먼저 제 Ⅰ형의 기본행렬을 살펴보자. 예를 들어, 3차 항등행렬의 1행과 2행을 자리바꿈하면 다음의 기본행렬을 얻게 된다.

$$E_1=\begin{pmatrix}0&1&0\\1&0&0\\0&0&1\end{pmatrix}$$

이 기본행렬을 A의 왼쪽에 곱해주면

$$E_1A=\begin{pmatrix}0&1&0\\1&0&0\\0&0&1\end{pmatrix}\begin{pmatrix}a_{11}&a_{12}&a_{13}&a_{14}\\a_{21}&a_{22}&a_{23}&a_{24}\\a_{31}&a_{32}&a_{33}&a_{34}\end{pmatrix}=\begin{pmatrix}a_{21}&a_{22}&a_{23}&a_{24}\\a_{11}&a_{12}&a_{13}&a_{14}\\a_{31}&a_{32}&a_{33}&a_{34}\end{pmatrix}$$

가 된다. 즉, 제 Ⅰ형의 기본행렬을 A의 왼쪽에 곱한 것은 그 기본행렬과 동일한 형태의 기본행 연산을 A에 시행한 것과 같다. 한편 $E_1^2=I$이므로 $E_1^{-1}=E_1$임을 알 수 있다.

다음으로 제 Ⅱ형의 기본행렬을 생각해 보자. 예를 들어, 3차 항등행렬의 3행에 0이 아닌 상수 α를 곱해주면 다음의 기본행렬을 얻는다.

$$E_2 = \begin{pmatrix} 1 & 0 & 0 \\ 0 & 1 & 0 \\ 0 & 0 & \alpha \end{pmatrix}, \quad \alpha \neq 0$$

이것을 A의 왼쪽에 곱해주면

$$E_2 A = \begin{pmatrix} 1 & 0 & 0 \\ 0 & 1 & 0 \\ 0 & 0 & \alpha \end{pmatrix} \begin{pmatrix} a_{11} & a_{12} & a_{13} & a_{14} \\ a_{21} & a_{22} & a_{23} & a_{24} \\ a_{31} & a_{32} & a_{33} & a_{34} \end{pmatrix} = \begin{pmatrix} a_{11} & a_{12} & a_{13} & a_{14} \\ a_{21} & a_{22} & a_{23} & a_{24} \\ \alpha a_{31} & \alpha a_{32} & \alpha a_{33} & \alpha a_{34} \end{pmatrix}$$

이다. 즉, 제 Ⅱ형의 기본행렬을 A의 왼쪽에 곱한 것은 그 기본행렬과 동일한 형태의 기본행 연산을 A에 시행한 것과 같다. 또

$$E' = \begin{pmatrix} 1 & 0 & 0 \\ 0 & 1 & 0 \\ 0 & 0 & 1/\alpha \end{pmatrix}$$

에 대하여 $E_2 E' = E' E_2 = I$이므로 $E_2^{-1} = E'$이고 E_2^{-1}도 제 Ⅱ형의 기본행렬이다.

마지막으로 제 Ⅲ형의 기본행렬을 관찰해 보자. 예를 들어, 3차 항등행렬의 3행의 β배를 1행에 더해주면 다음의 기본행렬을 얻는다.

$$E_3 = \begin{pmatrix} 1 & 0 & \beta \\ 0 & 1 & 0 \\ 0 & 0 & 1 \end{pmatrix}$$

이것을 A의 왼쪽에 곱해주면

$$E_3 A = \begin{pmatrix} 1 & 0 & \beta \\ 0 & 1 & 0 \\ 0 & 0 & 1 \end{pmatrix} \begin{pmatrix} a_{11} & a_{12} & a_{13} & a_{14} \\ a_{21} & a_{22} & a_{23} & a_{24} \\ a_{31} & a_{32} & a_{33} & a_{34} \end{pmatrix}$$

$$= \begin{pmatrix} a_{11} + \beta a_{31} & a_{12} + \beta a_{32} & a_{13} + \beta a_{33} & a_{14} + \beta a_{34} \\ a_{21} & a_{22} & a_{23} & a_{24} \\ a_{31} & a_{32} & a_{33} & a_{34} \end{pmatrix}$$

가 된다. 즉, 제 Ⅲ형의 기본행렬을 A의 왼쪽에 곱한 것은 그 기본행렬과 동일한 형태의 기본행 연산을 A에 시행한 것과 같다. 또

$$E'' = \begin{pmatrix} 1 & 0 & -\beta \\ 0 & 1 & 0 \\ 0 & 0 & 1 \end{pmatrix}$$

라고 하면 $E_3E'' = E''E_3 = I$ 이므로 $E_3^{-1} = E''$ 이고 E_3^{-1}도 제 Ⅲ형의 기본행렬이다.

이상에서 알 수 있는 바와 같이, 일반적으로 $n \times n$ 기본행렬 E를 임의로 주어진 $n \times r$ 행렬 A의 왼쪽에 곱함으로써 그 기본행렬과 똑같은 형태의 기본행연산을 A에 시행한 효과를 얻을 수 있다. 또한 임의의 기본행렬 E는 역행렬을 가지며 그 역행렬 역시 동일한 형태의 기본행렬임을 관찰할 수 있다. 이것을 다음의 정리로 기억해 두자.

정리 1.4.3

임의의 기본행렬 E는 역행렬을 가지며 그 역행렬 역시 E와 동일한 형태의 기본행렬이다.

정 의

같은 크기의 두 행렬 A, B에 대하여 유한개의 기본행렬 $E_1, E_2, \cdots, E_k$가 존재하여

$$B = E_kE_{k-1}\cdots E_1A$$

를 만족할 때, B는 A와 **행동치**(row equivalent)라고 한다. 다시 말하여 행렬 A에 유한 번의 기본행연산을 시행하여 B를 얻을 수 있을 때, B는 A와 행동치라고 한다.

주어진 정방행렬이 정상인지 특이인지를 판별할 수 있는 여러 가지 방법을 제시한다는 점에서 다음 정리는 매우 중요하다.

정리 1.4.4

n차 정방행렬 A에 대해서 다음 명제들은 서로 동치이다.

(i) A는 정상행렬이다.

(ii) 동차연립방정식 $A\mathbf{x} = 0$는 자명한 해 $\mathbf{0}$만을 갖는다.

(iii) A는 I 와 행동치이다.

[증명] (i)⇒(ii) : A가 정상행렬이면 A의 역행렬 A^{-1}가 존재하므로 연립방정식 $A\mathbf{x}=\mathbf{0}$의 임의의 해 $\mathbf{s}$ 에 대해서

$$\mathbf{s}=I\ \mathbf{s}=(A^{-1}A)\ \mathbf{s}=A^{-1}(A\,\mathbf{s})=A^{-1}\,\mathbf{0}=\mathbf{0}$$

이다. 따라서 $A\mathbf{x}=\mathbf{0}$은 자명한 해만을 갖는다.

(ii)⇒(iii) : 행렬 A의 기약 행계단형을 U라고 하면 동차연립방정식 $A\mathbf{x}=\mathbf{0}$와 $U\mathbf{x}=\mathbf{0}$는 동치이다. 만일 U의 마지막 행의 원소들이 모두 0이라면 연립방정식 $U\mathbf{x}=\mathbf{0}$는 방정식의 개수보다 미지수의 개수가 더 많은 연립방정식과 동치가 되어 정리 1.3.1에 따라 자명하지 않은 해를 갖게 된다. 그러면 $U\mathbf{x}=\mathbf{0}$와 동치인 $A\mathbf{x}=\mathbf{0}$도 자명하지 않은 해를 가지게 되므로 이것은 가정하고 있는 (ii)에 모순된다. 따라서 U는 각 행이 반드시 0이 아닌 원소를 가지는 기약 행계단형 정방행렬이다. 이러한 조건을 만족하는 행렬은 항등행렬 뿐이므로 $U=I$이다. 그러므로 A는 I와 행동치이다.

(iii)⇒(i) : A가 I와 행동치이면 적당한 기본행렬 E_1, E_2, $\cdots$, E_k가 존재하여

$$I=E_kE_{k-1}\cdots E_1A \tag{4}$$

이다. 정리 1.4.3에 의해서 각 E_i는 정상행렬이므로 그들의 곱 E_kE_{k-1} $\cdots$, E_1도 정상행렬이다.
따라서 (4)의 양변의 왼쪽에 $(E_kE_{k-1}\cdots E_1)^{-1}$를 곱한 행렬 $(E_kE_{k-1}$ $\cdots E_1)^{-1}=A$도 정상행렬이다.

따름정리 1.4.5

$n\times n$ 연립일차방정식 $A\mathbf{x}=\mathbf{b}$가 유일한 해를 가질 필요충분조건은 A가 정상행렬인 것이다.

[증명] A가 정상행렬이면 역행렬 A^{-1}가 존재하므로 연립방정식 $A\mathbf{x}=\mathbf{b}$의 양변의 왼쪽에 A^{-1}를 곱해 줌으로써 유일한 해 $\mathbf{x}=A^{-1}\mathbf{b}$를 얻게 된다. 역으로, $A\mathbf{x}=\mathbf{b}$가 유일한 해 $\mathbf{s}$를 갖는다고 가정하자. 만일 A가 정상행렬

이 아니라면, 정리 1.4.4에 의해서 $A\mathbf{x}=\mathbf{0}$은 자명하지 않은 해 $\mathbf{z}\neq\mathbf{0}$를 갖는다. $\mathbf{t}=\mathbf{s}+\mathbf{z}$라고 두면, $\mathbf{t}\neq\mathbf{s}$이고

$$A\mathbf{t}=A(\mathbf{s}+\mathbf{z})=A\mathbf{s}+A\mathbf{z}=\mathbf{b}+\mathbf{0}=\mathbf{b}$$

이므로 $\mathbf{t}$는 $\mathbf{s}$와 다른 $A\mathbf{x}=\mathbf{b}$의 또 하나의 해이다. 이것은 $A\mathbf{x}=\mathbf{b}$가 유일한 해를 갖는다는 가정에 모순된다. 따라서 A는 정상행렬이어야 한다.

정리 1.4.4의 증명과정은 어떤 주어진 정상행렬 A의 역행렬을 구하는 한 방법을 제시하고 있다. 식 (4)는

$$I=E_kE_{k-1}\cdots E_1A$$

와 같고 이 식의 양변의 오른쪽에 A^{-1}을 곱해주면

$$A^{-1}=E_kE_{k-1}\cdots E_1I$$

가 된다. 이것은 행렬 A에 기본행연산을 여러 번 적용하여 A의 기약 행계단형인 I를 얻게 될 때, 이와 완전히 동일한 기본행연산을 I에 적용함으로써 A^{-1}를 구할 수 있음을 말한다. 즉, 행렬 A에 항등행렬 I를 첨가한 행렬 $(A|I)$의 기약 행계단형이 $(I|A^{-1})$이고, 이 기약 행계단형을 얻는 과정은

$$\begin{aligned}&(A\,|\,I)\rightarrow(E_1A|E_1I)\rightarrow(E_2E_1A|E_2E_1I)\rightarrow\cdots\\&\rightarrow(E_kE_{k-1}\cdots E_1A|E_kE_{k-1}\cdots E_1I)=(I\,|\,A^{-1})\end{aligned}$$

와 같게 된다. 이것은 정상행렬의 역행렬을 구하는 대단히 효과적인 방법이다.

예제 6

다음 주어진 행렬의 역행렬을 구하여라.

$$A=\begin{pmatrix}1&4&3\\-1&-2&0\\2&2&3\end{pmatrix}$$

풀이

A에 항등행렬 I를 첨가한 행렬 $(A|I)$의 기약 행계단형을 구하면 다음과 같다.

$$(A\,|\,I)\rightarrow\left(\begin{array}{ccc|ccc}1&0&0&-\frac{1}{2}&-\frac{1}{2}&\frac{1}{2}\\0&1&0&\frac{1}{4}&-\frac{1}{4}&-\frac{1}{4}\\0&0&1&\frac{1}{6}&\frac{1}{2}&\frac{1}{6}\end{array}\right)$$

따라서 A의 역행렬 A^{-1}은 다음과 같다.

$$A^{-1}=\begin{pmatrix} -\frac{1}{2} & -\frac{1}{2} & \frac{1}{2} \\ \frac{1}{4} & -\frac{1}{4} & -\frac{1}{4} \\ \frac{1}{6} & \frac{1}{2} & \frac{1}{6} \end{pmatrix}$$

예제 7

다음 연립방정식을 풀어라.

$$\begin{cases} x_1+4x_2+3x_3 = 12 \\ -x_1-2x_2 = -12 \\ 2x_1+2x_2+3x_3 = 8 \end{cases}$$

풀이

주어진 연립방정식의 계수행렬은 예제 6에서의 행렬 A이다. A가 역행렬을 가지므로 따름정리 1.4.5에 의해서 연립방정식은 유일한 해를 가지며 그 해는 다음과 같다.

$$\mathbf{x}=A^{-1}\mathbf{b}=\begin{pmatrix} -\frac{1}{2} & -\frac{1}{2} & \frac{1}{2} \\ \frac{1}{4} & -\frac{1}{4} & -\frac{1}{4} \\ \frac{1}{6} & \frac{1}{2} & \frac{1}{6} \end{pmatrix}\begin{pmatrix} 12 \\ -12 \\ 8 \end{pmatrix}=\begin{pmatrix} 4 \\ 4 \\ -\frac{8}{3} \end{pmatrix}$$

연습문제 1.4

1. 다음 주어진 행렬의 쌍 A, B에 대하여 $EA=B$를 만족하는 기본행렬 E를 구하여라.

(a) $A=\begin{pmatrix} 2 & -1 \\ 5 & 3 \\ 1 & 1 \end{pmatrix}$, $B=\begin{pmatrix} -4 & 2 \\ 5 & 3 \\ 1 & 1 \end{pmatrix}$

(b) $A=\begin{pmatrix} 4 & -2 & 4 \\ 1 & 0 & 2 \\ -2 & 3 & 1 \end{pmatrix}$, $B=\begin{pmatrix} 4 & -2 & 4 \\ 1 & 0 & 2 \\ 0 & 3 & 5 \end{pmatrix}$

(c) $A=\begin{pmatrix} 2 & 1 & 3 & 1 \\ -2 & 4 & 5 & -1 \\ 3 & 1 & 4 & 2 \end{pmatrix}$, $B=\begin{pmatrix} -2 & 4 & 5 & -1 \\ 2 & 1 & 3 & 1 \\ 3 & 1 & 4 & 2 \end{pmatrix}$

2. 다음 각 행렬의 역행렬을 구하여라.

(a) $A = \begin{pmatrix} 1 & 0 & 3 \\ 2 & 4 & 1 \\ 1 & 3 & 0 \end{pmatrix}$ (b) $A = \begin{pmatrix} 1 & -1 & 2 \\ 2 & -1 & 7 \\ 1 & -1 & 3 \end{pmatrix}$

(c) $A = \begin{pmatrix} 0 & 0 & 0 & 1 \\ 0 & 0 & -1 & 0 \\ 0 & -1 & 0 & 0 \\ 1 & 0 & 0 & 0 \end{pmatrix}$

3. 정상행렬 A가 대칭행렬이면 A^{-1}도 대칭행렬임을 보여라.

4. 다음 행렬 A의 역행렬이 존재하기 위한 a의 값을 모두 구하고, 그때의 A^{-1}를 구하여라.

$$A = \begin{pmatrix} 1 & 1 & 0 \\ 1 & 0 & 0 \\ 1 & 2 & a \end{pmatrix}$$

5. n차의 정방행렬 A가 정상이고 $A^3 - 2A^2 + 3A - I = 0$를 만족할 때, A의 역행렬 A^{-1}는 다음을 만족함을 보여라.

$$A^{-1} = A^2 - 2A + 3I$$

6. 다음 연립일차방정식을 계수행렬의 역행렬을 이용하여 풀어라.

$$\begin{cases} -2x - y - 2z = 1 \\ x + z = 2 \\ x + y = 3 \end{cases}$$

Chapter 2 행 렬 식

행렬식은 임의의 정방행렬에 하나의 상수를 대응시킨 것이다. 행렬식에 대한 개념은 행렬이 소개되기 전에 이미 알려졌으며 오랫동안 연립일차방정식을 푸는 기본적인 수단으로 이용되어 왔다. 또한 행렬식을 계산한 값을 통해 주어진 행렬이 정상인지 아닌지도 쉽게 알 수 있다. 이 장에서는 연립일차방정식의 해를 구하는 과정에서 행렬식을 자연스럽게 도입하고 그 계산법과 성질에 대해서 알아본다.

2.1 행렬식의 정의

이 절에서는 임의의 정방행렬에 대하여 행렬식을 정의한다. 크기가 작은 행렬의 행렬식은 비교적 간단히 정의할 수 있지만 이 정의를 일반적인 정방행렬에 대해서 확장하는 것 그렇게 간단한 일이 아니다. 예를 들어, 다음의 2×2 행렬을 생각해 보자.

$$A = \begin{pmatrix} a & b \\ c & d \end{pmatrix}$$

앞 장의 4.1절 예제 4에서 이 행렬은 $ad-bc\neq0$일 때, 역행렬을 가지고 그 역행렬은

$$A^{-1} = \frac{1}{ad-bc}\begin{pmatrix} d & -b \\ -c & a \end{pmatrix}$$

임을 알아보았다. 따라서 행렬 A에 대해서 $ad-bc$은 매우 의미 있는 값임을 알 수 있는데, 2×2 행렬에 대해서는 바로 이 값을 A의 행렬식으로 정의하게 된다. 이제 이러한 정의를 다음과 같이 귀납적인 방법을 사용하여 일반적인 n차 정방행렬로 확장한다.

정 의

n차 정방행렬 $A=(a_{ij})$에 대하여 아래와 같이 정의 되는 상수를 A의 **행렬식**(determinant)이라고 하고 det(A) 또는 $|A|$로 나타낸다.

(i) 먼저 $n=1$일 때, 즉 $A=(a_{11})$이면 $\det(A)=a_{11}$으로 정의한다.

(ii) $n \geq 2$일 때, 귀납적 가정으로서 모든 $(n-1)$차 정방행렬의 행렬식은 정의되어 있다고 하자. 이제 행렬 A에서 a_{ij}를 포함하는 행과 열을 소거하여 얻은 $(n-1)$차 정방행렬을 M_{ij}라고 하자. M_{ij}는 $(n-1)$차 정방행렬이므로 귀납적 가정에 의해서 그 행렬식이 정의되어 있는데, 이 M_{ij}의 행렬식 $\det(M_{ij})$를 a_{ij}의 **소행렬식**(minor)이라고 하고, 이 소행렬식을 이용하여 A의 행렬식을

$$\det(A)=a_{11}\det(M_{11})-a_{12}\det(M_{12})+\cdots+(-1)^{n+1}a_{1n}\det(M_{1n})$$

와 같이 정의한다. 부호 처리의 번거로움을 없애기 위해서 a_{ij}의 **여인수**(cofactor)라고 불리우는 A_{ij}를

$$A_{ij}=(-1)^{i+j}\det(M_{ij})$$

와 같이 정의하면 A의 행렬식은

$$\det(A)=a_{11}A_{11}+a_{12}A_{12}+\cdots+a_{1n}A_{1n} \tag{1}$$

와 같이 표현된다. (1)과 같은 표현을 제 1행에 대한 $\det(A)$의 **여인수 전개**(cofactor expansion)라고 한다.

예제 1

다음 행렬 A의 각 원소에 대한 여인수를 말하고 A의 행렬식을 계산하여라.

$$A=\begin{pmatrix} a_{11} & a_{12} \\ a_{21} & a_{22} \end{pmatrix}$$

풀이

$M_{11}=(a_{22}), M_{12}=(a_{21}), M_{21}=(a_{12}), M_{22}=(a_{11})$이므로 여인수들은 각각

$$A_{11}=a_{22},\ A_{12}=-a_{21},\ A_{21}=-a_{12},\ A_{22}=a_{11}$$

이다. 따라서 아래의 통상적인 2×2 행렬에 대한 행렬식을 얻는다.

$$\det(A)=a_{11}A_{11}+a_{12}A_{12}=a_{11}a_{22}-a_{12}a_{21}$$

예제 2

다음 일반적인 3×3 행렬의 행렬식을 계산하여라.

$$A = \begin{pmatrix} a_{11} & a_{12} & a_{13} \\ a_{21} & a_{22} & a_{23} \\ a_{31} & a_{32} & a_{33} \end{pmatrix}$$

풀이

제 1행에 대한 여인수 전개를 하면 다음과 같다.

$$\begin{aligned} \det(A) &= a_{11} A_{11} + a_{12} A_{12} + a_{13} A_{13} \\ &= a_{11}\begin{vmatrix} a_{22} & a_{23} \\ a_{32} & a_{33} \end{vmatrix} - a_{12}\begin{vmatrix} a_{21} & a_{23} \\ a_{31} & a_{33} \end{vmatrix} + a_{13}\begin{vmatrix} a_{21} & a_{22} \\ a_{31} & a_{32} \end{vmatrix} \\ &= a_{11}a_{22}a_{33} - a_{11}a_{23}a_{32} + a_{12}a_{23}a_{31} \\ &\quad - a_{12}a_{21}a_{33} + a_{13}a_{21}a_{32} - a_{13}a_{22}a_{31} \end{aligned} \tag{2}$$

위의 두 예제에서 알 수 있는 바와 같이 2차 또는 3차 정방행렬의 행렬식은 그림 2.1과 같이 화살표 방향으로 곱하여 오른쪽 방향의 화살표의 곱에는 +, 왼쪽 방향의 화살표의 곱에는 − 부호를 주어서 합한 것이 된다. 다만 3차의 경우에는 행렬의 제 3열의 오른쪽에 제 1열과 제 2열을 나란히 붙여 놓은 다음 화살표를 긋는다. 이러한 계산법을 사루스 법칙(Sarrus' law)이라고 한다. 그러나 4차 이상의 정방행렬에 대한 행렬식은 이와 같은 간편한 규칙이 없고 4차의 행렬식만 하더라도 정의에 따른 계산을 할 경우 24개의 항을 가진 대단히 복잡한 식이 된다. 따라서 4차 이상의 경우에는 보통 정의에 따른 계산을 하지 않고 다음 절에서 배우게 될 행렬식의 성질을 이용하여 더 간편한 형태로 고쳐서 계산하게 된다.

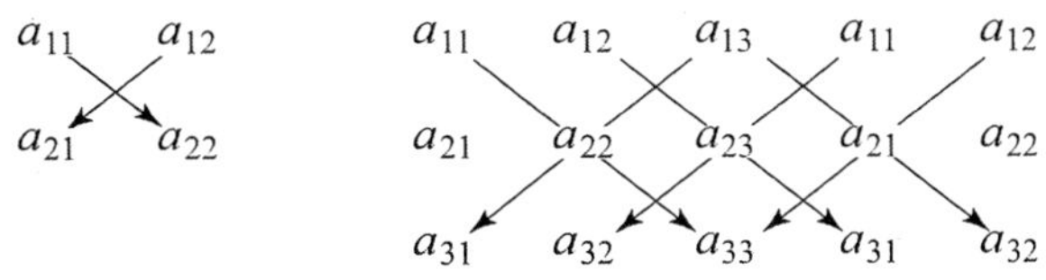

그림 2.1
사루스 법칙.
2차 및 3차 행렬식에 대해서만 적용된다.

예제 3

다음 주어진 행렬식을 계산하여라.

(a) $\begin{vmatrix} 3 & 1 \\ 2 & -2 \end{vmatrix}$ (b) $\begin{vmatrix} 1 & 2 & 3 \\ 3 & 1 & -4 \\ 0 & 2 & 5 \end{vmatrix}$

풀이

예제 1의 방법 및 사루스 법칙을 이용하여 각 행렬식을 계산하면 아래와 같다.

(a) $\begin{vmatrix} 3 & 1 \\ 2 & -2 \end{vmatrix} = 3 \cdot (-2) - 1 \cdot 2 = -8$

(b) $\begin{vmatrix} 1 & 2 & 3 \\ 3 & 1 & -4 \\ 0 & 2 & 5 \end{vmatrix} = 5 + 0 + 18 - 0 - 30 - (-8) = 1$

행렬식은 그 정의에서 제 1행에 대한 여인수 전개로 한정하였지만, 사실 주어진 정방행렬의 어느 행, 어느 열에 대한 여인수 전개를 하여도 그 값은 항상 동일하다. 예를 들어,

$$A = \begin{pmatrix} a_{11} & a_{12} & a_{13} \\ a_{21} & a_{22} & a_{23} \\ a_{31} & a_{32} & a_{33} \end{pmatrix}$$

일 때, 제 2행에 대한 여인수 전개는

$$\begin{aligned} & a_{21}A_{21} + a_{22}A_{22} + a_{23}A_{23} \\ &= -a_{21}\begin{vmatrix} a_{12} & a_{13} \\ a_{32} & a_{33} \end{vmatrix} + a_{22}\begin{vmatrix} a_{11} & a_{13} \\ a_{31} & a_{33} \end{vmatrix} - a_{23}\begin{vmatrix} a_{11} & a_{12} \\ a_{31} & a_{32} \end{vmatrix} \\ &= a_{21}a_{13}a_{32} - a_{21}a_{12}a_{33} + a_{22}a_{11}a_{33} \\ &\quad - a_{22}a_{13}a_{31} + a_{23}a_{12}a_{31} - a_{23}a_{11}a_{32} \end{aligned}$$

로서 (2)와 비교해 볼 때, $\det(A)$와 같고, 또 아래의 제 3열에 대한 여인수 전개도

$$\begin{aligned} & a_{13}A_{13} + a_{23}A_{23} + a_{33}A_{33} \\ &= a_{13}\begin{vmatrix} a_{21} & a_{22} \\ a_{31} & a_{32} \end{vmatrix} - a_{23}\begin{vmatrix} a_{11} & a_{12} \\ a_{31} & a_{32} \end{vmatrix} + a_{33}\begin{vmatrix} a_{11} & a_{12} \\ a_{21} & a_{22} \end{vmatrix} \\ &= a_{13}a_{21}a_{32} - a_{13}a_{22}a_{31} + a_{23}a_{12}a_{31} \\ &\quad - a_{23}a_{11}a_{32} + a_{33}a_{11}a_{22} - a_{33}a_{12}a_{21} \end{aligned}$$

역시 $\det(A)$와 같음을 알 수 있다.

정리 2.1.1

임의의 n차 정방행렬 $A=(a_{ij})$에 대하여 다음이 성립한다.

(i) $\det(A)=a_{i1}A_{i1}+a_{i2}A_{i2}+\cdots+a_{in}A_{in},\ 1\le i\le n$

(ii) $\det(A)=a_{1j}A_{1j}+a_{2j}A_{2j}+\cdots+a_{nj}A_{nj},\ 1\le j\le n$

이 정리를 보면 실제적인 행렬의 계산에 있어서는, 계산해야 할 항의 수를 줄이기 위해서, 될 수 있는 대로 0을 많이 포함하고 있는 행 또는 열을 선택하는 것이 유리하다는 것을 알 수 있다. 한편 a_{ij}의 여인수는 $A_{ij}=(-1)^{i+j}\ \det(M_{ij})$로 정의하였으므로 행렬 A의 어느 행 또는 어느 열에 대해서 여인수 전개를 하여도 +부호와 −부호는 교대로 나타나게 된다. 이 부호를 정하는 유용한 규칙은 다음과 같은 배열로 요약할 수 있다.

$$\begin{pmatrix} + & - & + & - & \cdots \\ - & + & - & + & \cdots \\ + & - & + & - & \cdots \\ \vdots & \vdots & & & \end{pmatrix}$$

예제 4

다음 주어진 행렬의 행렬식을 계산하여라.

$$A=\begin{pmatrix} 1 & 0 & -1 & 0 \\ 1 & -1 & 2 & 0 \\ 3 & 1 & -1 & 2 \\ 0 & 2 & 0 & 0 \end{pmatrix}$$

풀이

제 4열이 가장 많은 0을 포함하고 있으므로 제 4열에 대해서 여인수 전개를 하자. 그러면 세 번째 항만 남게 된다. 즉,

$$\det(A)=-2\begin{vmatrix} 1 & 0 & -1 \\ 1 & -1 & 2 \\ 0 & 2 & 0 \end{vmatrix}=(-2)(-2)\begin{vmatrix} 1 & -1 \\ 1 & 2 \end{vmatrix}=12$$

연습문제 2.1

1. 행렬식의 정의를 이용하여 다음 행렬식의 값을 구하여라.

(a) $\begin{vmatrix} 1 & 2 & 2 \\ 2 & 1 & 5 \\ 0 & 0 & 1 \end{vmatrix}$ (b) $\begin{vmatrix} 0 & 1 & -2 \\ 0 & 3 & 0 \\ 4 & 0 & 0 \end{vmatrix}$ (c) $\begin{vmatrix} 3 & 4 & 2 \\ 2 & 5 & 0 \\ 3 & 1 & 2 \end{vmatrix}$

(d) $\begin{vmatrix} 4 & 2 & 2 & 0 \\ 2 & 0 & 0 & 0 \\ 3 & 0 & 0 & 1 \\ 0 & 0 & 1 & 0 \end{vmatrix}$ (e) $\begin{vmatrix} -4 & 2 & 0 & 0 \\ 2 & 3 & 1 & 0 \\ 3 & 1 & 0 & 2 \\ -4 & 2 & 0 & 0 \end{vmatrix}$ (f) $\begin{vmatrix} 1 & 0 & 1 & 4 \\ -1 & 3 & 1 & 1 \\ 4 & 1 & 1 & -2 \\ 0 & 0 & -1 & 2 \end{vmatrix}$

2. 다음 방정식을 풀어라.

$$\begin{vmatrix} 1 & 1 & 1 \\ 1 & x & 2 \\ 1 & x^2 & 4 \end{vmatrix} = 0$$

2.2 행렬식의 성질

앞 절에서 일반적인 2차 행렬의 행렬식은 항의 개수가 2개이고 3차 행렬의 행렬식은 앞 절 예제 2의 식 (2)에서 보듯이 $6(=3\cdot 2)$개 항의 합으로 되어 있음을 보았다. n차 정방행렬 A의 행렬식의 정의가

$$\det(A) = a_{11}\det(M_{11}) - a_{12}\det(M_{12}) + \cdots + (-1)^{n+1}a_{1n}\det(M_{1n})$$

와 같이 n개의 $n-1$차 행렬의 행렬식의 합으로 되어 있으므로, 4차 정방행렬의 행렬식은

$$4\cdot 6 = 4\cdot 3\cdot 2 = 4!$$

개 항의 합으로 나타난다. 따라서 n차 정방행렬의 행렬식은 $n!$개의 항의 합으로 표현되게 된다. $n!$은 n이 커짐에 따라 초기하급수적으로 증가하기 때문에 4차 이상이 되면 행렬식의 정의에 따른 계산은 비효율적이 될 수밖에 없다. 이 절에서는 행렬식의 여러 가지 성질들을 규명하고 이 성질들을 이용하여 큰 차수의 행렬식을 쉽게 계산할 수 있는 방법을 알아본다.

정리 2.2.1

임의의 n차 정방행렬 A에 대하여 $\det(A^T) = \det(A)$이다.

[증명] n에 대한 귀납법으로 증명한다. 먼저 $n=1$일 때는 명백하다. 이제 $n>1$이고 모든 $n-1$차 정방행렬에 대해서는 위의 정리가 성립한다고 가정하자. $\det(A)$를 A의 제 1 행에 대해서 여인수 전개하면

$$\det(A) = a_{11}\det(M_{11}) - a_{12}\det(M_{12}) + \cdots + (-1)^{n+1}a_{1n}\det(M_{1n})$$

이다. 여기서, 여인수 M_{ij}는 $n-1$차 정방행렬이므로 귀납법 가정에 의해

$$\det(A) = a_{11}\det(M_{11}^T) - a_{12}\det(M_{12}^T) + \cdots + (-1)^{n+1}a_{1n}\det(M_{1n}^T)$$

이고 이 식의 우변은 제 1열에 대한 $\det(A^T)$의 여인수 전개이다. 그러므로 정리는 성립한다.

이 정리에 의하여 행렬식의 행에 대하여 성립하는 성질은 열에 대해서도 똑같이 성립함을 알 수 있다.

정 의

주대각성분 아래의 성분이 모두 0인 정방행렬을 상삼각행렬(upper triangular matrix)이라고 하고 주대각성분 위쪽의 성분이 모두 0인 정방행렬을 하삼각행렬(lower triangular matrix)이라고 한다. 그리고 상삼각행렬과 하삼각행렬을 통틀어 삼각행렬(triangular matrix)이라고 한다.

정리 2.2.2

정방행렬의 행렬식은 다음의 성질을 갖는다.

(i) 행렬식의 어느 한 행(또는 열)의 모든 원소들이 0인 행렬식의 값은 0이다.

(ii) $A=(a_{ij})$가 n차의 삼각행렬이면 A의 행렬식 값은 주대각성분들의 곱과 같다. 즉, $\det(A) = a_{11}a_{22}a_{33}\cdots a_{nn}$

(iii) n차 정방행렬 A가 어떤 두 개의 동일한 행(또는 열)을 가지면 $\det(A)=0$ 이다.

[증명] 여인수 전개와 n에 대한 귀납법을 사용하면 쉽게 증명된다. 자세한 증명은 연습문제로 남겨 둔다.

예제 1

정리 2.2.2에 의하여 아래의 행렬식 계산을 얻을 수 있다.

$$\begin{vmatrix} 4 & 2 & 2 & 3 \\ 0 & 1 & 0 & 6 \\ 0 & 0 & 2 & 1 \\ 0 & 0 & 0 & 3 \end{vmatrix} = 4 \cdot 1 \cdot 2 \cdot 3 = 24, \qquad \begin{vmatrix} 4 & 2 & -2 & 2 \\ 1 & 1 & 0 & 1 \\ 0 & -1 & 2 & -1 \\ 1 & 3 & 5 & 3 \end{vmatrix} = 0$$

정리 2.2.3

n차 정방행렬 $A=(a_{ij})$에 대하여 다음이 성립한다.

$$a_{i1}A_{j1} + a_{i2}A_{j2} + \cdots + a_{in}A_{jn} = \begin{cases} \det(A), & i = j \\ 0, & i \neq j \end{cases} \tag{3}$$

물론 여기서 A_{ij}는 a_{ij}의 여인수이다.

[증명] 만일 $i=j$라면 식 (3)의 좌변은 제 i행에 대한 $\det(A)$의 여인수 전개이다. 이제 편의상 $i<j$라고 가정하자. 행렬 A의 j행을 없애고 그 자리를 행렬 A의 i행으로 대치한 행렬을 A'라고 하자. 그러면 정리 2.2.2 (ii)에 의해서 $\det(A')=0$이고 또 A와 A'는 j 행을 제외하면 완전히 동일하므로

$$A_{j1} = A'_{j1},\ A_{j2} = A'_{j2}, \cdots, A_{jn} = A'_{jn}$$

이다. 한편, j행에 대한 $\det(A')$의 여인수 전개는 $a_{i1}A'_{j1} + a_{i2}A'_{j2} + \cdots + a_{in}A'_{jn}$이므로

$$\begin{aligned} 0 = \det(A') &= a_{i1}A'_{j1} + a_{i2}A'_{j2} + \cdots + a_{in}A'_{jn} \\ &= a_{i1}A_{j1} + a_{i2}A_{j2} + \cdots + a_{in}A_{jn} \end{aligned}$$

이다. 그러므로 정리는 성립한다.

▩ 기본행연산과 행렬식

다음으로 주어진 정방행렬에 기본행연산을 시행하였을 경우 그 행렬식의 값에는 어떤 변화가 일어나는지 알아보자. 세 가지의 기본행연산 중에서 먼저 제Ⅱ형과 제Ⅲ형의 경우를 먼저 조사하고 이를 이용하여 마지막으로 제Ⅰ형의 경우를 관찰해 보기로 하자.

정리 2.2.4

행렬식의 어느 한 행(또는 열)의 모든 원소에 α를 곱해준 행렬식의 값은 원래 행렬식 값의 α배와 같다.

[증명] 주어진 행렬을 A라고 하고 A'는 A의 i행에 α를 곱해준 행렬이라고 하자. 그러면 i행을 제외하고는 A'와 A가 완전히 동일하므로

$$A_{i1} = A'_{i1},\ A_{i2} = A'_{i2}, \cdots,\ A_{in} = A'_{in}$$

이다. 따라서 아래의 제i행에 대한 $\det(A')$의 여인수 전개 계산으로부터 위의 정리를 얻게 된다.

$$\begin{aligned}\det(A') &= \alpha a_{i1} A_{i1} + \alpha a_{i2} A_{i2} + \cdots + \alpha a_{in} A_{in} \\ &= \alpha(a_{i1} A_{i1} + a_{i2} A_{i2} + \cdots + a_{in} A_{in}) \\ &= \alpha \det(A)\end{aligned}$$

특히 E_2가 항등행렬의 어느 한 행에 0이 아닌 상수 α를 곱해준 제 II형의 기본행렬이라면 위의 정리로부터

$$\det(E_2) = \det(E_2 I) = \alpha \det(I) = \alpha$$

임을 알 수 있고, 따라서 위의 정리를 다시 표현하면 다음과 같다.

$$\det(E_2 A) = \det(E_2)\ \det(A)$$

정리 2.2.5

행렬식의 어느 한 행(또는 열)의 상수배를 다른 한 행(또는 열)에 더해주어도 그 행렬식의 값은 변하지 않는다. 즉, 임의의 n차 정방행렬 A와 제Ⅲ형의 n차 기본행렬 E_3에 대해서 다음이 성립한다.

$$\det(E_3A) = \det(A) = \det(E_3)\ \det(A)$$

[증명] E_3가 항등행렬 I의 i행의 α배를 $j(\neq i)$행에 더해서 만들어진 제 Ⅲ 형의 기본행렬이라고 하자. 그러면 E_3는 삼각행렬이고 대각성분이 모두 1이기 때문에 $\det(E_3) = 1$이다. 따라서 이제 $\det(E_3A)$를 j행에 대해서 여인수 전개하면, 정리 2.2.3으로부터 다음을 얻는다.

$$\begin{aligned}\det(E_3A) &= (a_{j1} + \alpha a_{i1})A_{j1} + (a_{j2} + \alpha a_{i2})A_{j2} \\ &\qquad + \cdots (a_{jn} + \alpha a_{in})A_{jn} \\ &= (a_{j1}A_{j1} + a_{j2}A_{j2} + \cdots + a_{jn}A_{jn}) \\ &\qquad + \alpha(a_{i1}A_{j1} + a_{i2}A_{j2} + \cdots + a_{in}A_{jn}) \\ &= \det(A) = \det(E_3)\ \det(A)\end{aligned}$$

정리 2.2.6

행렬식의 어느 두 행(또는 열)을 서로 자리바꿈한 행렬식의 값은 처음 행렬식 값의 부호를 바꾼 것과 같다. 즉, 임의의 n차 정방행렬 A와 제 I 형의 n차 기본행렬 E_1에 대해서 다음이 성립한다.

$$\det(E_1A) = -\det(A) = \det(E_1)\ \det(A)$$

[증명] 주어진 정방행렬 A의 i행과 $j(> i)$행을 자리바꿈한 행렬을 A'라고 하자. 우리가 보여야 할 것은 $\det(A') = -\det(A)$이다. 행렬의 i행과 j행만을 나타내어 표현하면

$$A = \begin{pmatrix} \vdots & & \vdots \\ a_{i1} & \cdots & a_{in} \\ \vdots & & \vdots \\ a_{j1} & \cdots & a_{jn} \\ \vdots & & \vdots \end{pmatrix}, \quad A' = \begin{pmatrix} \vdots & & \vdots \\ a_{j1} & \cdots & a_{jn} \\ \vdots & & \vdots \\ a_{i1} & \cdots & a_{in} \\ \vdots & & \vdots \end{pmatrix}$$

이다. 이제 A의 i행의 -1배를 A의 j행에 더해준 행렬을 A_1이라고 하고 또 A_1의 j행을 A_1의 i행에 더해준 행렬을 A_2로 두고 마지막으로 A_2의 i행의 -1배를 A_2의 j행에 더해준 행렬을 A_3이라고 하면 이 행렬들은 각각

$$A_1 = \begin{pmatrix} \vdots & & \vdots \\ a_{i1} & \cdots & a_{in} \\ \vdots & & \vdots \\ a_{j1}-a_{i1} & \cdots & a_{jn}-a_{in} \\ \vdots & & \vdots \end{pmatrix}$$

$$A_2 = \begin{pmatrix} \vdots & & \vdots \\ a_{j1} & \cdots & a_{jn} \\ \vdots & & \vdots \\ a_{j1}-a_{j1} & \cdots & a_{jn}-a_{in} \\ \vdots & & \vdots \end{pmatrix}$$

$$A_3 = \begin{pmatrix} \vdots & & \vdots \\ a_{j1} & \cdots & a_{jn} \\ \vdots & & \vdots \\ -a_{i1} & \cdots & -a_{in} \\ \vdots & & \vdots \end{pmatrix}$$

이다. 정리 2.2.4와 정리 2.2.5를 각 행렬에 적용하면

$$\det(A) = \det(A_1), \quad \det(A_1) = \det(A_2)$$
$$\det(A_2) = \det(A_3), \quad \det(A_3) = -\det(A')$$

를 얻는다. 따라서 $\det(A') = -\det(A)$이다.

이상의 정리들에서 기본행연산과 행렬식의 관계에 대해서 알아보았다. 특히 실제적인 행렬의 계산에서 가장 많이 쓰이는 것은, 정리 2.2.5에서 밝힌 것처럼, 행렬식의 값이 제 Ⅲ 형 기본행연산에 의해서 변하지 않는다는 것이다. 그리고 하나 더 눈여겨보아야 할 것은 임의의 기본행렬과 임의의 정방행렬의 곱의 행렬식이 각각의 행렬식의 곱과 같다는 것이다. 즉, 임의의 정방행렬 A와 기본행렬 E에 대해서 다음이 성립한다.

$$\det(EA) = \det(E)\det(A) \tag{4}$$

예제 2

다음 각 행렬식의 값을 구하여라.

(a) $\begin{vmatrix} 3 & 2 & -1 \\ 1 & 0 & 2 \\ 3 & 4 & 1 \end{vmatrix}$ (b) $\begin{vmatrix} 1 & 1 & 1 \\ a & b & c \\ b+c & c+a & a+b \end{vmatrix}$

풀이

(a) 주어진 행렬식의 1열의 -2배를 3열에 더해준 다음 2행에 대해서 여인수 전개를 하면 다음의 계산을 얻게 된다.

$$\begin{vmatrix} 3 & 2 & -1 \\ 1 & 0 & 2 \\ 3 & 4 & 1 \end{vmatrix} = \begin{vmatrix} 3 & 2 & -7 \\ 1 & 0 & 0 \\ 3 & 4 & -5 \end{vmatrix} = (-1)\begin{vmatrix} 2 & -7 \\ 4 & -5 \end{vmatrix} = -18$$

(b) 주어진 행렬식의 2행을 3행에 더해준 다음 정리 2.2.4와 정리 2.2.2 (iii)를 적용하면 다음의 계산을 얻는다.

$$\begin{vmatrix} 1 & 1 & 1 \\ a & b & c \\ a+b+c & a+b+c & a+b+c \end{vmatrix} = (a+b+c)\begin{vmatrix} 1 & 1 & 1 \\ a & b & c \\ 1 & 1 & 1 \end{vmatrix} = 0$$

예제 3

다음 방정식을 풀어라.

$$\begin{vmatrix} 1 & 1 & 1 \\ 1 & x & 2 \\ x^2 & 1 & 5 \end{vmatrix} = 0$$

풀이

좌변 행렬식의 제 1열의 -1배를 제 2열 및 제 3열에 더해준 다음 제 1행에 대해서 전개하면 다음과 같다.

$$\begin{vmatrix} 1 & 0 & 0 \\ 1 & x-1 & 1 \\ x^2 & 1-x^2 & 5-x^2 \end{vmatrix} = \begin{vmatrix} x-1 & 1 \\ 1-x^2 & 5-x^2 \end{vmatrix} = -(x-1)(x^2-x-6)$$

따라서

$$-(x-1)(x^2-x-6) = -(x-1)(x+2)(x-3) = 0$$

을 풀면 $x=-2$, $x=1$ 또는 $x=3$이다.

예제 4

다음 주어진 행렬식의 값을 구하여라.

$$\begin{vmatrix} 1 & -1 & -1 & 2 \\ 3 & -5 & -3 & 5 \\ -1 & 2 & 3 & -4 \\ 3 & -5 & -2 & 5 \end{vmatrix}$$

풀이

주어진 행렬식의 1열을 2열 및 3열에 더해주고 1열의 −2배를 4열에 더해주면 다음의 계산을 얻는다.

$$\begin{vmatrix} 1 & 0 & 0 & 0 \\ 3 & -2 & 0 & -1 \\ -1 & 1 & 2 & -2 \\ 3 & -2 & 1 & -1 \end{vmatrix} = 1\begin{vmatrix} -2 & 0 & -1 \\ 1 & 2 & -2 \\ -2 & 1 & -1 \end{vmatrix} = \begin{vmatrix} 0 & 0 & -1 \\ 5 & 2 & -2 \\ 0 & 1 & -1 \end{vmatrix}$$

$$= (-1)\begin{vmatrix} 5 & 2 \\ 0 & 1 \end{vmatrix} = -5$$

여기서 두 번째 등호는 3열의 −2배를 1열에 더해줌으로써 얻은 것이다.

다음 정리는 어떤 정방행렬이 정상일 필요충분조건을 제시하는 것으로서 행렬식의 대단히 중요한 특징을 드러내고 있다.

정리 2.2.7

정방행렬 A가 정상일 필요충분조건은 $\det(A) \neq 0$인 것이다.

[증명] E가 제 I 형, 제 II 형 또는 제 III 형의 기본행렬이면 각각의 형태에 따라 그 행렬식은

$$\det(E) = \begin{cases} -1 \\ \alpha \neq 0 \\ 1 \end{cases}$$

와 같이 된다. 물론 E가 제 II 형일 경우는 항등행렬의 어느 한 행에 0이 아닌 상수 α를 곱해준 것으로 본 것이다. 따라서 어떤 경우이든 $\det(E) \neq 0$이다. 이제 A의 기약 행계단형을 U라고 하면 적당한 기본행렬 $E_1, E_2, \cdots, E_k$가 존재해서

$$U = E_k E_{k-1} \cdots E_1 A$$

를 만족한다. 따라서 이 식에 (4)를 k번 적용하면

$$\det(U) = \det(E_k)\ \det(E_{k-1}) \cdots \det(E_1)\ \det(A)$$

가 된다. 각 $\det(E_i)$는 0이 아니므로 $\det(A) \neq 0$일 필요충분조건은 $\det(U) \neq 0$이다. A가 정상행렬이면 정리 1.4.4 (iii)에 의해서 $U = I$이고 따라서 $\det(U) = 1 \neq 0$이다. 한편 A가 특이이면 $U \neq I$이므로 U의 마지막 행의 성분은 모두 0이다. 따라서 $\det(U) = 0$이다.

어떤 행렬이 정상이라든가 또는 특이라든가 하는 것은 행렬의 매우 중요한 본질적인 특성이다. 위의 정리가 말하는 바는 행렬의 이러한 본질적인 특성을 조사하는 데 있어서 그 행렬의 행렬식이 결정적인 역할을 한다는 것이다. 사실 그래서 행렬식의 영문 표현은 '결정자'라는 의미를 가진 'determinant'를 사용하는 것이다. 반면에 '행렬식'이라는 우리말은 숫자들이 늘어선 형태에 치중한 표현이라고 생각할 수 있다. 이제 두 정방행렬의 곱의 행렬식을 생각해 보자. 식 (4)에서 보았듯이 기본행렬과 정방행렬의 곱에 대해서는 그 행렬식이 각각의 행렬식의 곱과 같다. 다음의 정리는 행렬식의 이러한 성질이 임의의 두 정방행렬의 곱에 대해서도 성립한다는 것을 말해준다.

정리 2.2.8

같은 크기의 두 정방행렬 A, B에 대해서 다음이 성립한다.

$$\det(AB) = \det(A)\ \det(B) \tag{5}$$

[증명] 다음의 두 가지 경우로 나누어서 증명한다.

(i) B가 정상일 경우: 정리 1.4.4 (iii)에 의하여 B는 I와 행동치이므로

$$B = E_k E_{k-1} \cdots E_1 I$$

를 만족하는 기본행렬 $E_1, E_2, \cdots, E_k$가 존재한다. 한편 정리 2.2.1에 의해서 전치행렬의 행렬식은 원래 행렬의 행렬식과 같으므로

$$\det(AB) = \det((AB)^T) = \det(B^T A^T)$$

$$
\begin{aligned}
&= \det(E_1^T E_2^T \cdots E_k^T A^T) \\
&= \det(E_1^T)\ \det(E_2^T) \cdots \det(E_k^T)\ \det(A^T) \\
&= \det(A^T)\ \det(E_1^T)\ \det(E_2^T) \cdots \det(E_k^T) \\
&= \det(A^T)\ \det(E_1^T E_2^T \cdots E_k^T) \\
&= \det(A^T)\ \det(B^T) \\
&= \det(A)\ \det(B)
\end{aligned}
$$

이다. 둘째 줄과 셋째 줄에서는 기본행렬의 전치행렬도 기본행렬이라는 사실과 식 (4)가 여러 번 이용되었다.

(ii) B가 특이일 경우 : 정리 2.2.7에 의하면 어떤 행렬이 특이행렬일 필요충분조건은 그 행렬식 값이 0인 것이므로 $\det(B) = 0$이다. 따라서 (5)의 우변은 0이다. 그러므로 (5)가 성립함을 보이려면 행렬 AB가 특이행렬임을 보이면 된다. 한편 정리 1.4.4에 의하면 어떤 행렬이 특이행렬일 필요충분조건은 그 행렬을 계수행렬로 하는 동차연립방정식이 자명하지 않은 해를 갖는 것이다. 지금 B가 특이 이므로 동차연립방정식 $B\mathbf{x} = 0$은 자명하지 않은 해 $\mathbf{u} \neq 0$를 갖는다. 그러면

$$(AB)\mathbf{u} = A(B\mathbf{u}) = A\mathbf{0} = \mathbf{0}$$

이므로 $\mathbf{u}$는 동차연립방정식 $(AB)\mathbf{x} = \mathbf{0}$의 자명하지 않은 해이기도 하다. 따라서 AB는 특이행렬이다.

예제 5

다음의 두 행렬에 대해서 정리 2.2.8을 확인하여라.

$$A = \begin{pmatrix} 1 & 2 \\ 3 & 4 \end{pmatrix}, \quad B = \begin{pmatrix} 2 & -1 \\ 1 & 2 \end{pmatrix}$$

풀이

$\det(A) = -2,\ \det(B) = 5$이므로 $\det(A)\ \det(B) = -10$이다. 한편

$$AB = \begin{pmatrix} 4 & 3 \\ 10 & 5 \end{pmatrix}$$

로부터 $\det(AB) = -10$이므로 정리 2.2.8이 성립함을 알 수 있다.

따름정리 2.2.9

행렬 A가 정상행렬이면 그 역행렬의 행렬식은 다음과 같다.

$$\det(A^{-1}) = \frac{1}{\det(A)}$$

[증명] A가 정상행렬이면 A^{-1}가 존재하고 $AA^{-1} = I$ 이므로

$$\det(AA^{-1}) = \det(I) = 1$$

이다. 한편 좌변은 정리 2.2.8에 의하여

$$\det(AA^{-1}) = \det(A)\ \det(A^{-1})$$

이므로 정리가 성립한다.

연습문제 2.2

1. 다음 행렬식의 값을 구하여라.

(a) $\begin{vmatrix} 3 & 6 & 0 \\ 2 & 0 & -1 \\ 1 & 2 & 3 \end{vmatrix}$ (b) $\begin{vmatrix} 0 & a & b \\ -a & 0 & c \\ -b & -c & 0 \end{vmatrix}$ (c) $\begin{vmatrix} b+c & a & a \\ b & c+a & b \\ c & c & a+b \end{vmatrix}$

(d) $\begin{vmatrix} 1 & 1 & 2 & 3 \\ 1 & 2 & 2 & 5 \\ 1 & -2 & -3 & 4 \\ 3 & -2 & 2 & 3 \end{vmatrix}$ (e) $\begin{vmatrix} a & 1 & 1 & 1 \\ 1 & a & 1 & 1 \\ 1 & 1 & a & 1 \\ 1 & 1 & 1 & a \end{vmatrix}$ (f) $\begin{vmatrix} 0 & 1 & 0 & 0 \\ 1 & 0 & 1 & 0 \\ 0 & 1 & 0 & 1 \\ 0 & 0 & 1 & 0 \end{vmatrix}$

(g) $\begin{vmatrix} 2 & -3 & 3 & -2 \\ 3 & 3 & 4 & -3 \\ 3 & 8 & -5 & 3 \\ 4 & -4 & 2 & -1 \end{vmatrix}$ (h) $\begin{vmatrix} 1 & 1 & 2 & 2 & 3 \\ 3 & 1 & 1 & 2 & 2 \\ 2 & 3 & 1 & 1 & 2 \\ 2 & 2 & 3 & 1 & 1 \\ 1 & 2 & 2 & 3 & 1 \end{vmatrix}$ (i) $\begin{vmatrix} 0 & 1 & 0 & 0 & 1 \\ 1 & 0 & 1 & 0 & 0 \\ 0 & 1 & 0 & 1 & 0 \\ 0 & 0 & 1 & 0 & 1 \\ 1 & 0 & 0 & 1 & 0 \end{vmatrix}$

2. 다음 방정식을 풀어라.

$$\begin{vmatrix} 1-x & -4 & -2 \\ 2 & 7-x & 4 \\ 4 & 10 & 6+x \end{vmatrix} = 0$$

3. 다음을 증명하여라.

(a) $$\begin{vmatrix} a+b+c & -c & -b \\ -c & a+b+c & -a \\ -b & -a & a+b+c \end{vmatrix} = 2(a+b)(b+c)(c+a)$$

(b) $$\begin{vmatrix} (b+c)^2 & a^2 & 1 \\ (c+a)^2 & b^2 & 1 \\ (a+b)^2 & c^2 & 1 \end{vmatrix} = -2(a+b+c)(a-b)(b-c)(c-a)$$

(c) $$\begin{vmatrix} a+b & b+c & c+a \\ b+c & c+a & a+b \\ c+a & a+b & b+c \end{vmatrix} = 2\begin{vmatrix} a & b & c \\ b & c & a \\ c & a & b \end{vmatrix}$$

4. 정리 2.2.2를 증명하여라.

5. 다음 행렬이 특이행렬이 되는 c의 값을 모두 구하여라.

$$\begin{pmatrix} 1 & 1 & 1 \\ 1 & 9 & c \\ 1 & c & 3 \end{pmatrix}$$

6. A와 B는 3×3 행렬로서 $\det(A)=4$이고 $\det(B)=5$라고 하자. 이때, 다음의 값을 구하여라.

(a) $\det(AB)$ (b) $\det(A^2)$

(c) $\det(-3A)$ (d) $\det(A^{-1}B)$

7. A가 정방행렬이고 $A^2=A$이면 $\det(A)=0$ 또는 $\det(A)=1$임을 보여라.

8. 정방행렬 A가 $A^T=A^{-1}$를 만족하면 A의 행렬식은 1 또는 -1임을 보여라.

9. 두 정방행렬 A, B가 정상인 행렬 P에 대하여 $A=P^{-1}BP$를 만족하면 $\det(A)=\det(B)$ 임을 보여라.

2.3 크래머의 공식

크래머(Cramer)의 공식은 연립일차방정식이 유일한 해를 가지는 경우, 즉 $n\times n$ 연립일차방정식의 계수행렬이 정상일 때, 그 해를 표현하는 방식을 말한다. 이것을 효과적으로 기술하고 논증하기 위해서 먼저 수반행렬을 도입한다.

정 의

$A=(a_{ij})$가 n차 정방행렬이라고 하자. a_{ij}의 여인수를 A_{ij}로 나타낼 때, A의 수반행렬(adjoint matrix) adj A는 다음과 같이 정의된다.

$$\mathrm{adj}A=\begin{pmatrix} A_{11} & A_{21} & \cdots & A_{n1} \\ A_{12} & A_{22} & \cdots & A_{n2} \\ \vdots & \vdots & & \vdots \\ A_{1n} & A_{2n} & \cdots & A_{nn} \end{pmatrix}$$

위의 정의를 자세히 관찰해보면 수반행렬의 원소로서 여인수 A_{ij}들은 그 첨자가 전치되어 있음을 알 수 있다. 이것은 행렬 A와 adj A의 곱에 어떤 의미를 주기 위해서 이다. 사실 행렬 $A(\mathrm{adj}\ A)$의 (i, j) 성분은

$$a_{i1}A_{j1}+a_{i2}A_{j2}+\cdots+a_{in}A_{jn}$$

이다. 정리 2.2.3에 의해서 이 값은 $i=j$ 일 때 $\det(A)$이고 $i\neq j$일 때 0이다. 따라서 다음의 중요한 공식을 얻게 된다.

$$A(\mathrm{adj}\,A)=\det(A)I$$

만일 A가 정상행렬이라면 $\det(A)\neq 0$이므로 이 식의 양변을 $\det(A)$로 나누어서 다음의 정리를 얻는다.

정리 2.3.1

정상행렬 A의 역행렬은 다음과 같이 주어진다.

$$A^{-1}=\frac{1}{\det(A)}\mathrm{adj}\ A$$

예제 1

다음 행렬 A에 대해서 위의 정리를 이용하여 역행렬 A^{-1}를 구하여라.

$$A=\begin{pmatrix} 3 & -2 & 1 \\ 5 & 6 & 2 \\ 1 & 0 & -3 \end{pmatrix}$$

풀이

먼저 $\det(A) = -94$이다. 이제 행렬 A의 각 성분의 여인수를 모두 구해보면 다음과 같다.

$$\begin{array}{lll} A_{11} = -18, & A_{21} = -6, & A_{31} = -10, \\ A_{12} = 17, & A_{22} = -10, & A_{32} = -1, \\ A_{13} = -6, & A_{23} = -2, & A_{33} = 28 \end{array}$$

따라서 정리 2.3.1에 의해서 A의 역행렬은 아래와 같이 주어진다.

$$A^{-1} = -\frac{1}{94}\begin{pmatrix} -18 & -6 & -10 \\ 17 & -10 & -1 \\ -6 & -2 & 28 \end{pmatrix}$$

이제 크래머의 공식을 유도해 보자. 다음의 $n \times n$ 연립일차방정식

$$\begin{cases} a_{11}x_1 + a_{12}x_2 + \cdots + a_{1n}x_n = b_1 \\ a_{21}x_1 + a_{22}x_2 + \cdots + a_{2n}x_n = b_2 \\ \qquad \vdots \\ a_{n1}x_1 + a_{n2}x_2 + \cdots + a_{nn}x_n = b_n \end{cases}$$

을 간단히 $A\mathbf{x} = \mathbf{b}$로 표현하자. 물론 여기서 $A = (a_{ij})$는 계수행렬이고 $\mathbf{x} = (x_1, x_2, \cdots, x_n)^T$는 미지수 열벡터, $\mathbf{b} = (b_1, b_2, \cdots, b_n)^T$는 우변의 상수 열벡터이다. 계수행렬 A가 정상이라고 가정하면, 정리 2.3.1에 의해서

$$\mathbf{x} = A^{-1}\mathbf{b} = \frac{1}{\det(A)}(\operatorname{adj} A)\mathbf{b} \tag{1}$$

이다. 한편 (1)의 좌변 $\mathbf{x}$의 j 행은 x_j이고 우변에 있는 $(\operatorname{adj} A)\mathbf{b}$의 j행은 $\operatorname{adj} A$의 j 행과 $\mathbf{b}$의 곱 즉,

$$(A_{1j}, A_{2j}, \cdots, A_{nj})(b_1, b_2, \cdots, b_n)^T = b_1A_{1j} + b_2A_{2j} + \cdots + b_nA_{nj}$$

이다. 따라서

$$x_j = \frac{b_1A_{1j} + b_2A_{2j} + \cdots + b_nA_{nj}}{\det(A)}, \qquad 1 \le j \le n$$

을 얻는다. 이제 행렬 A의 j 열을 $\mathbf{b}$로 대치한 행렬을 A_j라고 하고 이 A_j의 행렬식을 j 열에 대해서 여인수 전개하면 위의 식 우변의 분자 $b_1A_{1j} + b_2A_{2j} + \cdots + b_nA_{nj}$가 된다. 따라서 다음의 정리를 얻는다.

정리 2.3.2

(크래머의 공식)

$n \times n$ 연립일차방정식 $A\mathbf{x} = \mathbf{b}$의 계수행렬 A가 정상행렬이면

$$x_j = \frac{\det(A_j)}{\det(A)}, \quad 1 \le j \le n$$

이다. 여기서 A_j는 행렬 A의 j 열을 $\mathbf{b}$로 대치한 행렬이다.

예제 2

크래머의 공식을 이용하여 다음 연립일차방정식을 풀어라.

$$\begin{cases} x + y + z = 2 \\ 2x - y - 3z = 6 \\ x + y - 2z = 5 \end{cases}$$

풀이

주어진 연립방정식의 계수행렬을 A라고 하면 $\det(A) = 9$이므로 크래머의 공식을 이용하여 해를 아래와 같이 구할 수 있다.

$$x = \frac{1}{9}\begin{vmatrix} 2 & 1 & 1 \\ 6 & -1 & -3 \\ 5 & 1 & -2 \end{vmatrix} = 2$$

$$y = \frac{1}{9}\begin{vmatrix} 1 & 2 & 1 \\ 2 & 6 & -3 \\ 1 & 5 & -2 \end{vmatrix} = 1$$

$$z = \frac{1}{9}\begin{vmatrix} 1 & 1 & 2 \\ 2 & -1 & 6 \\ 1 & 1 & 5 \end{vmatrix} = -1$$

연습문제 2.3

1. 다음 각 행렬에서 $\det(A)$, adj A 및 A^{-1}를 계산하여라.

(a) $A = \begin{pmatrix} a & b \\ c & d \end{pmatrix}$

(b) $A = \begin{pmatrix} 1 & 2 \\ 3 & 4 \end{pmatrix}$

(c) $A = \begin{pmatrix} 1 & 2 & 3 \\ 2 & 3 & 4 \\ 3 & 4 & 5 \end{pmatrix}$ (d) $A = \begin{pmatrix} 1 & 1 & 1 \\ 0 & 1 & 1 \\ 0 & 0 & 1 \end{pmatrix}$

(e) $A = \begin{pmatrix} 1 & 0 & 1 \\ -1 & 3 & 0 \\ 1 & 0 & 2 \end{pmatrix}$ (f) $A = \begin{pmatrix} 2 & -4 & 6 \\ 0 & 1 & -1 \\ 0 & 0 & 2 \end{pmatrix}$

2. 다음 각 연립방정식을 크래머의 공식을 써서 풀어라.

(a) $\begin{cases} 15x - 4y = 5 \\ 8x + y = -4 \end{cases}$ (b) $\begin{cases} x + 4y = 3 \\ x + y = 0 \end{cases}$

(c) $\begin{cases} x_1 + 2x_2 + x_3 = 5 \\ 2x_1 + 2x_2 + x_3 = 6 \\ x_1 + 2x_2 + 3x_3 = 9 \end{cases}$ (d) $\begin{cases} 5x + 6y - 7z = 8 \\ 2x - 3y + 5z = 1 \\ 6x + 7y - 2z = 3 \end{cases}$

(e) $\begin{cases} 3x - 5y + 6z = 2 \\ 2x + 8y - z = 3 \\ 5x + 3y - 7z = 5 \end{cases}$ (f) $\begin{cases} x + y + z - 2w = -4 \\ 2y + z + 3w = 4 \\ 2x + y - z + 2w = 5 \\ x - y + w = 4 \end{cases}$

3. 다음 동차연립방정식이 자명하지 않은 해를 갖도록 상수 α를 정하여라.

$$\begin{cases} \alpha x + y + z = 0 \\ x + \alpha y + z = 0 \\ x + y + \alpha z = 0 \end{cases}$$

4. 좌표평면 위의 한 직선이 두 점 (x_1, y_1), (x_2, y_2)를 지나면 그 직선의 방정식은 다음과 같이 표현됨을 증명하여라.

$$\begin{vmatrix} x & y & 1 \\ x_1 & y_1 & 1 \\ x_2 & y_2 & 1 \end{vmatrix} = 0$$

5. 세 점 (1, 3), (2, 3), (3, 5)를 지나는 곡선의 방정식 $y = ax^2 + bx + c$의 계수 a, b, c를 행렬식을 이용하여 구하여라.

Chapter 3 벡터공간

선형대수학에서는 수, 행렬, 연속함수, 미분방정식의 해, 다항식 등등의 다양한 수학적 모델들을 벡터라는 이름으로 다루는데, 이들로 구성되는 집합들은 다양한 벡터공간들을 형성하게 된다. 벡터들이 가지는 공통의 성질은 벡터들끼리의 덧셈을 통해서, 또는 임의의 상수와의 곱셈을 통해서 새로운 벡터를 형성한다는 데 있다. 여기서 곱하는 상수를 스칼라라고 하는데, 이들이 실수이면 실벡터공간, 복소수이면 복소벡터공간이 된다. 이 장에서는 벡터공간 $\mathbb{R}^n$과 $\mathbb{C}^n$을 중심으로 이들의 기본 구조에 대하여 공부할 것이다.

3.1 벡터공간의 정의와 예제

이 절에서는 우리에게 친숙한 벡터공간의 몇 가지 예제들을 관찰한 다음 벡터공간의 정의를 도입한다. 먼저, 일반적으로 $\mathbb{R}^n$(또는 $\mathbb{C}^n$)은 실수(또는 복소수)로 이루어진 $n-$순서쌍인 행벡터 $(x_1, x_2, \cdots, x_n)$들의 집합으로 정의되지만 이 책에서는 편의상 열벡터 $(x_1, x_2, \cdots, x_n)^T$ 들의 집합으로 정의하기로 한다. 즉,

$$\mathbb{R}^n = \{(x_1, x_2, \cdots, x_n)^T | x_i \in \mathbb{R}\}, \qquad \mathbb{C}^n = \{(z_1, z_2, \cdots, z_n)^T | z_i \in \mathbb{C}\}$$

라고 정의하기로 한다.

■ 실벡터공간과 복소벡터공간

유클리드(Euclid) 공간 $\mathbb{R}^n$은 실벡터공간의 대표적인 예이다. 이때의 스칼라 집합은 실수의 집합 $\mathbb{R}$로 둔다. 벡터공간 $\mathbb{R}^n$의 원소를 벡터라 하는데, 두 벡터$(x_1,$

$x_2, \cdots, x_n)^T$와 $(y_1, y_2, \cdots, y_n)^T$가 같다는 것은 모든 $i = 1, 2, \cdots, n$에 대하여 $x_i = y_i$임을 말한다. 이들 벡터끼리는 서로 더할 수도 있고, 또한 스칼라와 벡터를 서로 곱할 수도 있는데, 이것을 수학적인 표현으로 정의하기 위해서 기하학적으로 이해하여 보자.

우선 $\mathbb{R}^n$의 벡터 $(x_1, x_2, \cdots, x_n)^T$의 **위치벡터**(position vector)를 원점 O를 출발점으로 하고 점 $P(x_1, x_2, \cdots, x_n)^T$를 도착점으로 하는 선분 →로 나타내고 이를 $\overrightarrow{OP}$로 표기하자.

그림 3.1
벡터의 시각적 표현

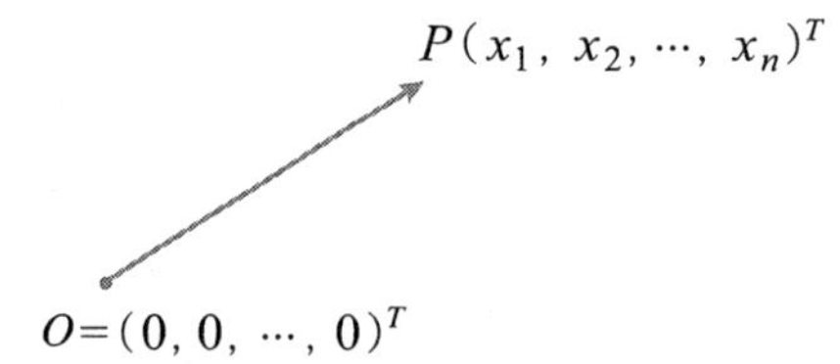

예제 1

(실벡터공간 $\mathbb{R}^1 = \mathbb{R}$) 벡터 $x \in \mathbb{R}^1$의 위치벡터는 원점 O에서 출발하여 점 $P(x)$에 도착하는 벡터 $\overrightarrow{OP} = x$가 된다. 따라서 두 벡터의 벡터 합은 두 실수의 덧셈으로, 실수와 벡터의 스칼라 곱은 단지 두 실수의 곱셈으로 정의된다.

예제 2

(실벡터공간 $\mathbb{R}^2$) 벡터공간 $\mathbb{R}^2$의 두 벡터 $(x, y)^T$와 $(a, b)^T$의 위치벡터를 각각 $\overrightarrow{OP} = (x, y)^T$, $\overrightarrow{OQ} = (a, b)^T$ 라고 하자.

[벡터 합] 벡터 $\overrightarrow{OQ}$는 벡터 $\overrightarrow{PR}$과 같으므로 두 벡터의 합은 그림 3.2에서와 같이 $\overrightarrow{OP}$와 $\overrightarrow{PR}$의 합으로 볼 수 있다. 삼각형 법칙에 따라 더해진벡터는 $\overrightarrow{OR} = (x + a, y + b)^T$가 된다. 그러므로 두 벡터의 벡터 합은

그림 3.2
$\mathbb{R}^2$에서 두 벡터의 합

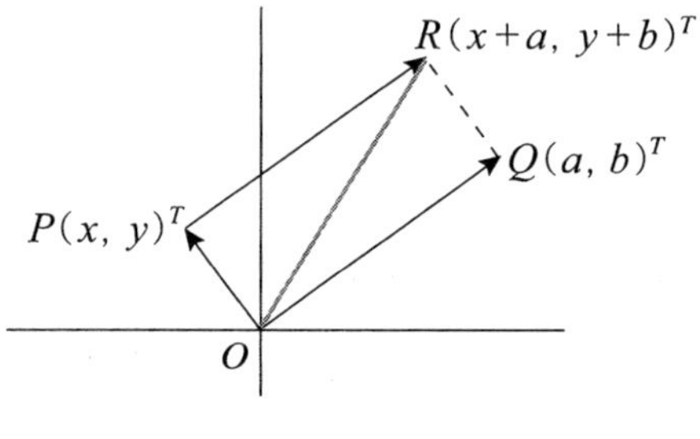

$$(x, y)^T + (a, b)^T = (x + a, y + b)^T$$

와 같이 정의된다.

[스칼라 곱] 스칼라 $\alpha \in \mathbb{R}$와 벡터 $(x, y)^T$와의 스칼라 곱은 α값에 따라 달라진다. 이 스칼라 곱은 벡터 $\overrightarrow{OP}$를 $|\alpha|$ 만큼 확장하거나 축소하는 것인데, 그림 3.3에서와 같이 $\alpha > 0$이면 같은 방향, $\alpha < 0$이면 반대 방향의 벡터 $\overrightarrow{OQ}$를 형성하고 그 어느 경우이든 $\overrightarrow{OQ} = (\alpha x, \alpha y)^T$이다. 따라서 스칼라 α와 벡터 $(x, y)^T$의 스칼라 곱(scalar multiplication)을 다음과 같이 정의한다.

$$\alpha(x, y)^T = (\alpha x, \alpha y)^T$$

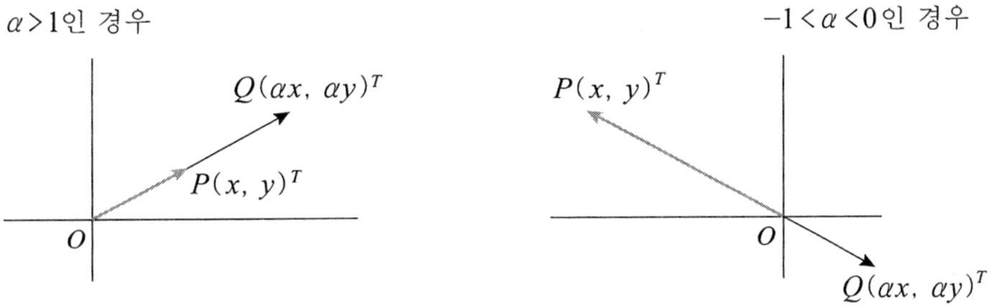

그림 3.3
$\mathbb{R}^2$에서의 스칼라 곱

예제 3

(실벡터공간 $\mathbb{R}^3$) 벡터공간 $\mathbb{R}^3$의 두 벡터 $(x, y, z)^T$와 벡터 $(a, b, c)^T$의 위치벡터를 각각 $\overrightarrow{OP} = (x, y, z)^T$, $\overrightarrow{OQ} = (a, b, c)^T$ 라고 하자.

[벡터합] 두 벡터 $(x, y, z)^T$와 $(a, b, c)^T$의 합은 그림 3.4에서와 같이 두 벡터 $\overrightarrow{OP}$와 $\overrightarrow{OQ}$의 합으로 볼 수 있다. 이는 기하학적으로 출발점이 원점이고 도착점이 R인 위치 벡터 $\overrightarrow{OR}$을 형성하는데, 유클리드 기하학에 의하면 $\overrightarrow{OR} = (x + a, y + b, z + c)^T$이다. 따라서 두 벡터의 합을 다음과 같이 정의한다.

$$(x, y, z)^T + (a, b, c)^T = (x + a, y + b, z + c)^T$$

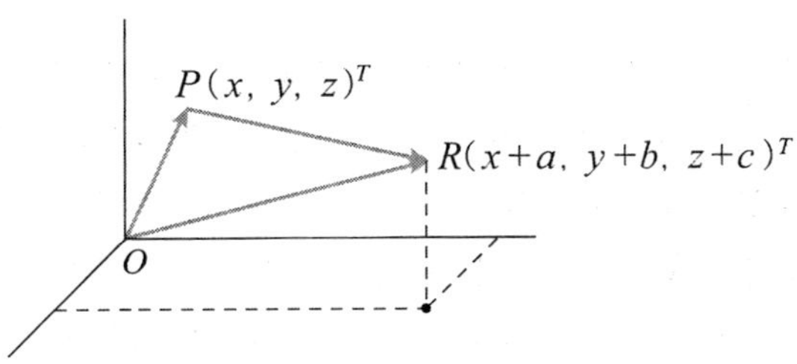

그림 3.4
$\mathbb{R}^3$에서 두 벡터의 합. 간명성을 위해서 그림에서는 $\overrightarrow{OQ}$를 생략하고 $\overrightarrow{OQ}$와 동일한 벡터인 $\overrightarrow{PR}$로 대치하였다.

[스칼라곱] 스칼라 $\alpha \in \mathbb{R}$와 벡터 $(x, y, z)^T$와의 스칼라 곱은 $\mathbb{R}^2$에서와 마찬가지로 벡터 $\overrightarrow{OP}$를 $|\alpha|$ 만큼 확장하거나 축소하는 것이고, α의 부호에 따라 $\overrightarrow{OP}$와 방향이 같거나 반대가 되어 그림 3.5에서와 같이 $\overrightarrow{OQ} = (\alpha x, \alpha y, \alpha z)^T$이다. 그러므로

$$\alpha (x, y, z)^T = (\alpha x, \alpha y, \alpha z)^T$$

와 같이 스칼라 α와 벡터 $(x, y, z)^T$의 스칼라 곱을 정의한다.

그림 3.5
$\mathbb{R}^3$에서의 스칼라곱

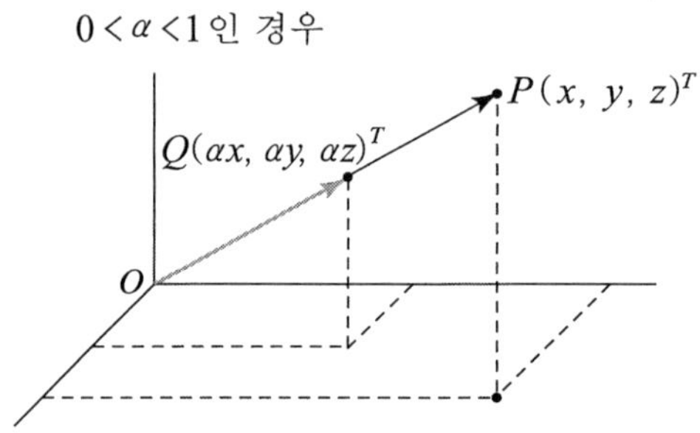

예제 4

(실벡터공간 $\mathbb{R}^n$) 이제 $n \geq 4$인 경우의 $\mathbb{R}^n$은 이전의 $n = 1, 2, 3$과는 달리, 기하적으로 관찰하는 것이 불가능하다. 그러나 지금까지의 규칙을 그대로 확장하여 다음과 같이 정의할 수 있다.

[벡터합]

$$(x_1, x_2, \cdots, x_n)^T + (y_1, y_2, \cdots, y_n)^T = (x_1 + y_1, x_2 + y_2, \cdots, x_n + y_n)^T$$

[스칼라 곱]

$$\alpha (x_1, x_2, \cdots, x_n)^T = (\alpha x_1, \alpha x_2, \cdots, \alpha x_n)^T$$

이와 같이 정의된 $\mathbb{R}^n$의 벡터 합과 스칼라 곱을 표준연산(standard operation)이라고 부르기로 한다.

예제 5

(복소벡터공간 $\mathbb{C}^n$) $\mathbb{R}^n$이 실벡터공간의 대표적인 예라면 복소벡터공간의 전형적인 예로서는 $\mathbb{C}^n$을 생각할 수 있다. 이 경우 스칼라 집합은 실수의 집합이 아닌 복소수의 집합 $\mathbb{C}$로 두기로 한다. $\mathbb{C}^n$은 그 원소의 성분들이 복소수로 구성되어 있다는 점을 제외하면 거의 모든 점에서 $\mathbb{R}^n$와 동일하게 취급할 수 있다. 따라서 $\mathbb{C}^n$에서의 벡터 합과 스칼라 곱도 $\mathbb{R}^n$에서와 같은 표준연산을 채택한다. 즉, $\mathbb{C}^n$의 임의의 두 원소 $(z_1, z_2, \cdots, z_n)^T$,

$(w_1, w_2, \cdots, w_n)^T$ 와 임의의 복소수 $\alpha \in \mathbb{C}$에 대해서 벡터 합과 스칼라 곱을 다음과 같이 정의한다.

[벡터 합]

$$(z_1, z_2, \cdots, z_n)^T + (w_1, w_2, \cdots, w_n)^T = (z_1 + w_1, z_2 + w_2, \cdots, z_n + w_n)^T$$

[스칼라 곱]

$$\alpha(z_1, z_2, \cdots, z_n)^T = (\alpha z_1, \alpha z_2, \cdots, \alpha z_n)^T$$

정리 3.1.1

$V = \mathbb{R}^n$ (또는 $V = \mathbb{C}^n$)이라고 하자. 그러면 V의 임의의 원소 $\mathbf{x}$, $\mathbf{y}$, $\mathbf{z}$와 임의의 스칼라 α, β는 표준연산에 대해서 다음의 조건들을 만족한다.

(i) $\mathbf{x} + \mathbf{y} \in V$, $\quad \alpha\mathbf{x} \in V$ (표준연산에 대한 닫힘성)

(ii) $\mathbf{x} + \mathbf{y} = \mathbf{y} + \mathbf{x}$ (교환법칙)

(iii) $(\mathbf{x} + \mathbf{y}) + \mathbf{z} = \mathbf{x} + (\mathbf{y} + \mathbf{z})$ (결합법칙)

(iv) $\mathbf{x} + \mathbf{0} = \mathbf{x}$인 원소 $\mathbf{0}$이 V에 존재한다. (항등원의 존재)

(v) 각 $\mathbf{x}$에 대해서 $\mathbf{x} + (-\mathbf{x}) = \mathbf{0}$인 $-\mathbf{x}$가 V에 존재한다. (역원의 존재)

(vi) $1 \cdot \mathbf{x} = \mathbf{x}$ (단위원의 보전성)

(vii) $\alpha(\mathbf{x} + \mathbf{y}) = \alpha\mathbf{x} + \alpha\mathbf{y}$ (스칼라의 분배법칙)

(viii) $(\alpha + \beta)\mathbf{x} = \alpha\mathbf{x} + \beta\mathbf{x}$ (벡터의 분배법칙)

(ix) $(\alpha\beta)\mathbf{x} = \alpha(\beta\mathbf{x})$ (스칼라 곱의 결합법칙)

위의 정리의 각 법칙들은 사실 실수나 복소수에서 성립하는 각종 교환법칙, 결합법칙, 분배법칙 및 덧셈과 곱셈의 항등원, 역원의 성질에서 비롯되는 것이다. 이것은 $\mathbb{R}^n$ 또는 $\mathbb{C}^n$에서의 표준연산이 각 성분별로 더하거나 곱하는 것으로 정의되어 있기 때문이다. 한편, 정리의 (iv)에서 항등원 $\mathbf{0}$은 $\mathbf{0} = (0, 0, \cdots, 0)^T$을 말하고, (v)에서 $\mathbf{x} = (x_1, x_2, \cdots, x_n)^T$의 역원 $-\mathbf{x}$는 $-\mathbf{x} = (-x_1, -x_2, \cdots, -x_n)^T$를 말한다. 또한 흔히 쓰는 표현인 $\mathbf{x} - \mathbf{y}$는 $\mathbf{x} + (-\mathbf{y})$를 의미한다.

벡터공간의 정의

위의 정리 3.1.1에서 살펴본 성질 (i)~(ix)는 $\mathbb{R}^n$ 또는 $\mathbb{C}^n$의 표준연산이 가지는 대표적인 특성들이다. 이제 이러한 특성들을 $\mathbb{R}^n$이나 $\mathbb{C}^n$ 및 표준연산에 국한하지 않고 어떤 연산이 정의된 일반적인 집합으로 확장하게 될 때, 벡터공간의 일반적인 정의를 얻게 된다.

정 의

먼저 스칼라 집합은 실수의 집합 또는 복소수의 집합이라고 두는데 스칼라 집합의 원소를 **스칼라**(scalar)라고 부른다. 어떤 집합 V의 두 원소 사이에 **벡터 합**(vector addition)이라고 불리는 연산 $+$와 스칼라와 V의 원소 사이에 **스칼라곱**(scalar multiplication)이라는 연산 $\cdot$이 있어서 이 연산들이 정리 3.1.1의 조건 (i)~(ix)를 만족할 때, V를 **벡터공간**(vector space)이라고 하고 정리 3.1.1의 9가지 조건 (i)~(ix)를 **벡터공간의 공리**(vector space axioms)라고 한다. V의 원소는 **벡터**(vector)라고 하고 특히 공리 (iv)의 벡터 $\mathbf{0}$을 **영벡터**(zero vector)라고 한다.

스칼라 집합이 실수의 집합일 때의 벡터공간을 **실벡터공간**(real vector space)이라고 하고, 스칼라 집합이 복소수의 집합일 때의 벡터공간은 **복소벡터공간**(complex vector space)이라고 한다. 실벡터공간 및 복소벡터공간의 전형적인 예가 각각 $\mathbb{R}^n$과 $\mathbb{C}^n$임을 이미 살펴보았다. 이 책에서 주로 다루는 벡터공간은 $\mathbb{R}^n$이나 $\mathbb{R}^n$의 부분집합 등이 될 것이고 드물게 $\mathbb{C}^n$이나 $\mathbb{C}^n$의 부분집합을 언급하게 될 것이다. 한편, 이러한 범위를 벗어나는 좀 더 일반적인 벡터공간은 아래의 예제들에서 간략히 살펴보는 정도로 한다.

일반적인 벡터공간들의 예

통상적인 유클리드 공간에서 출발한 벡터공간의 개념을 추상화하여 얻는 일반적인 벡터공간은 $\mathbb{R}^n$에서와 같은 기하적 접근이 불가능하여 직관적으로이해할 수 없다는 단점이 있다. 그러나 추상화되는 과정을 통해 매우 다양한 대상을 포함할 수 있고 또한 그 응용범위도 광범위하게 이루어질 수 있다는 장점이 있다. 다음 예제들에서 소개하는 벡터공간들은 공학에서 빈번히 사용되는 것들인데 각 경우에서 특별한 언급이 없는 한 스칼라 집합은 모두 실수의 집합으로 생각한다.

예제 6

실수로 구성된 모든 $m \times n$ 행렬들의 집합을 $\mathbb{R}^{m \times n}$이라고 하고 이 집합에서 벡터 합 연산은 행렬의 덧셈으로, 그리고 스칼라 곱은 실수와 행렬의 곱으로 정의하자. 즉, $A = (a_{ij})$, $B = (b_{ij})$가 $m \times$n 행렬이고 α가 실수일 때,

[벡터 합] $A + B = (a_{ij} + b_{ij})$

[스칼라 곱] $\alpha A = (\alpha a_{ij})$

와 같이 정의하면 $\mathbb{R}^{m \times n}$은 이 연산에 대하여 벡터공간을 이룬다. 여기서 영벡터는 모든 성분이 0인 $m \times n$ 영행렬이다.

예제 7

모든 $m \times n$ 복소행렬들의 집합 $\mathbb{C}^{m \times n}$의 경우에도 $\mathbb{R}^{m \times n}$에서와 동일한 방법으로 정의된 벡터 합과 스칼라 곱에 대하여 벡터공간이 된다. 단, 이때는 스칼라 집합을 복소수의 집합으로 둔다. 영벡터는 역시 $\mathbb{R}^{m \times n}$ 의 경우와 동일하게 $m \times n$ 영행렬이다.

예제 8

미지수를 x로 하고 차수가 n보다 작거나 같은 모든 실계수 다항식들의 집합을 P_n이라고 하자. 즉, P_n은 실계수 a_0, a_1, a_2, $\cdots$, a_n 을 가지는 다항식

$$p(x) = a_0 + a_1 x + a_2 x^2 + \cdots + a_n x^n$$

들의 집합이다. 임의의 두 다항식 p, q와 스칼라 α에 대해서 벡터 합 $p+q$와 스칼라 곱 αp를 다음과 같이 정의할 때, 이 집합은 벡터공간을 이룬다.

[벡터 합] $(p + q)(x) = p(x) + q(x)$

[스칼라 곱] $(\alpha p)(x) = \alpha p(x)$

이때 영벡터는 모든 계수가 0인 상수 0이다.

예제 9

실수 $\mathbb{R}$ 위에서 정의된 실함수들의 집합

$$F = \{f \mid f : \mathbb{R} \to \mathbb{R} \text{ 는 실함수}\}$$

도 벡터 합과 스칼라 곱을 다음과 같이 정의할 때 벡터공간이 된다. 임의의 $f, g \in F$와 스칼라 α에 대해서 $f+g$ 및 αf는

$$(f+g)(x) = f(x) + g(x)$$
$$(\alpha f)(x) = \alpha f(x)$$

와 같이 정의된다. 여기서 영벡터는 0을 함수값으로 하는 상수함수 $\mathbf{0}(x) = 0$가 된다.

연습문제 3.1

1. $\mathbf{u} = (2, 3, -1, 1, 5)^T$, $\mathbf{v} = (0, -3, 6, 3, -2)^T$, $\mathbf{w} = (5, 4, -4, 3, -3)^T$가 $\mathbb{R}^5$의 세 벡터라고 하자.

(a) 다음의 각 벡터를 계산하여라.

$$\mathbf{u} - \mathbf{v}, \quad -\mathbf{w} + \mathbf{v} + 3\mathbf{u}, \quad -4(\mathbf{v} + 5\mathbf{u}), \quad (2\mathbf{u} + 7\mathbf{w}) - 3(\mathbf{v} + 2\mathbf{w})$$

(b) $-3\mathbf{u} + \mathbf{v} = 2\mathbf{x} + 7\mathbf{w}$를 만족하는 벡터 $\mathbf{x}$를 구하여라.

(c) $\alpha\mathbf{u} + \beta\mathbf{v} + \gamma\mathbf{w} = (3, -5, 9, 8, -12)^T$를 만족하는 스칼라 α, β, γ를 구하여라.

(d) $\alpha\mathbf{u} + \beta\mathbf{v} = \mathbf{w}$를 만족하는 스칼라 α, β를 구하여라.

(e) $\alpha\mathbf{u} + \beta\mathbf{v} = \mathbf{0}$를 만족하는 스칼라 α, β의 곱 $\alpha\beta$를 구하여라.

2. 정리 3.1.1을 증명하여라.

3. $\mathbb{R}^3$에서의 벡터 합과 스칼라 곱을 예제 3에서와 같이 하되 다만 스칼라 집합을 복소수의 집합으로 둘 때, 이것은 벡터공간이 되는가? 벡터공간이 될 수 없다면 그 이유는 무엇인가?

4. $\mathbb{R}^2$가 다음의 각 벡터 합과 스칼라 곱에 대해서 벡터공간을 이루는지 조사하여라. 또 벡터공간이 아니면 어떤 성질에서 문제가 생기는지 말해보아라. 단, 스칼라 집합은 실수의 집합이다.

(a) $(x, y)^T + (a, b)^T = (x+a, y+b)^T$, $\alpha(x, y)^T = (0, 0)^T$

(b) $(x, y)^T + (a, b)^T = (x+a+1, y+b+1)^T$, $\alpha(x, y)^T = (\alpha x, \alpha y)^T$

(c) $(x, y)^T + (a, b)^T = (x+a, y+b)^T$, $\alpha(x, y)^T = (\alpha x, y)^T$

3.2 부분공간

이 절에서는 벡터공간 V의 공집합이 아닌 한 부분집합 S가 다시 벡터공간이 될 수 있는지에 대해서 알아보기로 한다. S의 원소는 한편으로는 V의 원소이기도 하므로, 이미 V에 주어져 있는 벡터합과 스칼라곱 연산을 그대로 S의 벡터합 및 스칼라곱으로 생각할 수 있다.

정 의

V가 벡터공간이고 S는 V의 부분집합이라고 하자. 만일 S가 벡터공간 V에서의 벡터 합 및 스칼라 곱 연산에 대해서 모든 벡터공간의 공리를 만족할 때, S를 V의 **부분공간**(subspace)이라고 한다. 물론 이때의 스칼라 집합은 벡터공간 V의 스칼라 집합과 동일한 것으로 한다.

예제 1

임의의 벡터공간 V에 대해서 $\{\mathbf{0}\}$와 V자체는 언제나 V의 부분공간이 된다. 특히 $\{\mathbf{0}\}$는 V의 가장 작은 부분공간으로서 **영벡터공간**(zero vector space)이라고 한다.

예제 2

벡터공간 $\mathbb{R}^2$의 부분집합 $S = \{(x, y)^T \in \mathbb{R}^2 \mid x \geq 0\}$이 $\mathbb{R}^2$의 부분공간이 될 수 있는지 알아보자. 예를 들어서, 스칼라 -3과 S의 원소 $(2, 5)^T \in S$의 스칼라 곱은

$$-3 \cdot (2, 5)^T = (-6, -15)^T \notin S$$

가 된다. 즉, S는 스칼라 곱에 대하여 닫혀있지 않음을 알 수 있다. 따라서 S는 벡터공간의 공리 (ⅰ)을 만족하지 못하므로 $\mathbb{R}^2$의 부분공간이 아니다.

벡터공간 V의 부분집합 S가 부분공간이라면 먼저 공리 (ⅰ)에 의해서 벡터 합 및 스칼라 곱 연산에 대한 닫힘성이 만족되고 또한 공리 (ⅳ)에 의해서 영벡터를 가져야 한다. 역으로 벡터공간 V의 어떤 부분집합 S가 영벡터를 가지고 또 벡터 합 및 스칼라 곱 연산에 대한 닫힘성이 만족된다고 하자. 이미 V가 벡터공간이고

S의 원소들은 V의 원소이기도 하기 때문에 벡터공간의 나머지 공리들은 당연히 만족될 것이다. 그러므로 다음의 정리를 얻는다.

정리 3.2.1

벡터공간 V의 부분집합 S가 V의 부분공간이 될 필요충분조건은 다음의 두 조건을 만족하는 것이다.

(i) S가 영벡터를 가진다. 즉 $\mathbf{0} \in S$이다.

(ii) 임의의 $\mathbf{v}, \mathbf{w} \in S$와 임의의 스칼라 α에 대해서 $\alpha\mathbf{v} + \mathbf{w} \in S$이다.

위의 정리의 두 번째 조건은 S가 벡터 합 연산과 스칼라 곱 연산에 대해서 닫혀 있음을 동시에 표현하고 있다.

예제 3

$\mathbb{R}^n$의 부분집합 $S = \{(x_1, x_2, \cdots, x_{n-1}, 0)^T \mid x_i \in \mathbb{R}\}$를 생각해 보자. 먼저 영벡터 $\mathbf{0} = (0, 0, \cdots, 0)^T$은 마지막 성분이 0이므로 S의 원소이다. 또 마지막 성분이 0인 두 벡터의 벡터 합도 마지막 성분이 0이므로 S는 벡터 합 연산에 대해서 닫혀 있다. 한편 임의의 스칼라와 마지막 성분이 0인 벡터의 스칼라 곱 역시 마지막 성분이 0이므로 S는 스칼라 곱 연산에 대해서도 닫혀 있다. 그러므로 정리 3.2.1에 의해 S는 $\mathbb{R}^n$의 부분공간이다. $\mathbb{R}^n$의 또 다른 부분집합인 $U = \{(x, 0, \cdots, 0)^T \mid x \in \mathbb{R}\}$도 마찬가지의 이유로 $\mathbb{R}^n$의 부분공간이 된다.

예제 4

$\mathbb{R}^n$의 부분집합 $S = \{(x_1, x_2, \cdots, x_{n-1}, 1)^T \mid x_i \in \mathbb{R}\}$를 보자. 영벡터 $\mathbf{0} = (0, 0, \cdots, 0)^T$의 마지막 성분이 1이 아니므로 S는 영벡터를 가질 수 없다. 따라서 S는 $\mathbb{R}^n$의 부분공간이 아니다.

예제 5

$S = \{(x, x, \cdots, x)^T \mid x \in \mathbb{C}\}$은 복소벡터공간 $\mathbb{C}^n$의 부분공간이 된다. S가 영벡터 $\mathbf{0} = (0, 0, \cdots, 0)^T$을 가지고 또 벡터 합과 스칼라 곱에 대하여 닫혀 있음은 명백하다.

예제 6

$\mathbb{R}^2$의 부분집합 $S = \{(3a, a)^T \mid a \in \mathbb{R}\}$가 $\mathbb{R}^2$의 부분공간인지 조사하여라.

풀이

(i) 먼저 영벡터는 $\mathbf{0} = (0, 0)^T = (3 \cdot 0, 0)^T$ 이므로 $\mathbf{0} \in S$이다.

(ii) S의 임의의 두 원소 $(3a, a)^T$, $(3b, b)^T$와 임의의 스칼라 α에 대해서

$$\alpha \begin{pmatrix} 3a \\ a \end{pmatrix} + \begin{pmatrix} 3b \\ b \end{pmatrix} = \begin{pmatrix} 3\alpha a + 3b \\ \alpha a + b \end{pmatrix} = \begin{pmatrix} 3(\alpha a + b) \\ \alpha a + b \end{pmatrix} \in S$$

이다. 따라서 S는 $\mathbb{R}^2$의 부분공간이다.

예제 7

$\mathbb{R}^2$의 부분집합 $S = \{(a, b)^T \mid a \geq 0,\ b \leq 0\}$가 $\mathbb{R}^2$의 부분공간인지 조사하여라.

풀이

(i) 먼저 영벡터는 $\mathbf{0} = (0, 0)^T \in S$는 자명하다.

(ii) $\mathbf{v} = (1, -2)^T$, $\mathbf{w} = (0, 0)^T$, $\alpha = -2$라고 하면 $\mathbf{v}, \mathbf{w}$는 모두 S의 원소이다. 그러나

$$\alpha\mathbf{v} + \mathbf{w} = -2\begin{pmatrix} 1 \\ -2 \end{pmatrix} + \begin{pmatrix} 0 \\ 0 \end{pmatrix} = \begin{pmatrix} -2 \\ 4 \end{pmatrix} \notin S$$

이므로 S는 $\mathbb{R}^2$의 부분공간이 아니다.

예제 8

집합 $S = \{(x_1, x_2, x_3)^T \in \mathbb{R}^3 \mid x_1 + x_2 = 0\}$ 가 $\mathbb{R}^3$의 부분공간인지 조사하여라.

풀이

(i) 영벡터는 $\mathbf{0} = (0, 0, 0)^T \in S$는 자명하다.

(ii) 임의의 $(x_1, x_2, x_3)^T$, $(y_1, y_2, y_3)^T \in S$와 임의의 스칼라 α에 대해서 $x_1 + x_2 = 0$, $y_1 + y_2 = 0$이므로

$$0 = \alpha(x_1 + x_2) + (y_1 + y_2) = (\alpha x_1 + y_1) + (\alpha x_2 + y_2)$$

이다. 그러므로

$$\alpha\begin{pmatrix} x_1 \\ x_2 \\ x_3 \end{pmatrix} + \begin{pmatrix} y_1 \\ y_2 \\ y_3 \end{pmatrix} = \begin{pmatrix} \alpha x_1 + y_1 \\ \alpha x_2 + y_2 \\ \alpha x_3 + y_3 \end{pmatrix} \in S$$

이다. 따라서 S는 $\mathbb{R}^3$의 부분공간이다.

예제 9

집합 $S = \{(x_1, x_2, x_3)^T \in \mathbb{R}^3 | x_1 x_2 = 0\}$가 $\mathbb{R}^3$의 부분공간인지 조사하여라.

풀이

(i) 영벡터는 $\mathbf{0} = (0, 0, 0)^T \in S$는 자명하다.

(ii) S의 두 원소 $\mathbf{v} = (0, 2, 1)^T$, $\mathbf{w} = (1, 0, 2)^T$ 와 스칼라 $\alpha = 1$에 대해서

$$\alpha\mathbf{v} + \mathbf{w} = 1\begin{pmatrix} 0 \\ 2 \\ 1 \end{pmatrix} = \begin{pmatrix} 1 \\ 0 \\ 2 \end{pmatrix} = \begin{pmatrix} 1 \\ 2 \\ 3 \end{pmatrix} \notin S$$

이다. 따라서 S는 $\mathbb{R}^3$의 부분공간이 아니다.

생성집합

이제 주어진 일련의 벡터들을 이용하여 새로운 벡터들을 생성하고 이들로부터 하나의 부분공간을 형성하는 방법에 대하여 공부한다.

정 의

V를 벡터공간이라고 하고 F를 스칼라 집합이라고 하자.

(i) 스칼라 $\alpha_1, \alpha_2, \cdots, \alpha_n$과 벡터 $\mathbf{v}_1, \mathbf{v}_2, \cdots, \mathbf{v}_n$들의 스칼라 곱과 벡터 합으로 연결된 벡터

$$\mathbf{v} = \alpha_1\mathbf{v}_1 + \alpha_2\mathbf{v}_2 + \cdots + \alpha_n\mathbf{v}_n$$

을 벡터 $\mathbf{v}_1, \mathbf{v}_2, \cdots, \mathbf{v}_n$의 선형결합(linear combination)이라고 한다.

(ii) 벡터 $\mathbf{v}_1, \mathbf{v}_2, \cdots, \mathbf{v}_n$의 일차 결합으로 표현되는 모든 벡터들의 집합을

$$\mathrm{Span}(\mathbf{v}_1, \mathbf{v}_2, \cdots, \mathbf{v}_n) = \{\alpha_1\mathbf{v}_1 + \alpha_2\mathbf{v}_2 + \cdots + \alpha_n\mathbf{v}_n \mid \alpha_i \in F, 1 \leqq i \leqq n$$

으로 표기하고, 집합 $\mathrm{Span}(\mathbf{v}_1, \mathbf{v}_2, \cdots, \mathbf{v}_n)$은 벡터 $\mathbf{v}_1, \mathbf{v}_2, \cdots, \mathbf{v}_n$들에 의해

생성된다(spanned by, generated by)고 한다.

(iii) 벡터공간 V의 부분집합 A의 원소들로 생성된 집합은 Span(A)로 표기한다. 특히 A가 공집합일 때 Span(A)는 영벡터공간, 즉 Span$(\{\ \}) = \{\mathbf{0}\}$으로 정의한다.

정리 3.2.2

A가 벡터공간 V의 부분집합이면 Span(A)는 V의 부분공간이다.

[증명] (i) A 임의의 원소 $\mathbf{a}$에 대해서 영벡터는 $\mathbf{0} = 0 \cdot \mathbf{a} \in \mathrm{Span}(A)$이다.

(ii) 벡터 $\mathbf{v}$, $\mathbf{w}$가 Span(A)의 임의의 두 원소이고 α는 임의의 스칼라라고 하자. 그러면 A의 적당한 부분집합 $\{\mathbf{v}_1, \mathbf{v}_2, \cdots, \mathbf{v}_n\} \subseteq A$와 스칼라 $\alpha_1, \alpha_2, \cdots, \alpha_n$ 및 $\beta_1, \beta_2, \cdots, \beta_n$이 존재해서 $\mathbf{v}$, $\mathbf{w}$는 각각 다음과 같이 표현된다.

$$\mathbf{v} = \alpha_1\mathbf{v}_1 + \alpha_2\mathbf{v}_2 + \cdots + \alpha_n\mathbf{v}_n,$$

$$\mathbf{w} = \beta_1\mathbf{v}_1 + \beta_2\mathbf{v}_2 + \cdots + \beta_n\mathbf{v}_n$$

그러면

$$\alpha\mathbf{v} + \mathbf{w} = (\alpha\alpha_1 + \beta_1)\mathbf{v}_1 + (\alpha\alpha_2 + \beta_2)\mathbf{v}_2 + \cdots + (\alpha\alpha_n + \beta_n)\mathbf{v}_n \in \mathrm{Span}(A)$$

이다. 이상으로부터 Span(A)는 V의 부분공간이다.

벡터공간의 부분집합으로 생성되는 부분공간에 대하여 자세히 알아보기로 하자. 우선 A가 공집합이면 Span(A)는 영벡터공간 $\{\mathbf{0}\}$이 된다. 다음으로 A가 하나의 원소만을 가지는 경우, 즉 $A = \{\mathbf{v}\}$라고 하자. 그러면

$$\mathrm{Span}(\mathbf{v}) = \{\alpha \cdot \mathbf{v} \mid \alpha \in F\}$$

가 된다. 물론 여기서 F는 스칼라 집합을 나타낸다.

예제10

$\mathbb{R}^n$에서 벡터 $(1, 1, \cdots, 1)^T$에 의해 생성된 부분공간은 다음과 같다.

$$\text{Span}((1,1,\cdots,1)^T) = \{\alpha(1,1,\cdots,1) \mid \alpha \in \mathbb{R}\} = \{(\alpha,\alpha,\cdots,\alpha) \mid \alpha \in \mathbb{R}\}$$

예제 11

예제 3에서의 $\mathbb{R}^n$의 부분공간 U는 벡터 $(1, 0, \cdots, 0)^T$ 에 의해 생성된 것으로 볼 수 있다. 즉, $\text{Span}((1,0,\cdots,0)^T) = \{(x,0,\cdots,0)^T \mid x \in \mathbb{R}\}$ 이다.

예제 12

$\mathbb{R}^2$에의 임의의 벡터 $(a, b)^T$에 대해서 $\text{Span}((a,b)^T) = \{(\alpha a, \alpha b)^T \mid \alpha \in \mathbb{R}\}$이다. $ab \neq 0$일 때, 이를 기하학적으로 표현해 보면 $\alpha = 0$일 때 $(0, 0)^T$가 되므로, $\text{Span}((a,b)^T)$는 평면에서 원점을 지나고 점 $(a, b)^T$를 지나는 직선이 된다. 마찬가지로 $\mathbb{R}^3$에서도 $abc \neq 0$일 때 $\text{Span}((a,b,c)^T)$는 원점과 점 $(a,b,c)^T$를 지나는 직선이 된다.

이제 벡터공간 V의 부분집합 A가 영벡터가 아닌 벡터 두 개를 가진다고 하자. 이 경우 부분공간 $\text{Span}(A)$의 구조는 그리 간단하게 결론지을 수 없다. 예를 들어 $\mathbb{R}^2$ 의 부분집합을 $A = \{\mathbf{v}, \mathbf{w}\}$라고 하자. 두 벡터의 위치벡터를 좌표평면에 그려 보면 두 가지의 경우로 나타난다. 두 벡터가 동일선 상에 있거나 또는 그렇지 않은 경우이다. 어느 경우인가에 따라서 이들 두 벡터에 의해서 생성되는 부분공간은 매우 달라지는데 이것은 주어지는 두 벡터의 상관관계에서 그 원인을 찾을 수 있다. 여기에 대해서는 다음 절에서 자세히 공부하기로 한다.

정 의

벡터공간 V의 부분집합 A가 $\text{Span}(A) = V$를 만족할 때, A를 V의 **생성집합**(spanning set, generating set)이라고 한다.

당연히 $\text{Span}(A) \subseteq V$이므로, A가 V의 생성집합이기 위해서는 $V \subseteq \text{Span}(A)$, 즉 V의 임의의 벡터가 A에 속하는 벡터들의 선형결합으로 표현이 됨을 보여야 한다. 한편 A와 B가 V의 두 부분집합으로서 A가 V의 생성집합이고 $A \subseteq B$이면 B도 생성집합임을 정의로부터 쉽게 알 수 있다.

예제 13

$\mathbb{R}^2$의 부분집합 $A = \{(1,0)^T, (0,1)^T\}$는 생성집합이다. 사실 $\mathbb{R}^2$의 임의의 벡터 $(x, y)^T$는 $(x, y)^T = x(1,0)^T + y(0,1)^T$로서 A의 원소의 선형결합으로 표현된다. 마찬가지 $\mathbb{R}^3$의 부분집합 $\{(1, 0, 0)^T, (0, 1, 0)^T, (0, 0, 1)^T\}$도 $\mathbb{R}^3$의 생성집합이다.

예제 14

$\mathbb{R}^2$의 부분집합 $A = \{(1,1)^T, (1,0)^T\}$가 $\mathbb{R}^2$의 생성집합임을 보여라.

풀이

$(x, y)^T$가 $\mathbb{R}^2$의 임의의 원소라고 하자. 그러면 $(x, y)^T$가 A의 원소들의 선형결합 즉, $(x, y)^T = \alpha(1, 1)^T + \beta(1, 0)^T$를 만족하도록 하는 실수 α, β를 정할 수 있는가의 문제이다. 사실 이 식은 $(\alpha + \beta, \alpha)^T = (x, y)^T$가 되어 일차연립방정식

$$\begin{cases} \alpha + \beta = x \\ \alpha \qquad = y \end{cases}$$

이 된다. 이것을 α, β에 대해서 풀면 $\alpha = y$, $\beta = x - y$이다. 따라서

$$\begin{pmatrix} x \\ y \end{pmatrix} = y\begin{pmatrix} 1 \\ 1 \end{pmatrix} + (x-y)\begin{pmatrix} 1 \\ 0 \end{pmatrix}$$

이므로 A는 $\mathbb{R}^2$의 생성집합이다.

예제 15

$\mathbb{R}^2$의 부분집합 $T = \{(1, 1)^T, (1, 0)^T, (-1, 2)^T\}$를 생각해 보자. 예제 14의 A는 $\mathbb{R}^2$의 생성집합이고 또 $A \subseteq T$이므로 T도 $\mathbb{R}^2$의 생성집합이다.

예제 16

집합 $A = \{(1, 2, -1)^T, (6, 4, 2)^T$가 $\mathbb{R}^3$의 생성집합이 될 수 있는지를 조사하여라.

풀이

$\mathbb{R}^3$의 임의의 원소 $(x, y, z)^T$에 대해서

$$(x, y, z)^T = \alpha(1, 2, -1)^T + \beta(6, 4, 2)^T \qquad (1)$$

를 만족하는 실수 α, β를 찾는 문제이다. 이 식은

$$(x, y, z)^T = (\alpha + 6\beta, 2\alpha + 4\beta, -\alpha + 2\beta)^T$$

이므로 미지수 α, β에 관한 다음의 연립방정식을 얻는다.

$$\begin{aligned} \alpha + 6\beta &= x \\ 2\alpha + 4\beta &= y \\ -\alpha + 2\beta &= z \end{aligned}$$

이 연립방정식의 확대계수행렬을 기본행연산을 통해서 간단한 형태로 고치면

$$\left(\begin{array}{cc|c} 1 & 6 & x \\ 2 & 4 & y \\ -1 & 2 & z \end{array}\right) \rightarrow \left(\begin{array}{cc|c} 1 & 6 & x \\ 0 & 8 & 2x-y \\ 0 & 0 & -x+y+z \end{array}\right)$$

으로서 만일 $-x+y+z \neq 0$이면 해를 가질 수 없다. 따라서, 예를 들어 $x=y=z=1$로 두면 식 (1)을 만족하는 실수 α, β는 있을 수 없다. 그러므로 A는 $\mathbb{R}^3$의 생성집합이 아니다.

연습문제 3.2

1. 벡터공간 $\mathbb{R}^3$에서 다음의 벡터들을 $\mathbf{u} = (1,2,1)^T$와 $\mathbf{v} = (1, -3,1)^T$ 의 선형결합으로 나타내어라.

(a) $(1, 0, 0)^T$ (b) $(2, 9, 2)^T$

(c) $(0, 0, 0)^T$ (d) $(2, 4, 6)^T$

2. 다음 각 A가 벡터공간 $\mathbb{R}^3$의 부분공간인지 아닌지를 조사하여라.

(a) $A = \{(x,1,0)^T \mid x \in \mathbb{R}\}$

(b) $A = \{(x,y,z)^T \in \mathbb{R}^3 \mid x \geq 0\}$

(c) $A = \{(x,y,z)^T \in \mathbb{R}^3 \mid 3x + y + z = 0\}$

(d) $A = \{(x,y,z)^T \in \mathbb{R}^3 \mid x = -2z\}$

3. $\mathbb{R}^3$의 다음의 두 부분집합

$$A = \{(1,6,4)^T, (2,4,-1)^T, (-1,2,5)^T\}$$

$$B = \{(1,-2,-5)^T, (0,8,9)^T\}$$

에 대해서 $\text{Span}(A) = \text{Span}(B)$임을 보여라.

4. 다음의 집합들 중에서 $\mathbb{R}^2$의 생성집합이 되는 것을 모두 찾아라.

(a) $\{(1,2)^T,\ (2,1)^T\}$ (b) $\{(1,1)^T,\ (-1,\ -1)^T\}$

(c) $\{(1,0)^T,\ (0,1)^T,\ (1,1)^T\}$ (d) $\{(-1,2)^T,\ (2,4)^T\}$

(e) $\{(0,0)^T,\ (-2,5)^T\}$ (f) $\{(3,\ -3)^T,\ (-3,3)^T,\ (1,1)^T\}$

5. V가 벡터공간이고 S와 U가 V의 두 부분공간일 때, $S \cap U$도 V의 부분공간임을 보여라.

6. 벡터공간 $\mathbb{R}^2$의 두 부분공간 $S = \text{Span}((1,0)^T)$, $U = \text{Span}((0,1)^T)$,에 대해서

(a) $S \cap U$를 구하여라.

(b) $S \cup U$를 구하고, 이것이 $\mathbb{R}^2$의 부분공간인지 아닌지를 설명하여라. (힌트 : 기하학적 인 표현을 이용할 것)

7. 벡터공간 $\mathbb{R}^3$의 두 부분공간

$$S = \text{Span}((1,0,0)^T,\ (0,1,0)^T)$$
$$U = \text{Span}((1,0,0)^T,\ (0,1,1)^T)$$

에 대해서

(a) $S \cap U$를 구하여라.

(b) $S \cup U$를 구하고, 이것이 $\mathbb{R}^3$의 부분공간인지 아닌지를 설명하여라. (힌트 : 기하학적 인 표현을 이용할 것)

3.3 기저와 차원

벡터공간의 기저 및 차원은 각 벡터공간이 가진 고유한 특성이다. 이것은 앞 절에서 배운 생성집합과 연관되어 있는데, 여러 가지의 생성집합들 중에서 원소의 개수가 가장 작은 생성집합을 관찰하려는 것이 그 핵심이다. 이것은 또한 벡터공간의 대단히 중요한 개념인 벡터 집합의 일차독립 및 일차종속성의 문제를 내포하고 있다.

정 의

벡터공간 V의 유한 부분집합 $\{\mathbf{v}_1,\ \mathbf{v}_2,\ \cdots,\ \mathbf{v}_n\}$에 대하여

$$\alpha_1\mathbf{v}_1 + \alpha_2\mathbf{v}_2 + \cdots + \alpha_n\mathbf{v}_n = \mathbf{0}, \quad (\alpha_1,\ \alpha_2, \cdots, \alpha_n) \neq (0,0,\cdots,0)$$

를 만족하는 스칼라 α_1, α_2, $\cdots$, α_n이 존재할 때 $\{\mathbf{v}_1, \mathbf{v}_2, \cdots, \mathbf{v}_n\}$를 **일차종속**(linearly dependent)이라고 한다. 더 일반적으로, V의 임의의 부분집합 A에 대해서, A의 유한 부분집합 중에서 일차종속인 것이 하나라도 있다면 A를 일차종속이라고 한다. 한편 A가 일차종속이 아닐 때 A를 **일차독립**(linearly independent)이라고 한다.

위의 정의에 자세히 관찰해 보면, 벡터공간 V의 유한 부분집합 $\{\mathbf{v}_1, \mathbf{v}_2, \cdots, \mathbf{v}_n\}$가 일차독립일 필요충분조건은 $\alpha_1 = \alpha_2 = \cdots = \alpha_n = 0$의 경우를 제외하면 항상 $\alpha_1\mathbf{v}_1 + \alpha_2\mathbf{v}_2 + \cdots + \alpha_n\mathbf{v}_n \neq \mathbf{0}$임을 알 수 있다.

예제 1

V가 벡터공간이라고 하자. 정의에 따라서 공집합은 일차종속일 수 없으므로 일차독립이다. 또 $1 \cdot \mathbf{0} = \mathbf{0}$이므로 영벡터의 집합 $\{\mathbf{0}\}$는 일차종속이다. 그러므로 영벡터를 포함한 V의 임의의 부분집합은 일차종속이다. 한편 $\mathbf{v} \in V$가 영벡터가 아니면 임의의 스칼라 $\alpha \neq 0$에 대해서 $\alpha\mathbf{v} \neq \mathbf{0}$이므로 $\{\mathbf{v}\}$는 일차독립이다.

예제 2

$\mathbb{R}^2$의 두 벡터 $(1, 5)^T$와 $(-2, 5)^T$가 일차독립임을 보여라.

풀이

스칼라 α, β에 대해서 $\alpha(1,5)^T + \beta(-2,5)^T = (0,0)^T$라고 해보자. 이 식으로부터 연립방정식

$$\begin{cases} \alpha - 2\beta = 0 \\ 5\alpha + 5\beta = 0 \end{cases}$$

를 얻게 되는데 이것을 풀면 $\alpha = \beta = 0$이다. 따라서 $\{(1,5)^T, (-2,5)^T\}$는 일차독립이다.

예제 3

벡터공간 $\mathbb{R}^2$의 세 벡터 $\mathbf{x} = (1,0)^T$, $\mathbf{y} = (1,2)^T$, $\mathbf{z} = (-1, -1)^T$가 일차독립인지 아닌지 조사하여라.

풀이

스칼라 α, β, γ에 대하여 $\alpha\mathbf{x} + \beta\mathbf{y} + \gamma\mathbf{z} = (0,0)^T$라고 두고 이것을 α, β, γ에 대해서 풀면 $\alpha = \beta$, $\gamma = 2\beta$를 얻는다. 따라서, 예를 들어 $\alpha = 1$, $\beta = 1$, $\gamma = 2$로 택하면 $1 \cdot \mathbf{x} + (-1) \cdot \mathbf{y} + (-2) \cdot \mathbf{z} = (0,0)^T$이다. 그러므로 이들은 일차종속이다.

예제 4

$\mathbb{R}^3$의 다음 각 부분집합에 대해서 일차종속성을 조사하여라.

(a) $\{(1,1,1)^T,\ (1,0,0)^T\}$

(b) $\{(1,1,1)^T,\ (1,0,0)^T,\ (0,1,0)^T\}$

(c) $\{(1,1,1)^T,\ (1,0,0)^T,\ (2,2,2)^T\}$

풀이

(a) $\alpha(1,1,1)^T + \beta(1,0,0)^T = (0,0,0)^T$라고 두고 풀면 $\alpha = \beta = 0$를 얻으므로 주어진 벡터들의 집합은 일차독립이다.

(b) $\alpha(1,1,1)^T + \beta(1,0,0)^T + \gamma(0,1,0)^T = (0,0,0)^T$라고 두고 풀면 역시 $\alpha = \beta = \gamma = 0$를 얻는다. 따라서 주어진 벡터들의 집합은 일차독립이다.

(c) $-2(1,1,1)^T + 0(1,0,0)^T + 1(2,2,2)^T = (0,0,0)^T$ 이므로 일차종속이다.

다음으로 일차독립 또는 일차종속인 벡터들의 집합이 가지는 일반적인 성질들을 증명없이 소개한다.

정리 3.3.1

벡터공간 V의 부분집합 $A = \{\mathbf{v}_1, \mathbf{v}_2, \cdots, \mathbf{v}_n\}$에 대하여 다음이 성립한다.

(i) A가 일차독립이면 어떤 j에 대하여도 벡터 $\mathbf{v}_j$는 $A - \{\mathbf{v}_j\}$의 원소들의 선형결합으로 나타낼 수 없다.

(ii) A의 한 벡터가 나머지 $n-1$개의 벡터들의 선형결합으로 표현될 필요충분조건은 A가 일차종속인 것이다.

(iii) A가 일차독립이고 $\mathbf{v} \notin \text{Span}(A)$이면 $A \cup \{\mathbf{v}\}$도 일차독립이다.

■일차독립 및 일차종속의 기하학적 의미

일차독립 또는 일차종속인 벡터들이 가지는 기하학적인 의미에 대해서 알아보자. 예를 들어 $\mathbb{R}^2$ 또는 $\mathbb{R}^3$의 두 벡터 $\mathbf{v}$, $\mathbf{w}$가 일차종속이라는 것은 $\alpha\mathbf{v}+\beta\mathbf{w}=\mathbf{0}$, $(\alpha,\beta)\neq(0,0)$를 만족하는 스칼라 α, β가 존재한다는 것이다. 만약 $\alpha\neq 0$이면 $\mathbf{v}=-\dfrac{\beta}{\alpha}\mathbf{w}$이고 또 만일 $\beta\neq 0$이면 $\mathbf{w}=-\dfrac{\alpha}{\beta}\mathbf{v}$가 될 것이다. 이 결과를 기하학적인 관점에서 보면, 어느 경우이든 두 벡터의 위치벡터가 동일 직선 상에 있음을 말한다(이때 두 벡터는 서로 평행이라고 한다). 다만 그림 3.6에서처럼 계수 $-\dfrac{\beta}{\alpha}$ (또는 $-\dfrac{\alpha}{\beta}$)가 양수이면 두 벡터의 방향이 같고, 음수이면 두 벡터의 방향은 서로 반대가 될 것이다. 이로부터 두 벡터가 일차독립이기 위한 필요충분조건은 두 벡터가 평행하지 않는 것임을 알 수 있다.

그림 3.6
두 벡터의 일차종속 및 일차독립

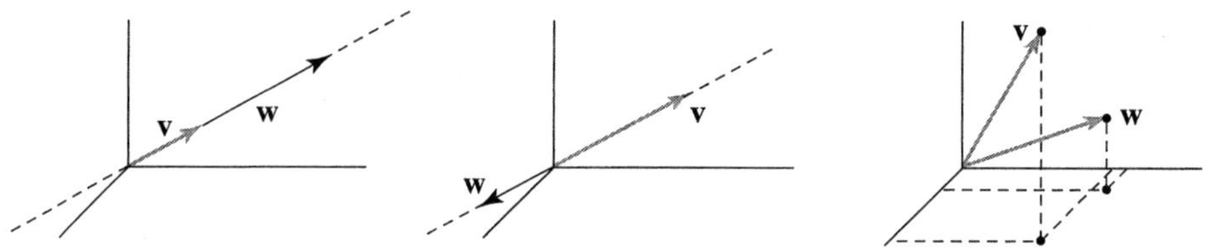

$\{\mathbf{v},\mathbf{w}\}$: 일차종속　　$\{\mathbf{v},\mathbf{w}\}$: 일차종속　　$\{\mathbf{v},\mathbf{w}\}$: 일차독립

이제 벡터공간 $\mathbb{R}^3$에서 세 벡터가 일차독립이라는 것을 기하학적으로 해석하여 보자. 영벡터가 아닌 세 벡터 $\mathbf{u}$, $\mathbf{v}$, $\mathbf{w}$가 일차종속이라고 하면 선형결합 $\alpha\mathbf{u}+\beta\mathbf{v}+\gamma\mathbf{w}=\mathbf{0}$, $(\alpha,\ \beta,\ \gamma)\neq(0,0,0)$를 만족하는 스칼라 α, β, γ가 존재한다.

(i) 우선 α, β, γ가 0이 아니라고 하자. 그러면 식 $\alpha\mathbf{u}+\beta\mathbf{v}+\gamma\mathbf{w}=\mathbf{0}$은 $\mathbb{R}^3$에서 원점을 지나고 세 벡터 $\mathbf{u}$, $\mathbf{v}$, $\mathbf{w}$를 포함하는 평면을 결정하게 된다. 따라서 세 벡터는 동일평면상에 있다(그림 3.7 참조).

(ii) α, β, γ 중에서 어느 하나만 0이라고 하자. 예를 들어 $\alpha\neq 0$, $\beta\neq 0$, $\gamma=0$이라고 하면 $\mathbf{u}=-\dfrac{\beta}{\alpha}\mathbf{v}$가 되어 $\mathbf{u}$, $\mathbf{v}$는 원점을 지나는 동일선 상에 있게 된다. 이 경우는 두 벡터 $\mathbf{w}$와 $\mathbf{u}$에 의해 하나의 평면이 결정되는데, 이 또한 세 벡터 모두 동일평면 상에 있음을 알 수 있다(그림 3.7 참조).

(iii) 마지막으로 α, β, γ 중에서 이제 하나만 0이 아니라고 하자. 예를 들어 $\alpha=0$, $\beta=0$, $\gamma\neq 0$라고 하자. 이 경우에는 $\gamma\mathbf{w}=\mathbf{0}$가 되는데, $\mathbf{w}\neq\mathbf{0}$이므로 $\gamma=0$가 되어 모순이 된다. 따라서 이런 경우는 일어나지 않는다.

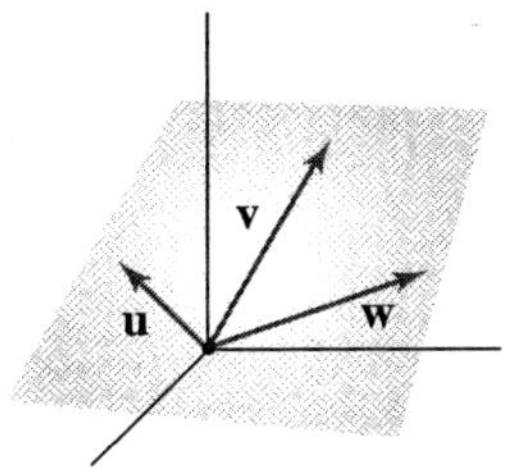

$\{\mathbf{u}, \mathbf{v}, \mathbf{w}\}$: 일차종속

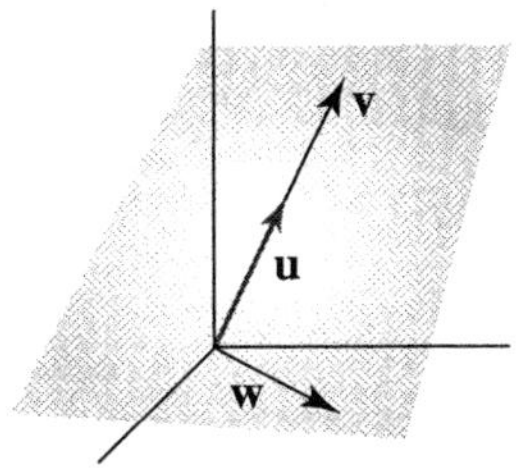

$\{\mathbf{u}, \mathbf{v}, \mathbf{w}\}$: 일차종속

그림 3.7
세 벡터의 일차종속

결론적으로 $\mathbb{R}^3$의 세 벡터가 일차종속일 필요충분조건은 세 벡터가 동일평면 상에 있는 것이고, 일차독립일 필요충분조건은 세 벡터가 동일평면 상에 있지 않는 것이다.

■ 기저와 차원

벡터공간 V의 생성집합 $\{\mathbf{v}_1, \mathbf{v}_2, \cdots, \mathbf{v}_n\}$이 최소의 개수로 이루어 졌을 때, 다시 말해서 이 중에 하나라도 없으면 생성집합이 될 수 없을 때 이들을 기저라고 부른다. 기저는 벡터공간의 뼈대를 이루는 것이다. 이들의 중요한 특징들을 살펴보자.

정 의

벡터공간 V의 부분집합 B가 다음의 두 조건을 만족할 때, 이것을 벡터공간 V의 **기저**(basis)라고 한다.

(i) B는 일차독립이다.

(ii) $V = \mathrm{Span}(B)$이다.

정리 3.3.2

V가 벡터공간이고 B_1과 B_2가 V의 두 기저이면 $|B_1| = |B_2|$이다.

정 의

위의 정리는 각 벡터공간마다 기저의 원소 개수를 나타내는 자연수 하나가 특별히 고정된다는 것을 말하는데, 이것을 그 벡터공간의 **차원**(dimension)이라고 하고 dim V로 나타낸다. 특히 기저의 원소 개수가 유한개일 때 **유한차원**(finite dimensional) 벡터공간이라고 하고 유한개가 아닐 때 **무한차원**(infinite dimensional) 벡터공간이라고 한다.

예제 4

영벡터공간 $\{\mathbf{0}\}$은 공집합을 기저로 갖는다. 따라서 $\dim\{\mathbf{0}\} = 0$이다.

예제 5

벡터공간 $\mathbb{R}^2$의 두 원소 $\mathbf{e}_1 = (1,0)^T$, $\mathbf{e}_2 = (0,1)^T$가 일차독립임은 매우 자명하다. 또 $\mathbb{R}^2$의 임의의 벡터 $(x, y)^T$에 대해서 $(x, y)^T = x\mathbf{e}_1 + y\,\mathbf{e}_2$이므로 $\mathbf{e}_1$, $\mathbf{e}_2$는 $\mathbb{R}^2$의 생성집합이다. 따라서 $\{\mathbf{e}_1, \mathbf{e}_2\}$는 $\mathbb{R}^2$의 한 기저이고 $\dim\mathbb{R}^2 = 2$이다. 일반적으로 벡터공간 $\mathbb{R}^n$의 원소 $\mathbf{e}_i$를 i번째 성분만 1이고 나머지는 0인 벡터, 즉

$$\mathbf{e}_i = (0, ..., 0, 1, 0, \cdots, 0)^T \in \mathbb{R}^n$$

라고 할 때, $E = \{\mathbf{e}_1, \mathbf{e}_2, \cdots, \mathbf{e}_n\}$이 $\mathbb{R}^n$의 기저임을 쉽게 알 수 있다. 이 기저를 벡터공간 $\mathbb{R}^n$의 **표준기저**(standard basis)라고 한다. 따라서 $\dim\mathbb{R}^n = n$이다.

벡터공간이 주어지면 그 벡터공간의 차원은 일률적으로 결정되지만 기저는 여러 가지가 있을 수 있다. 다음의 예제는 이것을 잘 보여준다.

예제 6

앞 절 3.2의 예제 14에서 $A = \{(1,1)^T, (1,0)^T\}$가 $\mathbb{R}^2$의 생성집합임을 보였다. 또 만일 $\alpha(1,1)^T + \beta(1,0)^T = (0,0)^T$이면 $\alpha = \beta = 0$이므로 A는 일차독립이다. 따라서 A는 $\mathbb{R}^2$의 기저이다. 마찬가지로 임의의 실수 $a \neq 0$에 대해서 $\{(a, a)^T, (a, 0)^T\}$도 $\mathbb{R}^2$의 기저임을 보일 수 있다. 이와 같이 벡터공간의 $\mathbb{R}^2$의 기저는 표준기저 외에도 무수히 많이 있다. 물론 $\mathbb{R}^2$의 차원이 2인 만큼 이들 기저들이 모두 일차독립인 두 개의 벡터로 구성되어 있음을 확인할 수 있다.

정리 3.3.3

n차원 벡터공간 V의 부분집합 A가 일차독립이면 다음이 성립한다.

(i) $|A| = n$이면 A는 기저이다.

(ii) $|A| < n$ 이면 A에 몇 개의 적당한 다른 벡터를 추가함으로써 V의 기저로 만들 수 있다.

정리 3.3.4

n차원 벡터공간 V의 부분집합 A에 대해서 $V = \text{Span}(A)$이면 다음이 성립한다.

(i) $|A| = n$ 이면 A는 기저이다.

(ii) $|A| > n$ 이면 A에서 몇 개의 적당한 벡터를 제거함으로써 V의 기저로 만들 수 있다.

따름정리 3.3.5

유한차원 벡터공간 V와 W에 대해서 다음이 성립한다.

(i) S가 V의 부분공간이면 $\dim S \leq \dim V$이고 특히 $\dim S = \dim V$이면 $S = V$이다.

(ii) $\dim V \neq \dim W$이면 $V \neq W$이다.

■ 기저의 변경과 좌표벡터

$B = \{\mathbf{v}_1, \mathbf{v}_2, \cdots, \mathbf{v}_n\}$가 벡터공간 V의 한 기저라고 하자. 그러면 B는 생성집합이므로 V의 임의의 벡터는 B의 원소들의 선형결합으로 나타나게 된다. 즉, 임의의 $\mathbf{v} \in V$에 대해서

$$\mathbf{v} = \alpha_1 \mathbf{v}_1 + \alpha_2 \mathbf{v}_2 + \cdots + \alpha_n \mathbf{v}_n \tag{1}$$

를 만족하는 스칼라 $\alpha_1, \alpha_2, \cdots, \alpha_n$이 존재한다. 다음 정리는 $\mathbf{v}$를 나타내는 이러한 선형결합의 표현이 유일함을 말해준다.

정리 3.3.6

V가 벡터공간이고 $B = \{\mathbf{v}_1, \mathbf{v}_2, \cdots, \mathbf{v}_n\}$가 V의 한 기저일 때, V의 임의의 벡터를 나타내는 B의 원소들의 선형결합 표현은 유일하다. 즉,

$$\mathbf{v} = \alpha_1\mathbf{v}_1 + \alpha_2\mathbf{v}_2 + \cdots + \alpha_n\mathbf{v}_n$$
$$= \beta_1\mathbf{v}_1 + \beta_2\mathbf{v}_2 + \cdots + \beta_n\mathbf{v}_n$$

이면 $\alpha_1 = \beta_1, \alpha_2 = \beta_2, \cdots, \alpha_n = \beta_n$이다.

[증명] 먼저 $\alpha_1\mathbf{v}_1 + \alpha_2\mathbf{v}_2 + \cdots + \alpha_n\mathbf{v}_n = \beta_1\mathbf{v}_1 + \beta_2\mathbf{v}_2 + \cdots + \beta_n\mathbf{v}_n$라고 하면

$$(\alpha_1 - \beta_1)\mathbf{v}_1 + (\alpha_2 - \beta_2)\mathbf{v}_2 + \cdots + (\alpha_n - \beta_n)\mathbf{v}_n = \mathbf{0}$$

이다. $\{\mathbf{v}_1, \mathbf{v}_2, \cdots, \mathbf{v}_n\}$가 일차독립이므로 $\alpha_1 - \beta_1 = \alpha_2 - \beta_2 = \cdots = \alpha_n - \beta_n = 0$이다.

이제 (1)의 선형결합에서 계수들을 따온 벡터 $(\alpha_1, \alpha_2, \cdots, \alpha_n)^T$에 주목하고자 한다. 이 경우 예를 들어 (1)의 선형결합 덧셈의 순서를 달리해서 다음과 같이

$$\mathbf{v} = \alpha_2\mathbf{v}_2 + \alpha_1\mathbf{v}_1 + \cdots + \alpha_n\mathbf{v}_n$$

로 쓴다면 계수들을 따온 벡터도 $(\alpha_2, \alpha_1, \cdots, \alpha_n)^T$과 같이 달라질 수밖에 없다. 동일한 벡터에 대해서 두 가지 이상의 결과를 얻는 이러한 혼란을 피하기 위하여, 먼저 선형결합의 표현 순서를 고정시켜 두어야 할 필요가 있다.

정 의

벡터공간 V의 한 기저 $B = \{\mathbf{v}_1, \mathbf{v}_2, \cdots, \mathbf{v}_n\}$에 대해서 B의 원소들의 순서를 고정한 것을 $B = [\mathbf{v}_1, \mathbf{v}_2, \cdots, \mathbf{v}_n]$으로 표현하고 이를 **순서기저**(ordered basis)라고 한다. 또 벡터 $\mathbf{v} = \alpha_1\mathbf{v}_1 + \alpha_2\mathbf{v}_2 + \cdots + \alpha_n\mathbf{v}_n$에 대해서

$$[\mathbf{v}]_B = \begin{pmatrix} \alpha_1 \\ \alpha_2 \\ \vdots \\ \alpha_n \end{pmatrix}$$

를 순서기저 B에 대한 $\mathbf{v}$의 **좌표벡터**(coordinate vector)라고 한다.

벡터공간 $\mathbb{R}^2$의 세 순서기저

$$E = [\mathbf{e}_1, \mathbf{e}_2],\ B = [(1, 1)^T, (1, 0)^T],\ C = [(-1, 1)^T, (2, 1)^T]$$

에 대해서 벡터 $\mathbf{v} = (-1, 4)^T$의 좌표벡터가 어떻게 나타나는지 살펴보자. 이 벡터를 각각의 기저에 대한 선형결합으로 표현하면 다음과 같다.

$$\begin{aligned}(-1, 4)^T &= -1 \cdot \mathbf{e}_1 + 4 \cdot \mathbf{e}_2 \\ &= 4 \cdot (1, 1)^T + (-5) \cdot (1, 0)^T \\ &= 3 \cdot (-1, 1)^T + 1 \cdot (2, 1)^T\end{aligned}$$

따라서 각 기저에 대한 $\mathbf{v}$의 좌표벡터는

$$[\mathbf{v}]_E = \begin{pmatrix}-1\\4\end{pmatrix},\ [\mathbf{v}]_B = \begin{pmatrix}4\\-5\end{pmatrix},\ [\mathbf{v}]_C = \begin{pmatrix}3\\1\end{pmatrix}$$

가 된다. 특히 $\mathbf{v} = [\mathbf{v}]_E$임에 주목하자. 즉, 이것은 우리가 통상적으로 사용하는 평면좌표 혹은 공간좌표가 실은 표준기저에 대한 좌표였음을 말해주고 있다. 그림 3.8은 여러가지 기저들에 대해서 좌표벡터들이 기하학적으로 어떠한 의미를 가지는지를 보여준다.

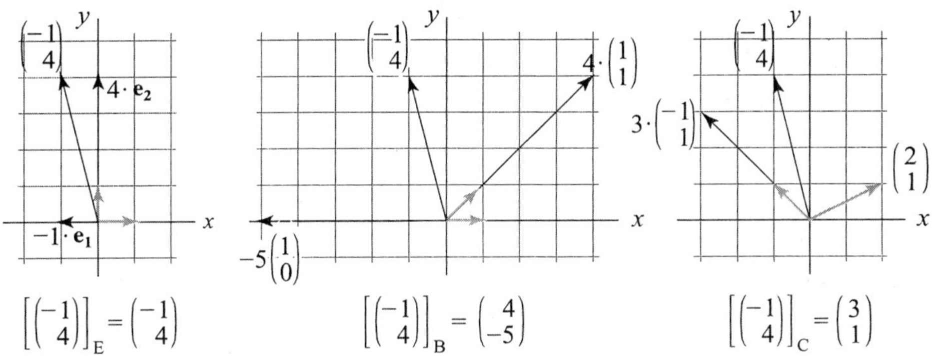

그림 3.8
벡터 $\begin{pmatrix}-1\\4\end{pmatrix}$의 좌표벡터. 순서기저가 달라지면 동일한 벡터라도 좌표벡터가 달라진다.

예제 7

벡터공간 $\mathbb{R}^3$의 순서기저 $B = [(1, 1, 1)^T,\ (-2, 1, 0)^T,\ (1, 2, 0)^T]$에 대하여 주어진 벡터 $\mathbf{v} = (-9, 9, -2)^T$의 좌표벡터를 구하여라.

풀이

주어진 벡터 $\mathbf{v}$를 순서기저 B의 선형결합으로 나타내어야 한다. 즉,

$$\begin{pmatrix}-9\\9\\-2\end{pmatrix} = \alpha\begin{pmatrix}1\\1\\1\end{pmatrix} + \beta\begin{pmatrix}-2\\1\\0\end{pmatrix} + \gamma\begin{pmatrix}1\\2\\0\end{pmatrix}$$

를 만족하는 α, β, γ를 구해야 한다. 이것은 곧 다음의 연립방정식

$$\begin{cases} \alpha - 2\beta + \ \gamma = -9 \\ \alpha + \beta + 2\gamma = \ \ 9 \\ \alpha \qquad\qquad\ \ = -2 \end{cases}$$

이 된다. 이 연립방정식을 풀면 $\alpha = -2$, $\beta = 5$, $\gamma = 3$이다.
따라서 $[\mathbf{v}]_B = (-2,\ 5,\ 3)^T$이다.

표준기저를 사용할 때의 좌표벡터 표현은 여러 가지로 유리한 점이 있지만 현실에서의 다양한 상황에서는 다른 특수한 기저를 사용했을 때의 좌표벡터 표현이 더 유용한 경우도 많다. 따라서 주어진 상황에 어떤 기저를 사용하는 것이 더 편리한가를 고려하여 기저를 선정한 다음 모든 벡터들의 좌표벡터를 그 기저를 기준으로 하여 표현함으로써 문제를 해결하게 된다. 어떤 벡터를 주어진 벡터공간에서 다룰 때 이렇게 기저를 자유롭게 선택할 수 있는 이유는 어떤 기저를 선택하든 벡터의 좌표벡터 표현만 달라지지 그 벡터 자체가 바뀌는 것은 아니기 때문이다. 이제 기저를 달리할 때 각 기저에 대한 좌표벡터는 어떻게 달라지는지 알아보자.

벡터공간 $\mathbb{R}^2$의 두 순서기저 $B = [(2,\ 1)^T,\ (1,\ -1)^T]$, $C = [(1,\ 1)^T,\ (0,\ 1)^T$를 생각하자. 벡터 $\mathbf{v} = (4,\ 5)^T$는

$$\mathbf{v} = \begin{pmatrix} 4 \\ 5 \end{pmatrix} = 3\begin{pmatrix} 2 \\ 1 \end{pmatrix} + (-2)\begin{pmatrix} 1 \\ -1 \end{pmatrix} \tag{2}$$

이므로 $[\mathbf{v}]_B = (3,\ -2)^T$이다. 그러면 순서기저 C에 대한 $\mathbf{v}$의 좌표벡터 $[\mathbf{v}]_C$는 무엇일까? 식 (2)에서 $\mathbf{v}$가 B의 원소들의 선형결합으로 표현되었기 때문에 만일 B의 원소들을 C의 원소들의 선형결합으로 나타낼 수 있다면 이것을 (2)에 대입함으로써 결국 $\mathbf{v}$를 C의 원소들의 선형결합으로 표현할 수 있게 된다. 그러면 B의 원소들은

$$\begin{aligned} (2,\quad 1)^T &= 2\,(1,\ 1)^T + (-1)(0,\ 1)^T, \\ (1,\ -1)^T &= 1\,(1,\ 1)^T + (-2)(0,\ 1)^T \end{aligned} \tag{3}$$

와 같이 표현되므로 이것을 (2)에 대입하면 다음과 같다.

$$\mathbf{v} = (3 \cdot 2 + (-2) \cdot 1)\begin{pmatrix} 1 \\ 1 \end{pmatrix} + (3 \cdot (-1) + (-2) \cdot (-2))\begin{pmatrix} 0 \\ 1 \end{pmatrix}$$

따라서 순서기저 C에 대한 $\mathbf{v}$의 좌표벡터는

$$[\mathbf{v}]_C = \begin{pmatrix} 3\cdot 2+(-2)\cdot 1 \\ 3\cdot(-1)+(-2)\cdot(-2) \end{pmatrix}$$
$$= \begin{pmatrix} 2 & 1 \\ -1 & -2 \end{pmatrix}\begin{pmatrix} 3 \\ -2 \end{pmatrix} = \begin{pmatrix} 2 & 1 \\ -1 & -2 \end{pmatrix}[\mathbf{v}]_B$$

임을 알 수 있다. 식의 마지막에 나타난 2×2 행렬은 식 (3) 우변의 계수들을 따온 행렬이 전치된 형태임을 주의 깊게 보아야 한다. 이것은 우연한 것이 아니고 일반적으로 이러한 형태를 띠게 된다.

정리 3.3.7

벡터공간 V의 두 순서기저

$$B=[\mathbf{v}_1, \mathbf{v}_2, \cdots, \mathbf{v}_n], \quad C=[\mathbf{w}_1, \mathbf{w}_2, \cdots, \mathbf{w}_n]$$

에 대해서

$$\begin{aligned} \mathbf{v}_1 &= m_{11}\mathbf{w}_1 + m_{21}\mathbf{w}_2 + \cdots + m_{n1}\mathbf{w}_n \\ \mathbf{v}_2 &= m_{12}\mathbf{w}_1 + m_{22}\mathbf{w}_2 + \cdots + m_{n2}\mathbf{w}_n \\ &\vdots \\ \mathbf{v}_n &= m_{1n}\mathbf{w}_1 + m_{2n}\mathbf{w}_2 + \cdots + m_{nn}\mathbf{w}_n \end{aligned}$$

라고 하고 식 우변의 계수행렬의 전치행렬을 $M=(m_{ij})$라고 하면 임의의 벡터 $\mathbf{v}\in V$의 각 순서기저에 대한 좌표벡터는

$$[\mathbf{v}]_C = M[\mathbf{v}]_B \tag{4}$$

의 관계를 가진다. 이때 행렬 M을 순서기저 B에서 C로의 **전이행렬**(transition matrix)이라고 한다. 더욱이 M은 정상행렬이고 순서기저 C에서 B로의 전이행렬은 M^{-1}이다.

예제 8

벡터공간 $\mathbb{R}^2$의 표준순서기저 $E=[\mathbf{e}_1, \mathbf{e}_2]$에서 순서기저 $C=[(2, 1)^T, (-1, 4)^T]$로의 전이행렬 M을 구하고 이 전이행렬을 이용하여 벡터 $\mathbf{v}=(2, -5)^T\in\mathbb{R}^2$의 순서기저 C에 대한 좌표벡터를 구하여라.

풀이

순서기저 E에서 C로의 전이행렬 M을 구하는 것보다는 거꾸로 C에서 E로의 전이행렬 M^{-1}을 구하는 것이 더 쉽다. 왜냐하면

$$(2,\ 1)^T = 2\mathbf{e}_1 + 1\mathbf{e}_2, \quad (-1,\ 4)^T = -1\mathbf{e}_1 + 4\mathbf{e}_2$$

이므로

$$M^{-1} = \begin{pmatrix} 2 & -1 \\ 1 & 4 \end{pmatrix}$$

이다. 따라서 E에서 C로의 전이행렬은

$$M = \frac{1}{9}\begin{pmatrix} 4 & 1 \\ -1 & 2 \end{pmatrix}$$

이고 $\mathbf{v} = (2,\ -5)^T$의 C에 대한 좌표벡터 $[\mathbf{v}]_C$는 정리 3.3.7에 의해서 다음과 같다.

$$[\mathbf{v}]_C = M[\mathbf{v}]_E = \frac{1}{9}\begin{pmatrix} 4 & 1 \\ -1 & 2 \end{pmatrix}\begin{pmatrix} 2 \\ -5 \end{pmatrix} = \frac{1}{3}\begin{pmatrix} 1 \\ -4 \end{pmatrix}$$

즉, 이것은 $\mathbf{v} = (2,\ -5)^T = \frac{1}{3}(2,\ 1)^T - \frac{4}{3}(-1,\ 4)^T$임을 의미한다.

위의 예제를 벡터공간 $\mathbb{R}^n$의 일반적인 상황에 대해서 적용하면 다음의 정리를 얻는다.

정리 3.3.8

$B = [\mathbf{v}_1,\ \mathbf{v}_2,\ \cdots,\ \mathbf{v}_n]$와 $C = [\mathbf{w}_1,\ \mathbf{w}_2,\ \cdots,\ \mathbf{w}_n]$가 $\mathbb{R}^n$의 두 순서기저이고 E는 $\mathbb{R}^n$의 표준순서기저라고 하자. 이제 B에서 E로의 전이행렬을 M, 그리고 C에서 E로의 전이행렬을 N이라고 하면 $M = [\mathbf{v}_1,\ \mathbf{v}_2,\ \cdots,\ \mathbf{v}_n]$, $N = [\mathbf{w}_1,\ \mathbf{w}_2,\ \cdots,\ \mathbf{w}_n]$이고 또 B에서 C로의 전이행렬은 $N^{-1}M$이 된다.

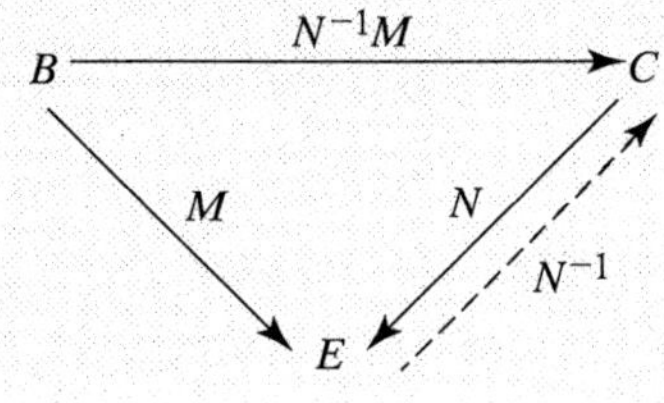

그림 3.9
표준기저를 경유한 전이행렬의 계산.

예제 9

벡터공간 $\mathbb{R}^3$의 다음 두 기저

$$B = [(1,\ 1,\ 1)^T,\ (2,\ 3,\ 2)^T,\ (1,\ 5,\ 4)^T]$$

$$C = [(1,\ 1,\ 0)^T,\ (1,\ 2,\ 0)^T,\ (1,\ 2,\ 1)^T]$$

에 대해서 B에서 C로의 전이행렬을 구하여라. 또 벡터 $\mathbf{v} = (4,\ 4,\ 3)^T$의 각 기저에 대한 좌표벡터를 구하여라.

풀이

$\mathbb{R}^3$의 표준순서기저를 E라고 하고 B에서 E로의 전이행렬을 M, C에서 E로의 전이행렬을 N이라고 하면

$$M = \begin{pmatrix} 1 & 2 & 1 \\ 1 & 3 & 5 \\ 1 & 2 & 4 \end{pmatrix}, \qquad N = \begin{pmatrix} 1 & 1 & 1 \\ 1 & 2 & 2 \\ 0 & 0 & 1 \end{pmatrix}$$

이고 B에서 C로의 전이행렬은

$$N^{-1}M = \begin{pmatrix} 1 & 1 & -3 \\ -1 & -1 & 0 \\ 1 & 2 & 4 \end{pmatrix}$$

이다. 한편 $\mathbf{v} = (4,\ 4,\ 3)^T$의 각 기저에 대한 좌표벡터는

$$[\mathbf{v}]_B = M^{-1}[\mathbf{v}]_E = \frac{1}{3}\begin{pmatrix} 2 & -6 & 7 \\ 1 & 3 & -4 \\ -1 & 0 & 1 \end{pmatrix}\begin{pmatrix} 4 \\ 4 \\ 3 \end{pmatrix} = \frac{1}{3}\begin{pmatrix} 5 \\ 4 \\ -1 \end{pmatrix}$$

$$[\mathbf{v}]_C = N^{-1}[\mathbf{v}]_E = \begin{pmatrix} 2 & -1 & 0 \\ -1 & 1 & -1 \\ 0 & 0 & 1 \end{pmatrix}\begin{pmatrix} 4 \\ 4 \\ 3 \end{pmatrix} = \begin{pmatrix} 4 \\ -3 \\ 3 \end{pmatrix}$$

이고 이 식으로부터 $[\mathbf{v}]_C = N^{-1}M\,[\mathbf{v}]_B$임을 확인할 수 있다.

연습문제 3.3

1. 다음 각 문항에 대하여 참, 거짓을 밝혀보아라.

(a) 벡터공간 $\mathbb{R}^3$의 부분집합 $\{\mathbf{u}, \mathbf{v}, \mathbf{w}\}$ 가 일차독립이면 $\{\mathbf{u}, \mathbf{v}\}$ 도 일차독립이다.

(b) 주어진 어떤 벡터공간의 부분집합 $\{\mathbf{u}, \mathbf{v}, \mathbf{w}\}$가 일차독립이면 임의의 스칼라 $\alpha \neq 0$에 대하여 $\{\alpha\mathbf{u}, \alpha\mathbf{v}, \alpha\mathbf{w}\}$도 일차독립이다.

(c) 벡터공간 $\mathbb{R}^3$에서 영벡터가 아닌 10개의 벡터들의 집합은 반드시 일차종속이다.

(d) $\{(1, 2)^T, (2, 1)^T, (x, y)^T\}$가 $\mathbb{R}^2$의 기저가 되기 위해서는 $x = y = 0$이어야 한다.

(e) 어떤 x, y 에 대해서도 $\{(1, 2)^T, (2, 1)^T, (x, y)^T\}$는 $\mathbb{R}^2$의 기저가 될 수 없다.

(f) $\text{Span}((2, 2, 2)^T, (1, 0, 0)^T, (0, 0, 1)^T) = \mathbb{R}^3$이다.

(g) 벡터공간 $\mathbb{R}^n$의 영벡터가 아닌 벡터들의 집합 $A = \{\mathbf{v}_1, \mathbf{v}_2, \cdots, \mathbf{v}_{n+1}\}$가 $\mathbb{R}^n$을 생성한다면 A에서 벡터 $\mathbf{v}_1$을 제거한 집합 $\{\mathbf{v}_2, \mathbf{v}_3, \cdots, \mathbf{v}_{n+1}\}$도 $\mathbb{R}^n$을 생성한다.

(h) S가 $\mathbb{R}^1$의 부분공간이면 $S = \{\mathbf{0}\}$이든지 $S = \mathbb{R}^1$이다.

2. 다음 각 항의 벡터들이 벡터공간 $\mathbb{R}^3$에서 일차독립인지 일차종속인지를 조사하여라.

(a) $(1, 0, 0)^T, (1, 1, 0)^T, (1, 1, 1)^T$

(b) $(1, 2, -1)^T, (2, -4, 1)^T, (0, 2, 0)^T$

(c) $(1, 2, 1)^T, (-2, 4, -2)^T, (3, 6, 3)^T$

(d) $(-1, -1, -1)^T, (1, 4, 8)^T, (1, 0, 0)^T$

3. 다음 중에서 어떤 것이 $\mathbb{R}^2$의 기저가 되는지 조사하여라.

(a) $(2, 1)^T, (1, 0)^T$

(b) $(5, 4)^T, (-5, -4)^T$

(c) $(0, 0)^T, (1, 4)^T$

(d) $(3, 0)^T, (0, 3)^T$

4. 다음 각 항목에서 주어진 벡터공간 $\mathbb{R}^2$ 또는 $\mathbb{R}^3$의 순서기저 B에 대한 벡터 $\mathbf{v}$의 좌표벡터를 구하여라.

(a) $B = [(1, 1)^T, (3, -2)^T], \quad \mathbf{v} = (1, 0)^T$

(b) $B = [(5, 4)^T, (-1, 2)^T], \quad \mathbf{v} = (-2, -2)^T$

(c) $B = [(2, -1, 3)^T, (1, 1, 1)^T, (1, 0, 0)^T], \quad \mathbf{v} = (1, 2, 3)^T$

(d) $B = [(1, 1, 0)^T,\ (1, 0, 1)^T,\ (0, 1, 1)^T],\quad \mathbf{v} = (-1, 2, -3)^T$

5. 벡터공간 $\mathbb{R}^2$의 두 순서기저 $B = [(1, 1)^T,\ (1, 2)^T],\ C = [(2, 3)^T,\ (-1, 1)^T]$에 대하여 다음 각 항목에 답하여라.

(a) 표준순서기저에서 순서기저 B로의 전이행렬을 구하여라.

(b) 표준순서기저에서 순서기저 C로의 전이행렬을 구하여라.

(c) 순서기저 B에서 순서기저 C로의 전이행렬을 구하여라.

(d) 순서기저 C에서 순서기저 B로의 전이행렬을 구하여라.

(e) 벡터 $\mathbf{v}$의 표준순서기저에 대한 좌표벡터가 $(-3, 2)^T$이다. $[\mathbf{v}]_B$ 및 $[\mathbf{v}]_C$를 구하여라.

(f) $[\mathbf{w}]_C = (1, 1)^T$일 때, $[\mathbf{w}]_B$를 구하여라.

3.4 행공간과 열공간

이 절에서는 행렬로부터 얻어지는 세 가지 벡터공간, 즉 행렬의 열공간, 행공간 및 영공간의 개념을 정의하고 이들로부터 행렬의 대단히 중요한 특성을 나타내는 행렬의 계수에 대하여 알아본다. 이들은 모두 연립일차방정식과 긴밀한 상관관계를 가진다.

행렬 $A = (a_{ij}) \in \mathbb{R}^{m \times n}$를 다음과 같이 두 가지 형태의 블록행렬로 표현하자.

$$A = (\mathbf{a}_1, \cdots, \mathbf{a}_n) = \begin{pmatrix} \mathbf{a}^1 \\ \vdots \\ \mathbf{a}^m \end{pmatrix} \tag{1}$$

여기서 각 $\mathbf{a}_j$는 행렬 A의 j열을, 또 $\mathbf{a}^i$는 A의 i행을 나타낸다. 그러면 행렬 A의 각 열벡터 $\mathbf{a}_j$는 벡터공간 $\mathbb{R}^m$의 원소이고 행벡터 $\mathbf{a}^i$는 벡터공간 $\mathbb{R}^{1\times n}$의 원소이다.

정 의

실수를 성분으로 하는 $m \times n$ 행렬 A가 (1)과 같이 표현되었을 때, 벡터공간 $\mathbb{R}^m$의 부분공간 $\mathrm{Span}(\mathbf{a}_1, \mathbf{a}_2, \cdots, \mathbf{a}_n)$를 행렬 A의 열공간(column space)이라고 하고 벡터공간 $\mathbb{R}^{1\times n}$의 부분공간 $\mathrm{Span}(\mathbf{a}^1, \mathbf{a}^2, \cdots, \mathbf{a}^m)$를 A의 행공간(row space)이라고 한다. A의 행공간과 열공간은 각각 $\mathrm{Row}(A)$와 $\mathrm{Col}(A)$로 나타

낸다. 또 정리 3.4.6에서 A의 행공간의 차원과 열공간의 차원이 일치함을 보일 것인데 이것을 A의 계수(rank)라고 하고 rank(A)로 나타낸다.

정리 3.4.1

같은 크기의 두 행렬 A와 B가 행동치이면 A의 행공간과 B의 행공간은 같다.

[증명] A와 B가 행동치이면 A에 기본행연산을 여러 번 시행해서 B를 얻을 수 있다. 즉,

$$A = A_0 \to A_1 \to A_2 \to \cdots \to A_k = B$$

이다. 여기서 각 i에 대해서 $A_i \to A_{i+1}$의 기본행연산은 A_i의 어느 두 행을 바꾸거나 어느 한 행에 상수를 곱하는 것이거나 또는 어느 한 행의 상수배를 다른 행에 더해줌으로써 A_{i+1}을 얻는 것이므로 A_i의 행공간은 A_{i+1}의 행공간을 포함한다. 따라서

$$\text{Row}(A) = \text{Row}(A_0) \supseteq \text{Row}(A_1) \supseteq \cdots \supseteq \text{Row}(A_k) = \text{Row}(B)$$

를 얻는다. 한편 A와 B가 행동치이면 B와 A도 행동치이므로 거꾸로 B에 기본행연산을 여러 번 시행해서 A를 얻을 수도 있다. 따라서 위의 과정을 반복하면 $\text{Row}(B) \supseteq \text{Row}(A)$를 얻는다.

정 의

A가 $m \times n$ 실수행렬일 때 동차연립방정식 $A\mathbf{x} = 0$의 해집합

$$N(A) = \{\mathbf{x} \in \mathbb{R}^n \mid A\mathbf{x} = 0\}$$

을 A의 영공간(null space)이라고 한다. 아래 정리 3.4.2에 의하면 A의 영공간은 항상 $\mathbb{R}^n$의 부분공간이 된다. 이 영공간의 차원을 nullity(A)로 나타낸다.

정리 3.4.2

$m \times n$ 실수행렬 A의 영공간 $N(A)$는 $\mathbb{R}^n$의 부분공간이다.

[증명] 먼저 $A\mathbf{0}=\mathbf{0}$이므로 $\mathbf{0}\in N(A)$이다. 다음으로 $N(A)$의 두 원소 $\mathbf{v}$, $\mathbf{w}$와 임의의 스칼라 α에 대해서

$$A(\alpha\mathbf{v}+\mathbf{w})=\alpha A\mathbf{v}+A\mathbf{w}=\alpha\mathbf{0}+\mathbf{0}=\mathbf{0}$$

이므로 $\alpha\mathbf{v}+\mathbf{w}\in N(A)$이다. 따라서 $N(A)$는 $\mathbb{R}^n$의 부분공간이다.

정리 3.4.3

$m\times n$ 실수행렬 A에 대해서 다음은 동치이다.

(i) 동차연립방정식 $A\mathbf{x}=\mathbf{0}$가 자명한 해 $\mathbf{x}=\mathbf{0}$만을 갖는다.

(ii) A의 n개의 열벡터들이 일차독립이다. 즉, $\text{rank}(A)=n$이다.

[증명] 행렬 A를 (1)과 같은 블록행렬로 나타내면

$$\begin{aligned}A\mathbf{x}&=(\mathbf{a}_1,\mathbf{a}_2,\cdots,\mathbf{a}_n)(x_1,x_2,\cdots,x_n)^T\\&=x_1\mathbf{a}_1+x_2\mathbf{a}_2+\cdots+x_n\mathbf{a}_n\end{aligned}$$

이므로 $A\mathbf{x}=\mathbf{0}$가 자명한 해 $\mathbf{x}=\mathbf{0}$ 즉 $x_1=x_2=\cdots=x_n=0$만을 가질 필요충분조건은 A의 열벡터들 $\mathbf{a}_1,\mathbf{a}_2,\cdots,\mathbf{a}_n$이 일차독립인 것이다.

따름정리 3.4.4

정방행렬 A에 대하여 다음은 동치이다.

(i) A가 정상행렬이다.

(ii) A의 모든 행벡터들의 집합이 일차독립이다.

(iii) A의 모든 열벡터들의 집합이 일차독립이다.

(iv) $\det(A)\neq 0$이다.

[증명] 정리 1.4.4와 정리 2.2.7 및 정리 3.4.3을 종합하면 자명하다.

예제 1

벡터공간 $\mathbb{R}^3$의 세 벡터 $\mathbf{u}=(1,1,0)^T$, $\mathbf{v}=(1,0,1)^T$, $\mathbf{w}=(0,1,1)^T$가 일차독립인지 일차종속인지 조사하여라.

풀이

위의 세 벡터를 열벡터로 하는 행렬은 3×3 행렬이다. 이 행렬의 행렬식은

$$\begin{vmatrix} 1 & 1 & 0 \\ 1 & 0 & 1 \\ 0 & 1 & 1 \end{vmatrix} = -2 \neq 0$$

이므로 따름정리 3.4.4에 의해서 주어진 세 벡터는 일차독립이다.

이상에서 알아본 바를 종합하면 행렬의 계수가 가지는 매우 중요한 특징을 알 수 있다. 정리 3.4.3에 의하면 행렬의 계수는 곧 그 행렬의 행벡터들 중에 본질적으로 서로 다른 행벡터들이 몇 개나 되는지를 알려준다(여기서 물론 본질적으로 서로 다르다는 의미는 일차독립이라는 말이다). 더욱이 따름정리 3.4.4에 의하면 주어진 정방행렬이 정상이라는 것은 그 행렬의 행벡터들이 모두 일차독립이라는 것을 말해준다. 그러나 비록 어떤 행렬이 정상인가 특이인가 하는 것이 그 행렬의 중요한 특성이기는 하지만 이것은 오직 정방행렬에 국한된 개념이라는 제한을 가진다. 그런 의미에서 행렬의 계수라는 개념은 정방행렬의 정상 또는 특이라는 개념이 일반적인 행렬로 확장된 것으로 볼 수 있다.

예제 2

다음 주어진 행렬 A의 행공간의 기저와 영공간의 기저를 구하여라.

$$A = \begin{pmatrix} 1 & 2 & 0 & 0 & 1 \\ -1 & -2 & 1 & 3 & 1 \\ 3 & 6 & -1 & -3 & 1 \end{pmatrix}$$

풀이

기본행연산을 통해서 행렬 A의 기약 행계단형 U를 계산하면 다음과 같다.

$$U = \begin{pmatrix} 1 & 2 & 0 & 0 & 1 \\ 0 & 0 & 1 & 3 & 2 \\ 0 & 0 & 0 & 0 & 0 \end{pmatrix}$$

정리 3.4.1에 의해서 A와 U의 행공간이 같으므로 A의 행공간의 기저는 $\{(1, 2, 0, 0, 1), (0, 0, 1, 3, 2)\}$이다. 즉, $\text{rank}(A) = 2$이다. 그러나 A의 열공간과 U의 열공간은 일반적으로 같지 않기 때문에 A의 열공간의 기저는 이런 방식으로 얻을 수 없다. 한편 A의 영공간은 $N(A) = \{(-2\alpha-\gamma, \alpha, -3\beta-2\gamma, \beta, \gamma)^T \mid \alpha, \beta, \gamma \in \mathbb{R}$ 이다. 그런데

$$\begin{pmatrix} -2\alpha-\gamma \\ \alpha \\ -3\beta-2\gamma \\ \beta \\ \gamma \end{pmatrix} = \alpha\begin{pmatrix} -2 \\ 1 \\ 0 \\ 0 \\ 0 \end{pmatrix} + \beta\begin{pmatrix} 0 \\ 0 \\ -3 \\ 1 \\ 0 \end{pmatrix} + \gamma\begin{pmatrix} -1 \\ 0 \\ -2 \\ 0 \\ 1 \end{pmatrix}$$

이고 $B = \{(-2,1,0,0,0)^T,\ (0,0,\ -3,1,0)^T,\ (-1,0,\ -2,0,1)^T\}$이 일차독립이므로 B는 $N(A)$의 기저이다. 그러므로 nullity$(A) = 3$이다.

위의 예제를 살펴보면 A의 영공간의 차원은 결국 자유변수의 개수와 같게 된다. 한편 A와 U는 행동치이므로 정리 3.4.1에 의해서 행공간이 같다. 그런데 U의 행공간의 차원은 2로서 항상 선도변수의 개수와 같다. 또 자유변수의 개수와 선도변수의 개수를 합하면 행렬의 열의 개수와 같다. 결론적으로, A의 영공간의 차원과 A의 계수의 합은 A의 열의 개수임을 알 수 있다.

정리 3.4.5

A가 $m \times n$ 실수행렬일 때 다음이 성립한다.

$$\text{rank}(A) + \text{nullity}(A) = n$$

정리 3.4.6

임의의 행렬 A에 대해서 A의 행공간의 차원과 A의 열공간의 차원은 같다.

[증명] A가 $m \times n$ 행렬이라고 하고 A의 행공간의 차원을 r이라고 하자. 그러면 A의 기약 행계단형 U의 행벡터들은 r번째 행까지만 영벡터가 아니고 그 이후의 행벡터들은 모두 영벡터들이다. 따라서 U는 r개의 선도변수를 갖는다. 행렬 U에서 자유변수에 해당되는 열들을 모두 제거한 행렬을 U'라고 하고 마찬가지로 행렬 A에서 그에 대응되는 열들을 모두 제거한 행렬을 A'라고 하자. 그러면 U'는 $m \times r$ 행렬로서 모든 열벡터들이 일차독립이다. 따라서 정리 3.4.3에 의해서 $U'\mathbf{x} = \mathbf{0}$는 자명한 해 $\mathbf{x} = \mathbf{0}$만을 갖는다. 그런데 A와 U가 행동치인 것처럼 A'와 U'도 행동치이기 때문에 $A'\mathbf{x} = \mathbf{0}$도 자명한 해 $\mathbf{x} = \mathbf{0}$만을 갖는다. 정리 3.4.3을 A'에 대해서 한 번 더 적용하면 A'의 r개의 열벡터들은 모두 일차독립이다. 한편 A'의 열벡터들은 곧 A의 열벡터이기도 하므로 A의 열공

간의 차원은 r 이상이다. 이상에서 임의의 행렬의 열공간의 차원은 행공간의 차원보다 크거나 같음을 보였다. 이것을 이제 행렬 A^T에 적용하면 A^T의 열공간의 차원은 행공간의 차원보다 크거나 같다고 할 수 있다. 그런데 A^T의 행공간(열공간)은 A의 열공간(행공간)과 구조가 완전히 동일하므로 A^T의 행공간(열공간)의 차원은 A의 열공간(행공간)의 차원과 같다. 그러므로 A의 행공간의 차원이 열공간의 차원보다 크거나 같다. 이상으로부터 결론적으로 A의 행공간의 차원은 A의 열공간의 차원과 같다.

예제 3

일반적으로 행동치인 두 행렬의 행공간은 같지만 열공간은 반드시 일치하지는 않는다. 따라서 주어진 행렬의 열공간의 기저를 얻는 데에, 그 행렬의 기약 행계단형으로부터 큰 도움을 기대하기는 어렵다. 그러나 위의 정리 3.4.6의 증명과정은 이를 간접적으로 이용하여 주어진 행렬의 열공간의 기저를 얻는 한 방법을 제시하고 있다. 이제 아래에 주어진 행렬 A에 대해서 이것을 확인해 보자.

$$A = \begin{pmatrix} 1 & 0 & 2 & 2 & 1 \\ 6 & 4 & 8 & 0 & 3 \\ 2 & 1 & 3 & 1 & 2 \\ 4 & 2 & 6 & 2 & 1 \end{pmatrix}$$

일 때, 이 행렬의 기약 행계단형 U를 구하면 다음과 같다.

$$U = \begin{pmatrix} 1 & 0 & 2 & 2 & 0 \\ 0 & 1 & -1 & -3 & 0 \\ 0 & 0 & 0 & 0 & 1 \\ 0 & 0 & 0 & 0 & 0 \end{pmatrix}$$

정리 3.4.1에 따라 A의 행공간과 U의 행공간은 같으므로 A의 행공간의 기저는 U의 영벡터가 아닌 모든 행벡터들의 집합인 $\{(1,0,2,2,0),\ (0,1,-1,-3,0),\ (0,0,0,0,1)\}$이다. 자유변수에 해당되는 열은 3열과 4열이므로 이들을 제외한 행렬 U'와 또 마찬가지로 A의 3열과 4열을 제외한 행렬 A'는 다음과 같다.

$$U' = \begin{pmatrix} 1 & 0 & 0 \\ 0 & 1 & 0 \\ 0 & 0 & 1 \\ 0 & 0 & 0 \end{pmatrix}, \qquad A' = \begin{pmatrix} 1 & 0 & 1 \\ 6 & 4 & 3 \\ 2 & 1 & 2 \\ 4 & 2 & 1 \end{pmatrix}$$

U'와 A'는 행동치이고 $U'\mathbf{x} = \mathbf{0}$가 자명한 해만을 가지므로 $A'\mathbf{x} = \mathbf{0}$도 자명한 해만을 가진다. 따라서 정리 3.4.3에 의해서 A'의 세 열벡터는 일차독립이다. 한편 A의 열공간의 차원은 행공간의 차원과 같아야 하므로 3이다. 그러므로 A'의 세 열벡터로 이루어진 집합 $\{(1, 6, 2, 4)^T, (0, 4, 1, 2)^T, (1, 3, 2, 1)^T\}$는 A의 열공간의 기저이다.

연습문제 3.4

1. 벡터공간 $\mathbb{R}^{1\times 3}$의 부분집합

$$A = \{(1, 2, 1), \ (4, 4, 4), \ (1, 0, 1), \ (2, 4, 2), \ (0, 1, 0)\}$$

로 생성되는 부분공간의 기저를 구하여라.

2. 벡터공간 $\mathbb{R}^3$의 부분집합 $A = \{(1, 1, 1)^T, \ (2, 2, 2)^T, (-1, -2, -3)^T\}$에 대해서

(a) A로 생성되는 $\mathbb{R}^3$의 부분공간의 기저 B를 구하여라.

(b) B를 확장하여 $\mathbb{R}^3$의 기저가 되도록 만들어보아라.

3. 다음의 주어진 각 행렬의 행공간, 열공간 및 영공간의 기저를 구하여라.

(a) $\begin{pmatrix} 1 & 0 & 0 & 4 \\ 0 & 1 & 6 & 9 \\ 0 & 0 & 0 & 1 \\ 0 & 0 & 0 & 0 \end{pmatrix}$ (b) $\begin{pmatrix} 1 & -2 & -3 & 2 \\ -3 & 7 & -1 & 1 \\ 2 & -5 & 4 & 3 \\ -3 & 6 & 9 & -6 \end{pmatrix}$ (c) $\begin{pmatrix} 1 & 1 & 1 \\ 2 & 2 & 1 \\ 1 & 1 & 0 \\ 1 & 1 & 2 \end{pmatrix}$

4. 다음 주어진 각 행렬의 계수와 영공간의 차원을 구하여라.

(a) $\begin{pmatrix} 1 & 2 & 3 \\ -3 & 1 & 2 \\ 4 & -1 & 5 \end{pmatrix}$ (b) $\begin{pmatrix} 3 & 0 & 1 & 2 \\ 2 & -5 & 0 & 6 \\ 5 & 4 & 3 & 2 \end{pmatrix}$

(c) $\begin{pmatrix} 1 & 2 & 1 & 0 & 1 & 2 \\ 4 & 2 & 3 & 0 & -1 & -1 \\ 0 & 0 & 0 & 0 & 2 & 4 \end{pmatrix}$

Chapter 4 선형변환

함수의 개념이 수학 및 모든 자연과학의 가장 기본적인 도구인 것처럼 선형변환은 벡터공간과 관련한 가장 자연스러운 함수이다. 이 장에서는 근본적으로 선형변환이 하나의 행렬에 다름이 아니라는 사실을 공부하게 될 것이다. 먼저 선형변환의 개념을 소개하고 또 선형변환은 어떻게 행렬과 대응되며 또 이 행렬은 앞 장에서 배운 기저의 변경, 전이행렬 등과 어떠한 상관관계를 가지는지 알아보자.

4.1 선형변환의 정의와 기본성질

정 의

X와 Y를 임의적으로 주어진 집합이라고 하자. X에 있는 각 원소 $x \in X$에 대해서 Y에 있는 원소 $y \in Y$가 꼭 하나씩 대응될 때, 이러한 형태의 대응규칙 f를 X에서 Y로의 함수(function) 또는 사상(mapping)이라고 하고 $f : X \to Y$로 표시한다. 특히 $X = Y$일 때, 즉 $f : X \to X$를 X에서의 함수라고 한다.

벡터공간들 사이에는 다양한 형태의 함수들이 있는데 그 중에서 가장 기본적이고 유용한 유형의 함수가 다음에서 정의되는 선형변환이다.

정 의

벡터공간 V, W에 대하여 함수 $L : V \to W$가 다음의 두 조건을 만족할 때 L을 선형변환(linear transformation)이라고 한다.

(i) 임의의 벡터 $\mathbf{v}, \mathbf{w} \in V$에 대하여 $L(\mathbf{v} + \mathbf{w}) = L(\mathbf{v}) + L(\mathbf{w})$이다.

(ii) 임의의 벡터 $\mathbf{v} \in V$와 스칼라 α에 대하여 $L(\alpha\mathbf{v}) = \alpha L(\mathbf{v})$이다.

다시 말해서 선형변환은 벡터공간의 기본연산인 벡터 합과 스칼라 곱을 보존하는 함수이다. 특히 정의의 조건 (i)과 (ii)를 하나로 합하여서 다음과 같이 표현할 수 있다.

(*) 임의의 벡터 $\mathbf{v}$, $\mathbf{w} \in V$와 스칼라 α에 대하여 $L(\alpha\mathbf{v} + \mathbf{w}) = \alpha L(\mathbf{v}) + L(\mathbf{w})$이다.

따라서 조건 (*)를 만족하는 함수 L을 선형변환으로 정의하기도 한다.

정리 4.1.1

선형변환 $L : V \to W$에 대해서 다음이 성립한다.

(i) $L(\mathbf{0}) = \mathbf{0}$

(ii) 임의의 벡터 $\mathbf{v} \in V$에 대하여 $L(-\mathbf{v}) = -L(\mathbf{v})$.

(iii) V의 임의의 벡터 $\mathbf{v}_1, \mathbf{v}_2, \cdots, \mathbf{v}_n$과 임의의 스칼라 $\alpha_1, \alpha_2, \cdots, \alpha_n$에 대하여

$$L(\alpha_1\mathbf{v}_1 + \alpha_2\mathbf{v}_2 + \cdots + \alpha_n\mathbf{v}_n) = \alpha_1 L(\mathbf{v}_1) + \alpha_2 L(\mathbf{v}_2) + \cdots + \alpha_n L(\mathbf{v}_n).$$

[증명] (i)과 (ii)는 선형변환의 정의 중 두 번째 조건에서 α에 0 또는 -1을 대입함으로써 얻을 수 있고 (iii)은 n에 대한 귀납법으로써 증명된다.

이제 선형변환의 몇 가지 예들을 통해서 선형변환의 특성들을 알아보도록 하자. 이는 선형변환에 대한 개념을 얻는 데에 도움이 될 것이다.

예제 1

함수 $L : V \to W$을 모든 $\mathbf{v} \in V$에 대하여 $L(\mathbf{v}) = \mathbf{0}$로 정의하자. 그러면 임의의 벡터 $\mathbf{v}$, $\mathbf{w} \in V$와 스칼라 α에 대하여

$$L(\alpha\mathbf{v} + \mathbf{w}) = \mathbf{0} = \mathbf{0} + \mathbf{0} = \alpha\mathbf{0} + \mathbf{0} = \alpha L(\mathbf{v}) + L(\mathbf{w})$$

이므로 L은 선형변환이다. 이 선형변환을 **영변환**(zero transformation)이라 한다.

예제 2

V가 벡터공간이고 r을 하나의 고정된 스칼라라고 하자. 함수 L을

$$L : V \to V, \quad L(\mathbf{v}) = r\mathbf{v}$$

와 같이 정의하면 임의의 벡터 $\mathbf{v}$, $\mathbf{w} \in V$와 스칼라 α에 대하여

$$L(\alpha\mathbf{v} + \mathbf{w}) = r(\alpha\mathbf{v} + \mathbf{w}) = \alpha(r\mathbf{v}) + r\mathbf{w} = \alpha L(\mathbf{v}) + L(\mathbf{w})$$

이므로 L은 선형변환이다. 특히 $r > 1$이면 확대변환(dilation), $r < 1$이면 축소변환(contraction)이라고 하고 또 $r = 1$인 경우는 항등변환(identity transformation)이라고 한다.

예제 3

벡터공간 $\mathbb{R}^2$에서의 함수 $L : \mathbb{R}^2 \to \mathbb{R}^2$를 임의의 $\mathbf{x} = (x_1, x_2)^T \in \mathbb{R}^2$에 대하여

$$L(\mathbf{x}) = (x_1, 0)^T = x_1(1, 0)^T = x_1\mathbf{e}_1$$

와 같이 정의하자. 그러면 임의의 벡터 $\mathbf{x} = (x_1, x_2)^T$, $\mathbf{y} = (y_1, y_2)^T$와 실수 α에 대하여

$$\begin{aligned} L(\alpha\mathbf{x} + \mathbf{y}) &= L(\alpha x_1 + y_1, \alpha x_2 + y_2)^T = (\alpha x_1 + y_1)\mathbf{e}_1 \\ &= \alpha(x_1\mathbf{e}_1) + y_1\mathbf{e}_1 = \alpha L(\mathbf{x}) + L(\mathbf{y}) \end{aligned}$$

이므로 L은 선형변환이다. 이러한 선형변환을 x-축으로의 정사영(orthogonal projection)이라고 한다. 위의 정의에서 $\mathbf{e}_1$ 대신에 $\mathbf{e}_2$를 쓰면 y-축으로의 정사영이 된다.

예제 4

함수 $L : \mathbb{R}^2 \to \mathbb{R}^2$를 임의의 $\mathbf{x} = (x_1, x_2)^T \in \mathbb{R}^2$에 대하여

$$L(\mathbf{x}) = (x_1, -x_2)^T$$

와 같이 정의하자. 그러면 임의의 벡터 $\mathbf{x} = (x_1, x_2)^T$, $\mathbf{y} = (y_1, y_2)^T$와 실수 α에 대하여

$$\begin{aligned} L(\alpha\mathbf{x} + \mathbf{y}) &= L((\alpha x_1 + y_1, \alpha x_2 + y_2)^T) = (\alpha x_1 + y_1, -\alpha x_2 - y_2)^T \\ &= \alpha(x_1, -x_2)^T + (y_1, -y_2)^T = \alpha L(\mathbf{x}) + L(\mathbf{y}) \end{aligned}$$

이므로 L은 선형변환이다. 이러한 선형변환을 x-축에 대한 반사(reflection)라고 한다.

예제 5

벡터공간 $\mathbb{R}^2$의 임의의 벡터 $\mathbf{x} = (x_1,\ x_2)^T$를 벡터 $(1,\ 3)^T$만큼 **평행이동**(translation)하는 함수 $L:\mathbb{R}^2 \to \mathbb{R}^2$, $L(\mathbf{x}) = \mathbf{x} + (1,3)^T = (x_1+1, x_2+3)^T$라고 정의하면

$$L((1,\ 1)^T + (3,\ 2)^T) = L((4,\ 3)^T) = (5,\ 6)^T$$

$$L((1,\ 1)^T) + L((3,\ 2)^T) = (2,\ 4)^T + (4,\ 5)^T = (6,\ 9)^T$$

로 서로 같지 않으므로 $\mathbb{R}^2$에서의 평행이동 L은 선형변환이 아니다.

예제 6

벡터공간 $\mathbb{R}^2$의 임의의 벡터 $\mathbf{x} = (x_1,\ x_2)^T$에 대해서 위치벡터 $\mathbf{x}$의 길이 $\|\mathbf{x}\|$를 대응시키는 함수를 $L:\mathbb{R}^2 \to \mathbb{R}$, $L(\mathbf{x}) = \|\mathbf{x}\| = \sqrt{x_1^2 + x_2^2}$이라고 정의하면

$$L(-2\,(1,\ 1)^T) = L((-2,\ -2)^T) = \sqrt{8}$$

$$-2L((1,\ 1)^T) = -2\sqrt{2} = -\sqrt{8}$$

로 서로 같지 않다. 따라서 L은 선형변환이 아니다.

예제 7

함수 $L:\mathbb{R}^2 \to \mathbb{R}$를 임의의 $\mathbf{x} = (x_1,\ x_2)^T \in \mathbb{R}^2$에 대하여 $L(\mathbf{x}) = x_1 + 2x_2$와 같이 정의하자. 여기서 1×2 행렬 $A = (1,\ 2)$라 하면

$$L(\mathbf{x}) = x_1 + x_2 = (1,\ 2)\,(x_1,\ x_2)^T = A\mathbf{x}$$

이므로 임의의 벡터 $\mathbf{x},\ \mathbf{y} \in \mathbb{R}^2$와 실수 α에 대하여

$$L(\alpha\mathbf{x} + \mathbf{y}) = A\,(\alpha\mathbf{x} + \mathbf{y}) = \alpha A\mathbf{x} + A\mathbf{y} = \alpha L(\mathbf{x}) + L(\mathbf{y})$$

이다. 따라서 L은 선형변환이다.

예제 8

함수 $L:\mathbb{R}^2 \to \mathbb{R}^3$를 임의의 $\mathbf{x} = (x_1,\ x_2)^T \in \mathbb{R}^2$에 대하여
$L(\mathbf{x}) = (x_2,\ x_1,\ x_1 + x_2)^T$와 같이 정의하자. 여기서 3×2 행렬 A를 아래와 같이 두면
$L(\mathbf{x})$는

$$A = \begin{pmatrix} 0 & 1 \\ 1 & 0 \\ 1 & 1 \end{pmatrix}, \qquad L(\mathbf{x}) = \begin{pmatrix} x_2 \\ x_1 \\ x_1 + x_2 \end{pmatrix} = \begin{pmatrix} 0 & 1 \\ 1 & 0 \\ 1 & 1 \end{pmatrix}\begin{pmatrix} x_1 \\ x_2 \end{pmatrix} = A\mathbf{x}$$

와 같이 계산되므로 임의의 벡터 $\mathbf{x}$, $\mathbf{y} \in \mathbb{R}^2$와 실수 α에 대하여

$$L(\alpha\mathbf{x}+\mathbf{y}) = A(\alpha\mathbf{x}+\mathbf{y}) = \alpha A\mathbf{x} + A\mathbf{y} = \alpha L(\mathbf{x}) + L(\mathbf{y})$$

가 된다. 따라서 L은 선형변환이다.

예제 7과 예제 8의 상황은 다음 정리와 같이 일반화할 수 있으며 그 증명은 예제의 경우와 완전히 동일하다.

정리 4.1.2

A가 $m\times n$ 실수행렬일 때 함수 $L_A : \mathbb{R}^n \to \mathbb{R}^m$을 임의의 벡터 $\mathbf{x}\in\mathbb{R}^n$에 대하여

$$L_A(\mathbf{x}) = A\mathbf{x}$$

와 같이 정의하면 L_A는 선형변환이다.

예제 9

θ 를 고정된 각이라고 하고 행렬 A를 다음과 같이 둘 때,

$$A = \begin{pmatrix} \cos\theta & -\sin\theta \\ \sin\theta & \cos\theta \end{pmatrix}$$

위의 정리의 선형변환 $L_A : \mathbb{R}^2 \to \mathbb{R}^2$는 임의의 벡터 $\mathbf{x} = (x_1, x_2)^T \in \mathbb{R}^2$에 대해서

$$L_A(\mathbf{x}) = A\mathbf{x} = \begin{pmatrix} \cos\theta & -\sin\theta \\ \sin\theta & \cos\theta \end{pmatrix}\begin{pmatrix} x_1 \\ x_2 \end{pmatrix} = \begin{pmatrix} x_1\cos\theta - x_2\sin\theta \\ x_1\sin\theta + x_2\cos\theta \end{pmatrix}$$

가 되고 이것은 평면 벡터공간 $\mathbb{R}^2$ 위의 모든 점을 반시계 방향으로 θ 만큼 회전하는 **회전변환**(rotation)을 나타낸다(그림 4.1 참조).

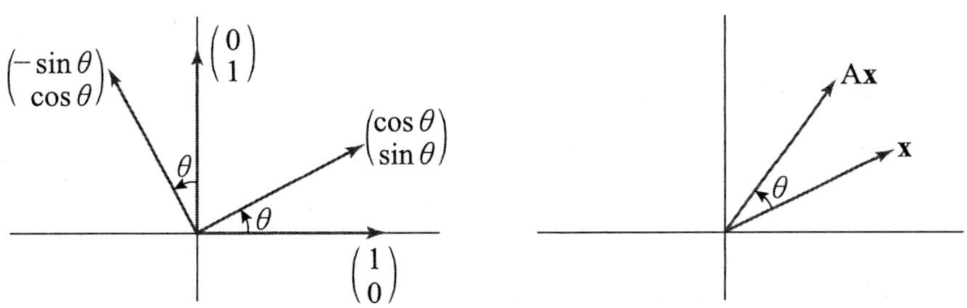

그림 4.1
회전 변환

예를 들어 $\theta = 90°$ 이면 행렬 A와 회전변환 L_A는

$$A = \begin{pmatrix} 0 & -1 \\ 1 & 0 \end{pmatrix}, \qquad L_A(\mathbf{x}) = A\mathbf{x} = \begin{pmatrix} -x_2 \\ x_1 \end{pmatrix}$$

이고 따라서 L_A가 평면 위의 모든 점을 반시계 방향으로 $90°$ 회전하게 하고 있음을 확인할 수 있다.

정 의

$L : V \to W$가 선형변환일 때, W의 영벡터에 대응되는 V의 모든 원소들의 집합

$$\operatorname{Ker}(L) = \{\mathbf{v} \in V \mid L(\mathbf{v}) = \mathbf{0}\}$$

를 L의 **핵**(kernel)이라고 한다. 또 V의 부분집합 $A \subseteq V$에 대하여

$$L(A) = \{L(\mathbf{v}) \in W \mid \mathbf{v} \in A\}$$

를 A의 **상**(image)이라고 하고 특히 $A = V$일 때, $L(V)$를 L의 **치역**(range)이라고 한다. 한편 W의 부분집합 $B \subseteq W$에 대해서

$$L^{-1}(B) = \{\mathbf{v} \in V \mid L(\mathbf{v}) \in B\}$$

를 B의 **역상**(inverse image)이라고 한다. 이 정의에 따르면

$$\operatorname{Ker}(L) = L^{-1}(\{\mathbf{0}\})$$

즉, 선형변환 L의 핵은 W의 부분공간인 영벡터공간의 역상임을 알 수 있다.

정리 4.1.3

$L : V \to W$가 선형변환이라고 하자.

(i) S가 V의 부분공간이면 $L(S)$는 W의 부분공간이다. 따라서 치역 $L(V)$는 W의 부분공간이다.

(ii) T가 W의 부분공간이면 T의 역상 $L^{-1}(T)$는 V의 부분공간이다. 따라서 L의 핵 $\operatorname{Ker}(L)$은 V의 부분공간이다.

[증명] 이 정리의 증명은 별로 어렵지 않으므로 연습문제로 남긴다.

예제10

선형변환 $L:\mathbb{R}^3 \to \mathbb{R}^2$를 임의의 $\mathbf{x}=(x_1,\ x_2,\ x_3)^T \in \mathbb{R}^3$에 대하여

$$L(\mathbf{x}) = (x_1 + x_2,\ x_1 + x_3)^T$$

와 같이 정의할 때, L의 핵 $\mathrm{Ker}(L)$과 $\mathbb{R}^3$의 부분공간 $S=\{(x,x,0)^T \mid x \in \mathbb{R}\}$의 상 $L(S)$를 구하여라.

풀이

$\mathbf{x}=(x_1,\ x_2,\ x_3)^T \in \mathrm{Ker}(L)$일 필요충분조건은
$L(\mathbf{x}) = (x_1+x_2,\ x_1+x_3)^T = (0,\ 0)^T$ 즉, $x_1+x_2 = x_1+x_3 = 0$이다. 따라서 $x_1=\alpha$라고 두면

$$\mathrm{Ker}(L) = \{(\alpha,\ -\alpha,\ -\alpha)^T \mid \alpha \in \mathbb{R}\} = \{\alpha(1,\ -1,\ -1)^T \mid \alpha \in \mathbb{R}\}$$

이고, $\mathrm{Ker}(L)$의 기저는 $\{(1,\ -1,\ -1)^T\}$이다. 한편 $L((x,x,0)^T) = (2x,x)^T$이므로 S의 상은

$$L(S) = \{(2x,x)^T \mid x \in \mathbb{R}\} = \{x(2,1)^T \mid x \in \mathbb{R}\}$$

이고, 이것의 기저는 $\{(2,1)^T\}$이다.

정 의

$f:X \to Y$가 함수라고 하자.

(i) 임의의 원소 $x_1, x_2 \in X$에 대하여 $x_1 \neq x_2$이면 항상 $f(x_1) \neq f(x_2)$일 때 함수 f를 단사(injective) 또는 일대일(one to one)이라고 한다.

(ii) 함수 f의 치역이 Y일 때, 즉 $f(X)=Y$일 때 함수 f는 Y를 덮는다고 하고 f를 전사(surjective) 또는 덮는 함수(onto mapping)라고 한다.

(iii) 함수 f가 일대일 함수인 동시에 덮는 함수일 때 f를 전단사(bijective) 또는 일대일 대응(one to one correspondence)이라고 한다.

(iv) 함수 f가 일대일 대응, 즉 전단사이면 Y의 각 원소 y에 대해서 $f(x)=y$가 되는 X의 원소 x가 존재한다. 따라서 각 $y \in Y$에 이러한 $x \in X$를 대응시키는 함수 $f^{-1}:Y \to X,\ f^{-1}(y)=x$가 존재한다. 이 함수를 f의 역함수(inverse function) 또는 역사상(inverse mapping)이라고 한다.

정리 4.1.4

선형변환 $L: V \to W$가 일대일 함수일 필요충분조건은 $\text{Ker}(L) = \{\mathbf{0}\}$이다.

[증명] L이 일대일이라고 가정하면 임의의 $\mathbf{v} \in V$에 대해서 $\mathbf{v} \neq \mathbf{0}$이면 $L(\mathbf{v}) \neq L(\mathbf{0})$이다. 그런데 L이 선형변환이기 때문에 $L(\mathbf{0}) = \mathbf{0}$이다. 따라서 영벡터가 아닌 임의의 $\mathbf{v} \in V$에 대해서 $L(\mathbf{v}) \neq \mathbf{0}$이다. 즉 $\text{Ker}(L) = \{\mathbf{0}\}$이다. 이제 역으로 $\text{Ker}(L) = \{\mathbf{0}\}$라고 가정해 보자. 만일 $\mathbf{v}_1$, $\mathbf{v}_2 \in V$에 대해서 $L(\mathbf{v}_1) = L(\mathbf{v}_2)$라면

$$\mathbf{0} = (-1)L(\mathbf{v}_1) + L(\mathbf{v}_2) = L((-1)\mathbf{v}_1 + \mathbf{v}_2) = L(-\mathbf{v}_1 + \mathbf{v}_2)$$

이므로 $-\mathbf{v}_1 + \mathbf{v}_2 \in \text{Ker}(L)$이다. 그런데 $\text{Ker}(L) = \{\mathbf{0}\}$이므로 $-\mathbf{v}_1 + \mathbf{v}_2 = \mathbf{0}$ 즉 $\mathbf{v}_1 = \mathbf{v}_2$이다. 그러므로 L은 일대일이다.

정리 4.1.5

선형변환 $L: V \to W$가 전단사이면 그 역함수 $L^{-1}: W \to V$도 선형변환이다.

[증명] 임의의 벡터 $\mathbf{w}_1$, $\mathbf{w}_2 \in W$에 대해서 $L^{-1}(\mathbf{w}_1) = \mathbf{v}_1$, $L^{-1}(\mathbf{w}_2) = \mathbf{v}_2$라고 하자. 그러면 $L(\mathbf{v}_1) = \mathbf{w}_1$, $L(\mathbf{v}_2) = \mathbf{w}_2$이다. L이 선형변환이므로 임의의 스칼라 α에 대해서

$$L(\alpha\mathbf{v}_1 + \mathbf{v}_2) = \alpha L(\mathbf{v}_1) + L(\mathbf{v}_2) = \alpha\mathbf{w}_1 + \mathbf{w}_2$$

이다. 따라서

$$L^{-1}(\alpha\mathbf{w}_1 + \mathbf{w}_2) = \alpha\mathbf{v}_1 + \mathbf{v}_2 = \alpha L^{-1}(\mathbf{w}_1) + L^{-1}(\mathbf{w}_2)$$

를 얻는다. 즉, L의 역함수 L^{-1}은 선형변환이다.

예제11

선형변환 $L: \mathbb{R}^2 \to \mathbb{R}^2$이 임의의 벡터 $\mathbf{x} = (x_1, x_2)^T \in \mathbb{R}^2$에 대하여

$$L(\mathbf{x}) = (x_1 - x_2, x_1 - 2x_2)^T$$

와 같이 정의되었을 때, L의 역함수 L^{-1}을 구하여라.

풀이

$L(\mathbf{x}) = (x_1 - x_2,\ x_1 - 2x_2)^T = \mathbf{y} = (y_1,\ y_2)^T$ 라고 두면

$$\begin{cases} x_1 - \ \ x_2 = y_1 \\ x_1 - 2x_2 = y_2 \end{cases}$$

이므로 이것을 x_1, x_2에 대해서 풀면 $x_1 = 2y_1 - y_2$, $x_2 = y_1 - y_2$이다. 따라서 L의 역함수 L^{-1}는 다음과 같이 정의된다.

$$L^{-1}(\mathbf{y}) = L^{-1}((y_1,\ y_2)^T) = (2y_1 - y_2,\ y_1 - y_2)^T$$

정 의

$f : X \to Y$와 $g : Y \to Z$가 두 함수라고 하자. 그러면 각 $x \in X$에 대해서 Z의 원소 $g(f(x)) \in Z$를 대응시키는 함수 $g \circ f : X \to Z$를 함수 f와 g의 **합성함수**(composite)라고 한다.

정리 4.1.6

U, V, W가 같은 스칼라 집합을 갖는 벡터공간들일 때, 함수 $L : U \to V$와 $T : V \to W$가 선형변환이면 합성함수 $T \circ L : U \to W$도 선형변환이다.

[증명] 임의의 벡터 $\mathbf{u}_1,\ \mathbf{u}_2 \in U$와 임의의 스칼라 α에 대해 다음이 성립한다.

$$\begin{aligned}(T \circ L)(\alpha\mathbf{u}_1 + \mathbf{u}_2) &= T(L(\alpha\mathbf{u}_1 + \mathbf{u}_2)) \\ &= T(\alpha L(\mathbf{u}_1) + L(\mathbf{u}_2)) \\ &= \alpha T(L(\mathbf{u}_1)) + T(L(\mathbf{u}_2)) \\ &= \alpha(T \circ L)(\mathbf{u}_1) + (T \circ L)(\mathbf{u}_2)\end{aligned}$$

따라서 합성함수 $T \circ L : U \to W$는 선형변환이다.

연습문제 4.1

1. 다음 각 항에서 정의되는 함수 L이 선형변환인지를 판별하여라. 단, L의 정의역과 공역은 모두 벡터공간 $\mathbb{R}^2$ 또는 $\mathbb{R}^3$이다.

(a) 임의의 $\mathbf{x} = (x_1,\ x_2)^T$에 대해서 $L(\mathbf{x}) = (x_1 + x_2,\ x_1 - x_2)^T$

(b) 임의의 $\mathbf{x} = (x_1,\ x_2)^T$에 대해서 $L(\mathbf{x}) = (x_1 + x_2,\ x_1 + 2)^T$

(c) 임의의 $\mathbf{x} = (x_1,\ x_2,\ x_3)^T$에 대해서 $L(\mathbf{x}) = (x_1 x_2,\ x_1 + x_3)^T$

(d) 임의의 $\mathbf{x} = (x_1,\ x_2)^T$에 대해서 $L(\mathbf{x}) = (x_1,\ 0,\ x_2^2)^T$

(e) 임의의 $\mathbf{x} = (x_1,\ x_2)^T$ 에 대해서 $L(\mathbf{x}) = (|x_1 + x_2|,\ x_2)^T$

(f) 임의의 $\mathbf{x} = (x_1,\ x_2,\ x_3)^T$에 대해서 $L(\mathbf{x}) = (x_1 + 2,\ 2x_1 + 3x_2,\ x_3)^T$

(g) 임의의 $\mathbf{x} = (x_1,\ x_2)^T$에 대해서 $L(\mathbf{x}) = (x_1 + 3x_2,\ 2x_1 + 2x_2)^T$

(h) 임의의 $\mathbf{x} = (x_1,\ x_2,\ x_3)^T$에 대해서 $L(\mathbf{x}) = (2x_1 + 3x_2,\ 2x_1 + 3x_2,\ x_1 + x_3)^T$

2. 선형변환 $L : \mathbb{R}^3 \rightarrow \mathbb{R}^2$가 벡터 $\mathbf{a}_1 = (1,\ 1,\ 0)^T$, $\mathbf{a}_2 = (0,\ 1,\ 1)^T$, $\mathbf{a}_3 = (1,\ 0,\ 1)^T$에 대해서 $L(\mathbf{a}_1) = (2,\ 1)^T$, $L(\mathbf{a}_2) = (2,\ 0)^T$, $L(\mathbf{a}_3) = (0,\ 1)^T$라고 할 때 임의의 $\mathbf{x} = (x_1,\ x_2,\ x_3)^T \in \mathbb{R}^3$에 대해서 $L(\mathbf{x})$를 구하여라.

3. 선형변환 $L : \mathbb{R}^3 \rightarrow \mathbb{R}^2$이 다음의 값을 갖는다고 한다. 아래의 각 항목에 답하여라.

$$L(\mathbf{e}_1) = (1,\ 2)^T, \qquad L(\mathbf{e}_2) = (1,\ 0)^T, \qquad L(\mathbf{e}_3) = (0,\ 1)^T$$

(a) 벡터 $\mathbf{v} = (1,\ 2,\ 1)^T$에 대하여 $L(\mathbf{v})$를 구하여라.

(b) 임의의 $\mathbf{x} = (x_1,\ x_2,\ x_3)^T$에 대해서 $L(\mathbf{x}) = A\mathbf{x}$를 만족하는 행렬 A를 구하여라.

4. 정리 4.1.3을 증명하여라.

5. 선형변환 $L : \mathbb{R}^3 \rightarrow \mathbb{R}^3$이 다음의 행렬 A에 대하여 $L(\mathbf{x}) = A\mathbf{x}$로 정의될 때, 아래의 각 항에 답하여라.

$$A = \begin{pmatrix} 1 & 0 & 1 \\ 1 & 1 & 0 \\ 3 & 1 & 3 \end{pmatrix}$$

(a) L의 치역 $L(\mathbb{R}^3)$의 기저를 구하여라.

(b) $\mathrm{Ker}(L)$의 기저를 구하여라.

(c) $\mathbb{R}^3$의 부분공간 $S = \{(\alpha,\ \beta,\ 0)^T \mid \alpha,\ \beta \in \mathbb{R}\}$에 대하여 $L(S)$의 기저를 구하여라.

6. 선형변환 $L:\mathbb{R}^2 \to \mathbb{R}^2$이 임의의 $\mathbf{x} = (x_1, x_2)^T \in \mathbb{R}^2$에 대해서

$$L(\mathbf{x}) = (x_1 - x_2, 2x_1 + x_2)^T$$

와 같이 정의될 때 다음 각 항에 답하여라.

(a) 함수 L이 일대일 대응임을 보여라.

(b) 역함수 L^{-1}을 구하여라.

(c) 합성함수 $L \circ L$을 구하여라.

(d) 합성함수 $L^{-1} \circ L^{-1}$을 구하여라.

4.2 | 선형변환의 행렬표현

앞 절의 정리 4.1.2에서 임의의 $m \times n$ 실수행렬 A는 선형변환

$$L_A : \mathbb{R}^n \to \mathbb{R}^m, \qquad L_A(\mathbf{x}) = A\mathbf{x} \tag{1}$$

를 결정한다는 사실을 알았다. 이 절에서는 실제로 벡터공간 $\mathbb{R}^n$ 에서 벡터공간 $\mathbb{R}^m$ 으로의 모든 선형변환이 이러한 형태임을 보이고 더 나아가 임의의 벡터공간들 사이의 선형변환도 본질적으로는 모두 이러한 형태를 가진다는 것을 배우게 될 것이다. 이것은 다시 말해서 하나의 선형변환은 그 선형변환에 부수하는 하나의 행렬과 불가분의 관계를 가진다는 것이다.

정리 4.2.1

임의의 선형변환 $L:\mathbb{R}^n \to \mathbb{R}^m$에 대하여 적당한 $m \times n$ 실수행렬 A가 존재해서

$$L = L_A$$

이다. 여기서 L_A는 (1)과 같이 주어지는 선형변환이고
$A = (L(\mathbf{e}_1), L(\mathbf{e}_2), \cdots, L(\mathbf{e}_n))$으로 주어진다.

[증명] 임의의 $\mathbf{x} = (x_1, x_2, \cdots, x_n)^T \in \mathbb{R}^n$에 대해서
$\mathbf{x} = x_1\mathbf{e}_1 + x_2\mathbf{e}_2 + \cdots + x_n\mathbf{e}_n$이므로

$$\begin{aligned} L(\mathbf{x}) &= L(x_1\mathbf{e}_1 + x_2\mathbf{e}_2 + \cdots + x_n\mathbf{e}_n) \\ &= x_1 L(\mathbf{e}_1) + x_2 L(\mathbf{e}_2) + \cdots + x_n L(\mathbf{e}_n) \end{aligned}$$

$$= (L(\mathbf{e}_1), L(\mathbf{e}_2), \cdots, L(\mathbf{e}_n))(x_1, x_2, \cdots, x_n)^T$$
$$= A\mathbf{x} = L_A(\mathbf{x})$$

이다. 그러므로 $L = L_A$이다.

예제 1

선형변환 $L : \mathbb{R}^3 \to \mathbb{R}^2$이 임의의 벡터 $\mathbf{x} = (x_1, x_2, x_3)^T \in \mathbb{R}^3$에 대하여

$$L(\mathbf{x}) = (x_1 + x_2, x_1 - x_3)^T \in \mathbb{R}^2$$

와 같이 정의되었을 때 $L(\mathbf{x}) = A\mathbf{x}$를 만족하는 2×3 행렬 A를 구하여라.

풀이

먼저 $L(\mathbf{e}_1)$, $L(\mathbf{e}_2)$, $L(\mathbf{e}_3)$를 구하면 다음과 같다.

$$L(\mathbf{e}_1) = L((1, 0, 0)^T) = (1, 1)^T$$
$$L(\mathbf{e}_2) = L((0, 1, 0)^T) = (1, 0)^T$$
$$L(\mathbf{e}_3) = L((0, 0, 1)^T) = (0, -1)^T$$

따라서 구하려는 행렬 A는

$$A = \begin{pmatrix} 1 & 1 & 0 \\ 1 & 0 & -1 \end{pmatrix}$$

로 주어지며 실제로 다음과 같이 계산으로 확인해 볼 수 있다.

$$A\mathbf{x} = \begin{pmatrix} 1 & 1 & 0 \\ 1 & 0 & -1 \end{pmatrix} \begin{pmatrix} x_1 \\ x_2 \\ x_3 \end{pmatrix} = \begin{pmatrix} x_1 + x_2 \\ x_1 - x_3 \end{pmatrix} = L(\mathbf{x})$$

이제, 임의의 벡터공간 V와 W사이의 선형변환 $L : V \to W$를 어떻게 하나의 행렬과 연관지을 수 있는지 알아보자. 여기서 결정적인 역할을 하는 것은 순서기저와 좌표벡터의 개념이다. 표현의 간편성을 위해서 스칼라 집합이 실수인 벡터공간, 즉 실벡터공간에 대해서 생각하기로 하자. 복소벡터공간인 경우는 모든 상황에 실수의 집합 $\mathbb{R}$대신에 복소수의 집합 $\mathbb{C}$로 대치하기만 하면 된다. 벡터공간 V의 한 순서기저 $B = [\mathbf{v}_1, \mathbf{v}_2, \cdots, \mathbf{v}_n]$가 정해지고 나면, 좌표벡터를 매개로 해서, V는 곧 $\mathbb{R}^n$과 동일시할 수 있다. 즉, 벡터 $\mathbf{v} \in V$에 대해서 이것을 순서기저의 선

형결합 $\mathbf{v} = \alpha_1\mathbf{v}_1 + \alpha_2\mathbf{v}_2 + \cdots + \alpha_n\mathbf{v}_n$으로 표현함으로써 벡터 $\mathbf{v} \in V$와 $\mathbf{v}$의 좌표 벡터 $[\mathbf{v}]_B = (\alpha_1, \alpha_2, \cdots, \alpha_n)^T \in \mathbb{R}^n$를 동일시하는 것이다.

$$V \longleftrightarrow \mathbb{R}^n$$

$$\mathbf{v} \longleftrightarrow [\mathbf{v}]_B$$

마찬가지로 벡터공간 W에 대해서도 하나의 순서기저 $C = [\mathbf{w}_1, \mathbf{w}_2, \cdots, \mathbf{w}_m]$을 고정하면 W를 $\mathbb{R}^m$과 동일시할 수 있다. 이렇게 각 벡터공간을 유클리드 벡터공간과 동일시하고 나면 각 $\mathbf{v} \in V$에 대해서 $L(\mathbf{v}) \in W$를 대응시키는 선형변환 $L : V \to W$는 각 $[\mathbf{v}]_B \in \mathbb{R}^n$에 대해서 $[L(\mathbf{v})]_C \in \mathbb{R}^m$을 대응시키는 모종의 선형변환 $\ell : \mathbb{R}^n \to \mathbb{R}^m$으로 전환되게 된다(그림 4.2 참조).

$$\begin{array}{ccc} \mathbf{v} \in V & \longleftrightarrow & \mathbb{R}^n \ni [\mathbf{v}]_B \\ \downarrow \quad \downarrow L & & \ell \downarrow \quad \downarrow \\ L(\mathbf{v}) \in W & \longleftrightarrow & \mathbb{R}^m \ni [L(\mathbf{v})]_C \end{array}$$

그림 4.2 일반적인 벡터공간에서의 선형변환과 유클리드 벡터공간에서의 선형변환 간의 상관관계

그런데 정리 4.2.1에 의하면 임의의 $\mathbf{x} \in \mathbb{R}^n$에 대해서 $\ell(\mathbf{x}) = A\mathbf{x}$를 만족하는 $m \times n$ 행렬 A가 존재하며 $A = (\ell(\mathbf{e}_1), \ell(\mathbf{e}_2), \cdots, \ell(\mathbf{e}_n))$이다. 이 행렬 A를 순서기저 B와 C를 기준으로 한 선형변환 L의 **표현행렬**(representation matrix)이라고 하고 $[L]_B^C$로 나타낸다. 특히 $V = W$이고 $B = C$이면 $[L]_B^B$ 대신에 $[L]_B$로 쓴다. 그러면 이제 임의의 $\mathbf{x} \in \mathbb{R}^n$에 대해서 $\ell(\mathbf{x}) = A\mathbf{x} = [L]_B^C\,\mathbf{x}$이므로

$$[L(\mathbf{v})]_C = \ell([\mathbf{v}]_B) = [L]_B^C\,[\mathbf{v}]_B$$

임을 알 수 있다. 한편 임의의 $j \in \{1, 2, \cdots, n\}$에 대해서 $\mathbf{e}_j = [\mathbf{v}_j]_B$ 이므로

$$\ell(\mathbf{e}_j) = \ell([\mathbf{v}_j]_B) = [L(\mathbf{v}_j)]_C$$

이다. 따라서 L의 표현행렬은

$$[L]_B^C = A = ([L(\mathbf{v}_1)]_C, [L(\mathbf{v}_2)]_C, \cdots, [L(\mathbf{v}_n)]_C)$$

와 같게 된다. 이상에서 논의한 것을 요약하면 다음의 정리를 얻는다.

정리 4.2.2

$L : V \to W$이 선형변환이고

$$B = [\mathbf{v}_1, \mathbf{v}_2, \cdots, \mathbf{v}_n],\ C = [\mathbf{w}_1, \mathbf{w}_2, \cdots, \mathbf{w}_m]$$

는 각각 V, W의 순서기저라고 하자. 그러면 임의의 벡터 $\mathbf{v} \in V$에 대해서

$$[L(\mathbf{v})]_C = [L]_B^C [\mathbf{v}]_B$$

를 만족하는 $m \times n$ 행렬 $[L]_B^C$가 존재하며 이 행렬은 다음과 같이 주어진다.

$$[L]_B^C = ([L(\mathbf{v}_1)]_C,\ [L(\mathbf{v}_2)]_C,\ \cdots,\ [L(\mathbf{v}_n)]_C)$$

위의 정리는 명백히 정리 4.2.1을 일반 벡터공간으로 확장한 것이다. 사실 정리 4.2.1의 선형변환을 살펴보면

$$L : \mathbb{R}^n \to \mathbb{R}^m,\quad L(\mathbf{x}) = A\mathbf{x}$$

에서 행렬 A는 표준순서기저들을 기준으로 한 L의 표현행렬임을 알 수 있다. 즉 E_n, E_m을 각각 $\mathbb{R}^n$, $\mathbb{R}^m$의 표준순서기저라고 하면 $A = [L]_{E_n}^{E_m}$이 되고 또 E_n, E_m이 표준순서기저이기 때문에 $[L(\mathbf{x})]_{E_m} = L(\mathbf{x})$, $[\mathbf{x}]_{E_n} = \mathbf{x}$가 되는 것이다.

예제 2

위의 예제 1에서의 선형변환 $L : \mathbb{R}^3 \to \mathbb{R}^2$,, $L(x) = (x_1 + x_2,\ x_1 - x_3)^T$의 경우

$$L(\mathbf{e}_1) = L((1,\ 0,\ 0)^T) = (1,\ 1)^T$$

$$L(\mathbf{e}_2) = L((0,\ 1,\ 0)^T) = (1,\ 0)^T$$

$$L(\mathbf{e}_3) = L((0,\ 0,\ 1)^T) = (0,\ -1)^T$$

이므로 $\mathbb{R}^2$, $\mathbb{R}^3$의 표준순서기저를 각각 E_2, E_3라고 하면

$$[L(\mathbf{e}_1)]_{E_2} = (1,\ 1)^T,\ [L(\mathbf{e}_2)]_{E_2} = (1,\ 0)^T,\ [L(\mathbf{e}_3)]_{E_2} = (0,\ -1)^T$$

이다. 따라서 순서기저 E_2, E_3를 기준으로 한 L의 표현행렬은 다음과 같다.

$$A = \begin{pmatrix} 1 & 1 & 0 \\ 1 & 0 & -1 \end{pmatrix}$$

예제 3

선형변환 $L : \mathbb{R}^2 \to \mathbb{R}^2$ 이 임의의 $\mathbf{x} = (x_1,\ x_2)^T$에 대해서

$$L(\mathbf{x}) = (x_1 + x_2,\ x_1 - x_2)^T$$

와 같이 정의되었을 때 순서기저 $B = [(3,\ 1)^T,\ (1,\ 0)^T]$를 기준으로 한 L의 표현행렬

$[L]_B$를 구하여라.

풀이

먼저 $\mathbf{v}_1 = (3, 1)^T$, $\mathbf{v}_2 = (1, 0)^T$라고 두자. 그러면

$$L(\mathbf{v}_1) = (4, 2)^T = 2\mathbf{v}_1 - 2\mathbf{v}_2$$
$$L(\mathbf{v}_2) = (1, 1)^T = 1\mathbf{v}_1 - 2\mathbf{v}_2$$

이다. 즉, $[L(\mathbf{v}_1)]_B = (2, -2)^T$, $[L(\mathbf{v}_2)]_B = (1, -2)^T$이고 따라서 표현행렬은 다음과 같다.

$$[L]_{\mathrm{B}} = \begin{pmatrix} 2 & 1 \\ -2 & -2 \end{pmatrix}$$

예제 4

선형변환 $L : \mathbb{R}^3 \to \mathbb{R}^2$이 임의의 $\mathbf{x} = (x_1, x_2, x_3)^T$에 대해서

$$L(\mathbf{x}) = (x_1 + x_2,\ x_2 - 2x_3)^T \text{에 대해서}$$

와 같이 정의되었을 때 $\mathbb{R}^3$와 $\mathbb{R}^2$ 각각의 순서기저
$B = [(1, 0, 0)^T,\ (1, 1, 0)^T,\ (0, 1, 1)^T]$와 $C = [(1, 1)^T,\ (1, 0)^T]$를 기준으로 한 L의 표현행렬 $[L]_B^C$를 구하여라.

풀이

순서기저 B와 C의 원소들을 차례대로 $\mathbf{v}_1$, $\mathbf{v}_2$, $\mathbf{v}_3$와 $\mathbf{w}_1$, $\mathbf{w}_2$라고 두자. 그러면

$$L(\mathbf{v}_1) = (1,\ 0)^T = 0\mathbf{w}_1 + 1\mathbf{w}_2$$
$$L(\mathbf{v}_2) = (2,\ 1)^T = 1\mathbf{w}_1 + 1\mathbf{w}_2$$
$$L(\mathbf{v}_3) = (1, -1)^T = -1\mathbf{w}_1 + 2\mathbf{w}_2$$

이다. 즉, $[L(\mathbf{v}_1)]_C = (0, 1)^T$, $[L(\mathbf{v}_2)]_C = (1, 1)^T$, $[L(\mathbf{v}_3)]_C = (-1, 2)^T$이므로 구하는 표현행렬은 다음과 같다.

$$[L]_B^C = \begin{pmatrix} 0 & 1 & -1 \\ 1 & 1 & 2 \end{pmatrix}$$

연습문제 4.2

1. 다음 각 항에서 정의된 선형변환 $L:\mathbb{R}^3 \to \mathbb{R}^2$에 대하여 $L(\mathbf{x}) = A\mathbf{x}$를 만족하는 행렬 A를 구하여라.

   (a) $L(\mathbf{e}_1) = (1, 1)^T$, $L(\mathbf{e}_2) = (1, -1)^T$, $L(\mathbf{e}_3) = (1, 0)^T$

   (b) 임의의 $\mathbf{x} = (x_1, x_2, x_3)^T$에 대해서 $L(\mathbf{x}) = (x_1 + x_2, x_2 + 2x_3)^T$

2. 다음 각 항에서 정의된 선형변환 $L:\mathbb{R}^2 \to \mathbb{R}^3$에 대해서 $L(\mathbf{x}) = A\mathbf{x}$를 만족하는 행렬 A를 구하여라.

   (a) $L(\mathbf{x}) = (x_1 + x_2, x_2 - 2x_1, x_2)^T$

   (b) $L(\mathbf{x}) = (x_1, x_1 + x_2, 2x_2)^T$

3. $B = [\mathbf{v}_1, \mathbf{v}_2, \mathbf{v}_3]$가 벡터공간 $\mathbb{R}^3$의 한 순서기저라고 하자. 선형변환 $L:\mathbb{R}^3 \to \mathbb{R}^3$이 임의의 벡터 $\mathbf{v} = \alpha\mathbf{v}_1 + \beta\mathbf{v}_2 + \gamma\mathbf{v}_3$에 대해서 $L(\mathbf{v}) = (\alpha + \beta)\mathbf{v}_1 + (\alpha - \gamma)\mathbf{v}_2 + (\beta - \gamma)\mathbf{v}_3$와 같이 정의되었을 때, 순서기저 B를 기준으로 한 선형변환 L의 표현행렬 $[L]_B$를 구하여라.

4. $B = [(1, 0)^T, (1, 1)^T]$와 $C = [(1, -1)^T, (1, 1)^T]$가 벡터공간 $\mathbb{R}^2$의 두 순서기저일 때, 선형변환 $L:\mathbb{R}^2 \to \mathbb{R}^2$이 임의의 벡터 $\mathbf{x} = (x_1, x_2)^T$에 대해서 $L(\mathbf{x}) = (2x_1 - x_2$ $x_1 - 3x_2)^T$ 와 같이 정의되었다고 하자. 다음 각 항에 답하여라.

   (a) 벡터 $\mathbf{v} \in \mathbb{R}^2$의 B에 대한 좌표벡터 $[\mathbf{v}]_B = (1, 2)^T$일 때 $[\mathbf{v}]_C$ 를 구하여라.

   (b) 순서기저 B를 기준으로 한 선형변환 L의 표현행렬 $[L]_B$를 구하여라.

   (c) 순서기저 C를 기준으로 한 선형변환 L의 표현행렬 $[L]_C$를 구하여라.

   (d) 순서기저 B와 C를 기준으로 한 선형변환 L의 표현행렬 $[L]_B^C$를 구하여라.

   (e) 순서기저 C와 B를 기준으로 한 선형변환 L의 표현행렬 $[L]_C^B$를 구하여라.

5. $B = [(1, 0, 0)^T, (0, 1, 1)^T, (1, 1, 0)^T]$와 $C = [(1, 1)^T, (0, 1)^T]$는 각각 벡터공간 $\mathbb{R}^3$와 $\mathbb{R}^2$의 두 순서기저이다. 선형변환 $L_1:\mathbb{R}^3 \to \mathbb{R}^2$이 임의의 벡터 $\mathbf{x} = (x_1, x_2, x_3)^T$에 대해서 $L_1(\mathbf{x}) = (x_1 + 2x_3, x_2 - x_3)^T$로 정의되고, 선형변환 $L_2:\mathbb{R}^2 \to \mathbb{R}^3$가 임의의 벡터 $\mathbf{y} = (y_1, y_2)^T$에 대해서 $L_2(\mathbf{y}) = (y_1 + y_2, y_1, y_2)^T$와 같이 정의되었다고 할 때, 다음 각 항에 답하여라.

   (a) 표현행렬 $[L_1]_B^C$와 $[L_2]_C^B$를 구하여라.

   (b) 임의의 벡터 $\mathbf{a} = (a_1, a_2, a_3)^T \in \mathbb{R}^3$에 대해서 $(L_2 \circ L_1)(\mathbf{a})$를 구하여라.

(c) $L_2 \circ L_1$의 표현행렬 $[L_2 \circ L_1]_B$를 구하여라.

(d) $[L_2 \circ L_1]_B = [L_2]_C^B [L_1]_B^C$가 되는지 확인하여라.

4.3 전이행렬과 닮은꼴 행렬

앞 절에서는 선형변환의 표현행렬에 대해서 공부하였다. 하나의 주어진 선형변환에 대응하는 표현행렬은 벡터공간의 순서기저에 직접적으로 종속되어 있다. 즉 동일한 선형변환이라 하더라도 순서기저를 달리 선택함에 따라 그 표현행렬이 달라질 수 있다는 것이다. 이제 이 절에서는 특히 한 벡터공간 V에 두 개의 순서기저 B, C와 V에서의 선형변환 $L: V \to V$가 주어졌을 때, 순서기저 B를 기준으로 한 L의 표현행렬 $[L]_B$와 순서기저 C를 기준으로 한 L의 표현행렬 $[L]_C$ 사이에 어떤 관계가 있는지 알아보자. 이것은 결국 어떤 순서기저를 선택할 때 표현행렬이 더 간편하고 더 효율적인지를 염두에 두고 있는 것인데, 여기에 대한 더 구체적인 접근은 6장에서 다루게 될 것이다.

순서기저를 달리 할 때 일어나는 표현행렬의 변화는 3장에서 공부한 기저의 변경 및 전이행렬과 밀접한 관계가 있다. 먼저 전이행렬과 표현행렬 사이의 관계를 조사해 보자.

예제 1

벡터공간 $\mathbb{R}^2$에 두 개의 순서기저 $B = [(1, -1)^T, (1, 1)^T]$와 $C = [(1, 0)^T, (1, 1)^T]$가 주어졌다고 하자. 순서기저 B에서 순서기저 C로의 전이행렬을 구하고 또 선형변환 $\iota: \mathbb{R}^2 \to \mathbb{R}^2$가 항등변환, 즉 임의의 $\mathbf{x} \in \mathbb{R}^2$에 대해서 $\iota(\mathbf{x}) = \mathbf{x}$일 때, 표현행렬 $[\iota]_B^C$를 구하여라.

풀이

순서기저 B와 C의 원소들을 차례대로 $\mathbf{v}_1, \mathbf{v}_2$와 $\mathbf{w}_1, \mathbf{w}_2$라고 두자. 그러면

$$\iota(\mathbf{v}_1) = \mathbf{v}_1 = 2\mathbf{w}_1 - 1\mathbf{w}_2$$
$$\iota(\mathbf{v}_2) = \mathbf{v}_2 = 0\mathbf{w}_1 + 1\mathbf{w}_2$$

이고 따라서 $[\iota(\mathbf{v}_1)]_C = (2, -1)^T$, $[\iota(\mathbf{v}_2)]_C = (0, 1)^T$이다. 즉, 아래와 같이 B에서 C로의 전이행렬 M과 표현행렬 $[\iota]_B^C$ 가 일치함을 알 수 있다.

$$M = [\iota]_B^C = \begin{pmatrix} 2 & 0 \\ -1 & 1 \end{pmatrix}$$

위의 예제는 기저의 변경에 따른 전이행렬이 곧 서로 다른 기저를 기준으로 한 항등변환의 표현행렬과 같음을 보여주고 있는데 예제를 자세히 살펴보면 이것은 특수한 경우에만 성립하는 것이 아니라 일반적으로 성립된다는 것을 알 수 있다. 사실 $B = [\mathbf{v}_1, \mathbf{v}_2, \cdots, \mathbf{v}_n]$와 $C = [\mathbf{w}_1, \mathbf{w}_2, \cdots, \mathbf{w}_n]$가 벡터공간 V의 두 순서기저일 때, 항등변환 $\iota : V \to V$의 B, C를 기준으로 한 표현행렬 $[\iota]_B^C$ 는

$$\begin{aligned} [\iota]_B^C &= ([\iota(\mathbf{v}_1)]_C, [\iota(\mathbf{v}_2)]_C, \cdots, [\iota(\mathbf{v}_n)]_C) \\ &= ([\mathbf{v}_1]_C, [\mathbf{v}_2]_C, \cdots, [\mathbf{v}_n]_C) \end{aligned}$$

이므로 정확히 순서기저 B에서 순서기저 C로의 전이행렬과 일치한다.

한편 순서기저 C에서 순서기저 B로의 전이행렬을 M이라고 하면 순서기저 B에서 순서기저 C로의 전이행렬은 M^{-1}이다. 이제 선형변환 $L : V \to V$이 주어졌다고 하고 임의의 벡터 $\mathbf{v} \in V$에 대해서 $L(\mathbf{v})$의 좌표벡터를 다양한 방법으로 살펴보면 정리 4.2.2에 의해서

$$\begin{aligned} [L]_C[\mathbf{v}]_C &= [L(\mathbf{v})]_C = [\iota]_B^C\,[L(\mathbf{v})]_B \\ &= [\iota]_B^C\,[L]_B\,[\iota]_C^B\,[\mathbf{v}]_C \end{aligned}$$

이다. 선형변환의 행렬표현은 고정된 순서기저 아래에서 유일하므로 $[L]_C = M^{-1}[L]_B M$이다. 이상의 논의를 정리하면 아래의 두 정리를 얻는다.

정리 4.3.1

B, C가 벡터공간 V의 두 순서기저일 때, 순서기저 B에서 C로의 전이 행렬은 순서기저 B, C를 기준으로 한 항등변환 $\iota : V \to V$의 표현행렬 $[\iota]_B^C$와 같다.

정리 4.3.2

B, C가 벡터공간 V의 두 순서기저이고 $L : V \to V$이 선형변환이면

$$[L]_C = M^{-1}[L]_B\, M$$

이다. 여기서 M은 순서기저 C에서 B로의 전이행렬이다.

정 의

같은 크기의 두 정방행렬 A, B에 대해서 $B = P^{-1}AP$를 만족하는 정상 행렬 P가 존재할 때 A와 B는 서로 **닮은꼴**(similar)이라고 한다.

A와 B가 서로 닮은꼴이면 $B = P^{-1}AP$로부터 $A = (P^{-1})^{-1}B(P^{-1})$를 얻을 수 있으므로 B와 A도 서로 닮은꼴이다. 한편 정리 4.3.2에 의하면, 한 벡터공간에 선형변환이 주어졌을 때, 그 벡터공간의 각각의 순서기저를 기준으로 한 그 선형변환의 표현행렬들은 모두 서로 닮은꼴임을 알 수 있다.

예제 2

다음의 세 행렬

$$A = \begin{pmatrix} 5 & -4 \\ 3 & -2 \end{pmatrix}, \quad B = \begin{pmatrix} 4 & 3 \\ -2 & -1 \end{pmatrix}, \quad P = \begin{pmatrix} -2 & 1 \\ 0 & 3 \end{pmatrix}$$

에 대해서 $P^{-1}AP$를 계산해 보면

$$P^{-1}AP = -\frac{1}{6}\begin{pmatrix} 3 & -1 \\ 0 & -2 \end{pmatrix}\begin{pmatrix} 5 & -4 \\ 3 & -2 \end{pmatrix}\begin{pmatrix} -2 & 1 \\ 0 & 3 \end{pmatrix} = \begin{pmatrix} 4 & 3 \\ -2 & -1 \end{pmatrix} = B$$

이므로 A와 B는 서로 닮은꼴이다.

위의 예제에서 보듯이 두 행렬이 서로 닮은꼴이라고 해서 실제로 그 행렬의 모양이나 배치된 각 성분에 어떤 유사성이 있는 것은 아니다. 그래서 실제로 어떤 주어진 두 행렬이 닮은꼴인지 아닌지를 알아내는 것은 쉬운 일이 아니다. 닮은꼴 행렬이라는 것은 행렬의 형태보다도 오히려 행렬의 특성에 있어서 여러 가지 유사성이 있다는 의미이다. 예를 들면 닮은꼴인 행렬들의 행렬식은 언제나 같다(연습문제 5 참조). 그밖에도 닮은꼴인 행렬들은 공통된 특성들을 많이 가지는데 6장에 가서 좀 더 보게 될 것이다.

예제 3

벡터공간 $\mathbb{R}^2$에서 표준순서기저 E와 순서기저 $B = [(-2, 3)^T, (1, -1)^T]$를 생각하자. 선형변환 $L: \mathbb{R}^2 \to \mathbb{R}^2$을 임의의 $\mathbf{x} = (x_1, x_2)^T \in \mathbb{R}^2$에 대해서 $L(\mathbf{x}) = (2x_1, x_1 + x_2)^T$로 정의하였을 때, 표현행렬 $[L]_B$를 구하여라.

풀이

표준순서기저를 기준으로 한 L의 표현행렬부터 구해보자.

$$\begin{array}{l} L(\mathbf{e}_1) = (2,\ 1)^T = 2\mathbf{e}_1 + 1\mathbf{e}_2 \\ L(\mathbf{e}_2) = (0,\ 1)^T = 0\mathbf{e}_1 + 1\mathbf{e}_2 \end{array}, \quad [L]_E = \begin{pmatrix} 2 & 0 \\ 1 & 1 \end{pmatrix}$$

한편, B의 원소들을 차례로 $\mathbf{v}_1$, $\mathbf{v}_2$라고 하면

$$\mathbf{v}_1 = -2\mathbf{e}_1 + 3\mathbf{e}_2, \qquad \mathbf{v}_2 = 1\mathbf{e}_1 - 1\mathbf{e}_2$$

이므로 순서기저 B에서 E로의 전이행렬 M은

$$M = \begin{pmatrix} -2 & 1 \\ 3 & -1 \end{pmatrix}$$

이다. 따라서 정리 4.3.2에 의해서 $[L]_B$는 다음과 같다.

$$[L]_B = M^{-1}[L]_E\, M = \begin{pmatrix} 1 & 1 \\ 3 & 2 \end{pmatrix}\begin{pmatrix} 2 & 0 \\ 1 & 1 \end{pmatrix}\begin{pmatrix} -2 & 1 \\ 3 & -1 \end{pmatrix} = \begin{pmatrix} -3 & 2 \\ -10 & 6 \end{pmatrix}$$

예제 4

$B = [(1,\ 0,\ 0)^T,\ (1,\ 1,\ 0)^T,\ (0,\ 1,\ 1)^T]$와 $C = [(1,\ 2,\ 0)^T,\ (1,\ 1,\ 1)^T,\ (0,\ 2,\ 1)^T]$가 벡터공간 $\mathbb{R}^3$의 두 순서기저라고 하자. 선형변환 $L : \mathbb{R}^3 \to \mathbb{R}^3$이 임의의 $\mathbf{x} = (x_1,\ x_2,\ x_3)^T$에 대해서 $L(\mathbf{x}) = (2x_1 - x_3,\ x_1 + x_2 - x_3,\ x_3)^T$로 정의되었을 때, 표현행렬 $[L]_C$를 구하여라.

풀이

순서기저 B와 C의 원소들을 차례대로 $\mathbf{v}_1$, $\mathbf{v}_2$, $\mathbf{v}_3$와 $\mathbf{w}_1$, $\mathbf{w}_2$, $\mathbf{w}_3$라고 두고 먼저 표현행렬 $[L]_B$부터 구하면 아래와 같다.

$$\begin{array}{l} L(\mathbf{v}_1) = (2,\ 1,\ 0)^T = 1\mathbf{v}_1 + 1\mathbf{v}_2 + 0\mathbf{v}_3 \\ L(\mathbf{v}_2) = (2,\ 2,\ 0)^T = 0\mathbf{v}_1 + 2\mathbf{v}_2 + 0\mathbf{v}_3 \\ L(\mathbf{v}_3) = (-1,\ 0,\ 1)^T = 0\mathbf{v}_1 - 1\mathbf{v}_2 + 1\mathbf{v}_3 \end{array}, \quad [L]_B = \begin{pmatrix} 1 & 0 & 0 \\ 1 & 2 & -1 \\ 0 & 0 & 1 \end{pmatrix}$$

다음으로 C에서 B로의 전이행렬 M을 구해보자.

$$\begin{array}{l} \mathbf{w}_1 = (1,\ 2,\ 0)^T = -1\mathbf{v}_1 + 2\mathbf{v}_2 + 0\mathbf{v}_3 \\ \mathbf{w}_2 = (1,\ 1,\ 1)^T = 1\mathbf{v}_1 + 0\mathbf{v}_2 + 1\mathbf{v}_3 \\ \mathbf{w}_3 = (0,\ 2,\ 1)^T = -1\mathbf{v}_1 + 1\mathbf{v}_2 + 1\mathbf{v}_3 \end{array}, \quad M = \begin{pmatrix} -1 & 1 & -1 \\ 2 & 0 & 1 \\ 0 & 1 & 1 \end{pmatrix}$$

따라서 정리 4.3.2에 의해서 $[L]_C$는 다음과 같이 계산된다.

$$[L]_C = M^{-1}[L]_B M$$
$$= \frac{1}{3}\begin{pmatrix} 1 & 2 & -1 \\ 2 & 1 & 1 \\ -2 & -1 & 2 \end{pmatrix}\begin{pmatrix} 1 & 0 & 0 \\ 1 & 2 & -1 \\ 0 & 0 & 1 \end{pmatrix}\begin{pmatrix} -1 & 1 & -1 \\ 2 & 0 & 1 \\ 0 & 1 & 1 \end{pmatrix} = \frac{1}{3}\begin{pmatrix} 5 & 0 & -2 \\ 1 & 3 & -1 \\ -1 & 0 & 4 \end{pmatrix}$$

연습문제 4.3

1. $B = [(1, 2)^T, (1, -1)^T]$와 $C = [(1, 0)^T, (1, 3)^T]$가 벡터공간 $\mathbb{R}^2$의 두 순서기저라고 하자.

(a) $[\mathbf{v}]_B = (1, 2)^T$일 때 순서기저 C에 대한 $\mathbf{v}$의 좌표벡터 $[\mathbf{v}]_C$를 구하여라.

(b) 임의의 벡터 $\mathbf{y} = (y_1, y_2)^T \in \mathbb{R}^2$의 순서기저 B에 대한 좌표벡터 $[\mathbf{y}]_B$를 구하여라.

(c) 순서기저 B에서 순서기저 C로의 전이행렬 M를 구하여라.

2. 벡터공간 $\mathbb{R}^3$에서 표준순서기저 E와 순서기저
$B = [(1, 1, 1)^T, (1, 1, 0)^T, (1, 0, 0)^T]$를 생각하자. 선형변환 $L : \mathbb{R}^3 \to \mathbb{R}^3$이 임의의 $\mathbf{x} = (x_1, x_2, x_3)^T \in \mathbb{R}^3$에 대해서

$$L(\mathbf{x}) = (x_1 + x_2,\ x_1 - x_3,\ x_2)^T$$

로 정의되었다고 하자.

(a) 표준순서기저 E를 기준으로 한 L의 표현행렬 $[L]_E$를 구하여라.

(b) B에서 표준순서기저 E로의 전이행렬 M을 구하여라.

(c) 등식 $[L]_B = M^{-1}[L]_E M$이 성립하는지 조사하여라.

3. 선형변환 $L : \mathbb{R}^3 \to \mathbb{R}^3$이 임의의 $\mathbf{x} = (x_1, x_2, x_3)^T \in \mathbb{R}^3$에 대하여 다음과 같이 정의되었다고 하자. 아래의 각 문항에 답하여라.

$$L(\mathbf{x}) = A\mathbf{x}, \qquad A = \begin{pmatrix} 1 & 0 & 1 \\ -1 & 2 & 0 \\ 0 & 0 & 3 \end{pmatrix}$$

(a) 표준순서기저 E를 기준으로 한 L의 표현행렬 $[L]_E$를 구하여라.

(b) 순서기저 $B = [(1, 2, 0)^T, (1, 0, -2)^T, (1, 1, 0)^T]$에서 E로의 전이행렬 M를 구하여라.

(c) 등식 $[L]_B = M^{-1}[L]_E M$를 이용하여 표현행렬 $[L]_B$를 구하여라.

4. 벡터공간 $\mathbb{R}^2$의 두 순서기저 $B = [(1, 1)^T, (1, 0)^T]$와 $C = [(1, 1)^T, (1, -1)^T]$를 생각하자. 선형변환 $L : \mathbb{R}^2 \to \mathbb{R}^2$이 임의의 $\mathbf{x} = (x_1, x_2)^T \in \mathbb{R}^2$ 에 대해서

$$L(\mathbf{x}) = (x_1 + x_2, 2x_1 + x_2)^T$$

와 같이 정의되었다고 할 때 다음 각 문항에 답하여라.

(a) 순서기저 B에서 순서기저 E로의 전이행렬 M와 그 역행렬 M^{-1}를 구하여라.

(b) 표현행렬 $[L]_B$와 $[L]_C$를 구하여라.

(c) 등식 $[L]_B = M^{-1}[L]_C M$이 성립함을 보여라.

(d) $\mathbb{R}^2$의 또 다른 순서기저 $D = [(3, 1)^T, (2, 3)^T]$에 대해서 $[L]_D$를 구하여라.

5. 행렬 A와 B가 서로 닮은꼴이라고 하자.

(a) $\det(A) = \det(B)$임을 보여라.

(b) A^2과 B^2이 서로 닮은꼴임을 보여라.

(c) A^T과 B^T이 서로 닮은꼴임을 보여라.

6. 행렬 A와 B가 서로 닮은꼴이고 B와 C가 서로 닮은꼴이면 A와 C도 서로 닮은꼴임을 보여라.

Chapter 5 내적공간

벡터공간의 구조를 더 자세히 살피는 한 방법으로서 내적 개념은 매우 유용하다. 이것은 벡터의 각 쌍에 벡터가 아닌 스칼라를 대응시키기 때문에 본질적으로 벡터 합이나 스칼라 곱과는 다르다. 예를 들면, $\mathbb{R}^2$의 두 벡터 $\mathbf{x}$와 $\mathbf{y}$의 내적을 $\mathbf{y}^T\mathbf{x}$로 정의할 수 있다. 벡터공간 $\mathbb{R}^2$의 벡터는 원점을 시점으로 하는 좌표평면 위의 유향선분으로 생각할 수 있는데, 두 선분이 이루는 각이 직각일 필요충분조건은 대응하는 벡터의 내적이 0이라는 것을 쉽게 보일 수 있다. 일반적인 벡터공간에서 내적의 개념은 직교기저라고 하는 매우 효율적인 기저를 선정할 수 있게 하여 벡터의 좌표벡터나 선형변환의 표현행렬을 간명하게 하기도 한다. 이 장에서는 내적의 정의와 개념의 소개로부터 시작하여 직교기저화의 문제, 최소제곱 문제 등을 공부한다. 이 장에서 다루는 모든 벡터공간은 $\mathbb{R}^n$ 또는 $\mathbb{C}^n$의 부분공간으로 제한한다.

5.1 내적공간과 노옴공간

이 절에서는 내적공간과 노옴공간을 정의하고 그들의 기본적인 성질 및 예제들을 다룬다. 내적공간은 벡터의 임의의 쌍에 하나의 스칼라가 대응하는 벡터공간이고 노옴공간은 임의의 벡터에 하나의 실수가 대응하는 벡터공간이다. 먼저 우리에게 가장 친숙한 벡터공간인 $\mathbb{R}^n$의 경우를 보자.

■ 벡터공간 $\mathbb{R}^n$에서의 내적

$\mathbb{R}^n$의 두 벡터 $\mathbf{x}$와 $\mathbf{y}$는 $n\times 1$ 행렬들로 생각할 수 있으므로, 행렬의 곱 $\mathbf{y}^T\mathbf{x}$는 벡터공간 $\mathbb{R}^1$의 벡터 또는 간단히 실수로 간주될 수 있는 1×1 행렬이다. $\mathbf{x}=(x_1,$

$x_2, \cdots, x_n)^T$, $\mathbf{y} = (y_1, y_2, \cdots, y_n)^T$와 같이 표현하면 $\mathbf{y}^T\mathbf{x} = x_1y_1 + x_2y_2 + \cdots + x_ny_n$이 된다.

정 의

$V \subseteq \mathbb{R}^n$가 벡터공간 일 때, 임의의 두 벡터 $\mathbf{x}, \mathbf{y} \in V$에 대응하는 실수 $\mathbf{y}^T\mathbf{x}$를 $\mathbf{x}$와 $\mathbf{y}$의 **내적**(inner product)이라고 하고, $\mathbf{x} \cdot \mathbf{y}$ 또는 $\langle \mathbf{x}, \mathbf{y} \rangle$로 나타낸다. 또 벡터공간과 거기에 주어진 내적을 함께 통칭하여 **내적공간**(inner product space) 또는 복소벡터공간의 경우와 구별하기 위하여 **실내적공간**(real inner product space)이라고 한다.

예제 1

벡터공간 $\mathbb{R}^3$의 두 벡터 $\mathbf{x} = (3, -1, 2)^T$, $\mathbf{y} = (2, 1, -4)^T$ 의 내적은

$$\mathbf{x} \cdot \mathbf{y} = \mathbf{y}^T\mathbf{x} = (2, 1, -4)(3, -1, 2)^T = -3$$

이고 한편 $\mathbf{x}$와 $\mathbf{x}$의 내적 그리고 $\mathbf{y}$와 $\mathbf{y}$의 내적은 각각 다음과 같음을 확인할 수 있다.

$$\mathbf{x} \cdot \mathbf{x} = \mathbf{x}^T\mathbf{x} = (3, -1, 2)(3, -1, 2)^T = 14$$

$$\mathbf{y} \cdot \mathbf{y} = \mathbf{y}^T\mathbf{y} = (2, 1, -4)(2, 1, -4)^T = 21$$

내적의 기하학적 의미를 알아보기 위하여 $\mathbb{R}^2$와 $\mathbb{R}^3$에 대해서 생각해 보자. $\mathbb{R}^2$ 또는 $\mathbb{R}^3$의 벡터는 좌표평면 또는 좌표공간에서 원점을 출발점으로 하는 유향선분으로 표시될 수 있다. 이때 벡터 $\mathbf{x}$의 크기는 $\mathbf{x}$를 나타내는 그 유향선분의 길이를 말하는데 $\|\mathbf{x}\|$로 나타내기로 하자. 계산에 의하면 $\|\mathbf{x}\|$는 다음과 같다.

$$\|\mathbf{x}\| = \sqrt{\mathbf{x} \cdot \mathbf{x}} = \begin{cases} \sqrt{x_1^2 + x_2^2}, & \mathbf{x} = (x_1, x_2)^T \in \mathbb{R}^2 \\ \sqrt{x_1^2 + x_2^2 + x_3^2}, & \mathbf{x} = (x_1, x_2, x_3)^T \in \mathbb{R}^3 \end{cases}$$

특히 $\|\mathbf{x}\| = 1$일 때, $\mathbf{x}$를 **단위벡터**(unit vector)라고 한다. 영벡터가 아닌 두 벡터 $\mathbf{x}$와 $\mathbf{y}$는 출발점이 같은 유향선분으로 생각할 수 있으므로, 두 벡터가 이루는 각은 그 두 유향선분이 이루는 각으로 정의한다.

정리 5.1.1

$\mathbf{x}$와 $\mathbf{y}$가 $\mathbb{R}^2$ 또는 $\mathbb{R}^3$의 두 벡터로서 이루는 각이 θ일 때, 두 벡터의 내적은

$$\mathbf{x} \cdot \mathbf{y} = \|\mathbf{x}\|\|\mathbf{y}\|\cos\theta$$

이다.

[증명] $\mathbb{R}^3$의 경우도 $\mathbb{R}^2$의 경우와 다를 게 없으므로 $\mathbb{R}^2$에 대해서만 증명한다.

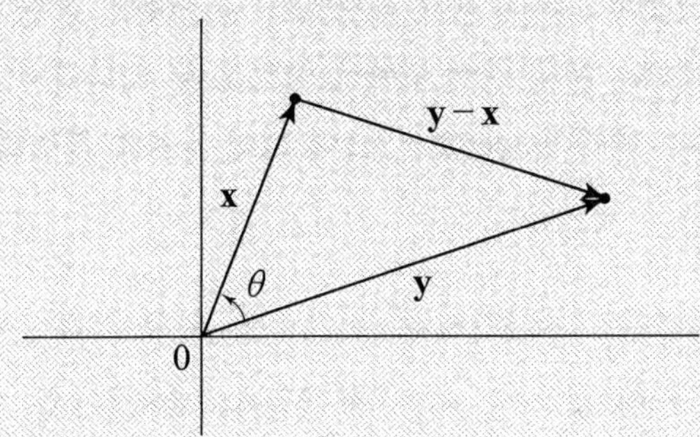

그림 5.1
두 벡터 사이의 각과 내적

세 벡터 $\mathbf{x}$, $\mathbf{y}$, $\mathbf{y}-\mathbf{x}$가 그림 5.1과 같이 삼각형을 이루고 있을 때 코사인 제2법칙을 이용하면

$$\|\mathbf{y}-\mathbf{x}\|^2 = \|\mathbf{x}\|^2 + \|\mathbf{y}\|^2 - 2\|\mathbf{x}\|\|\mathbf{y}\|\cos\theta$$

이다. 따라서 이제 $\mathbf{x} = (x_1, x_2)^T$, $\mathbf{y} = (y_1, y_2)^T$ 라고 두자. 그러면

$$\begin{aligned}
\|\mathbf{x}\|\|\mathbf{y}\|\cos\theta &= \frac{1}{2}(\|\mathbf{x}\|^2 + \|\mathbf{y}\|^2 - \|\mathbf{y}-\mathbf{x}\|^2) \\
&= \frac{1}{2}(x_1^2 + x_2^2 + y_1^2 + y_2^2 - (y_1 - x_1)^2 - (y_2 - x_2)^2) \\
&= x_1y_1 + x_2y_2 = \mathbf{x} \cdot \mathbf{y}
\end{aligned}$$

이므로 정리가 증명된다.

만약 두 벡터 $\mathbf{x}$와 $\mathbf{y}$의 내적 $\mathbf{x} \cdot \mathbf{y} = 0$이면 위의 정리에 의해서 두 벡터 중의 하나가 영벡터이거나 $\cos\theta = 0$, 즉 $\theta = 90°$이다. 따라서 이 경우 두 벡터는 직교하게 된다.

따름정리 5.1.2

(코시-슈바르츠(Cauchy-Schwarz)의 부등식)

$\mathbf{x}$와 $\mathbf{y}$가 $\mathbb{R}^2$ 또는 $\mathbb{R}^3$의 벡터이면 다음 부등식이 성립한다.

$$|\mathbf{x}\cdot\mathbf{y}| \le \|\mathbf{x}\|\|\mathbf{y}\|$$

단, 등호는 두 벡터 $\mathbf{x}$와 $\mathbf{y}$가 일차종속일 때 성립한다.

[증명] 정리 5.1.1에 의해서 위의 부등식은 당연하다. 한편 $\mathbf{x}$와 $\mathbf{y}$가 일차종속이면 두 벡터는 동일 직선 위에 놓이므로 두 벡터가 이루는 각 θ는 $0°$ 또는 $180°$이다. 따라서 $\cos\theta = \pm 1$이 되어 등호가 성립하게 된다.

예제 2

벡터공간 $\mathbb{R}^2$에서 벡터 $\mathbf{x} = (5,\ -2)^T$와 직교하는 벡터를 모두 구하여라.

풀이

벡터 $\mathbf{y} = (y_1,\ y_2)^T$가 $\mathbf{x}$와 직교한다고 하면 $\mathbf{x}\cdot\mathbf{y} = 5y_1 - 2y_2 = 0$이므로 $y_1 = 2\alpha$라고 두면 $y_2 = 5\alpha$가 된다. 따라서 임의의 실수 α에 대해서 벡터 $\alpha(2,\ 5)^T$는 모두 $\mathbf{x}$와 직교한다.

내적을 이용하면 한 벡터의 다른 벡터 방향에 대한 성분을 쉽게 구할 수 있다. $\mathbf{x}$와 $\mathbf{y}$를 $\mathbb{R}^2$ 또는 $\mathbb{R}^3$의 영벡터가 아닌 벡터라고 하자. $\mathbf{x}$의 $\mathbf{y}$ 방향에 대한 수직 사영을 $\mathbf{p}$라고 하면 그림 5.2에서 볼 수 있듯이 $\mathbf{p}$는 $\mathbf{y}$와 같은 방향이고, 또 $\mathbf{p}$와 $\mathbf{x}-\mathbf{p}$는 직교한다. 이제 두 벡터 $\mathbf{x}$와 $\mathbf{y}$가 이루는 각을 θ라고 하고 $\mathbf{u} = (1/\|\mathbf{y}\|)\mathbf{y}$라고 두면 $\mathbf{u}$는 $\mathbf{y}$와 같은 방향의 단위벡터이므로 $\mathbf{p} = \alpha\mathbf{u}$이고

그림 5.2
벡터의 스칼라사영과 벡터사영

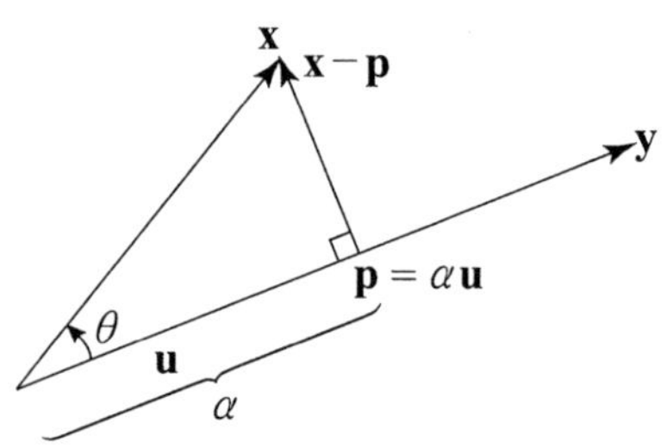

$$\alpha = \|\mathbf{x}\| \cos\theta = \frac{\|\mathbf{x}\|\|\mathbf{y}\|\cos\theta}{\|\mathbf{y}\|} = \frac{\mathbf{x}\cdot\mathbf{y}}{\|\mathbf{y}\|} \tag{1}$$

이다. 따라서

$$\mathbf{p} = \frac{\mathbf{x}\cdot\mathbf{y}}{\|\mathbf{y}\|}\frac{1}{\|\mathbf{y}\|}\mathbf{y} = \frac{\mathbf{x}\cdot\mathbf{y}}{\mathbf{y}\cdot\mathbf{y}}\mathbf{y} \tag{2}$$

이다. 이때 스칼라 α를 $\mathbf{y}$방향에 대한 $\mathbf{x}$의 스칼라사영(scalar projection), 벡터 $\mathbf{p}$를 $\mathbf{y}$ 방향에 대한 $\mathbf{x}$의 벡터사영(vector projection)이라고 한다.

예제 3

직선 $y = 4x$ 위에 있는 점 중에서 점 $(3,\ 1)^T$에 가장 가까운 점을 구하여라.

풀이

벡터 $\mathbf{y} = (1,\ 4)^T$ 는 직선 $y = 4x$ 방향의 벡터이다. 이제 $\mathbf{x} = (3,\ 1)^T$이라고 하면 구하려는 점은 $\mathbf{y}$ 방향에 대한 $\mathbf{x}$의 벡터사영 $\mathbf{p}$이다. 그러면 식 (2)에 따라서

$$\mathbf{p} = \frac{\mathbf{x}\cdot\mathbf{y}}{\mathbf{y}\cdot\mathbf{y}}\ \mathbf{y} = \frac{7}{17}\begin{pmatrix}1\\4\end{pmatrix}$$

이므로 구하는 점은 $(7/17,\ 28/17)^T$이다.

3차원 공간 $\mathbb{R}^3$에 놓인 평면의 방정식을 표현하는 데에 벡터의 내적을 이용해 보자. X,Y가 공간에 놓인 두 점일 때 X에서 Y로의 벡터를 $\overrightarrow{XY}$로 나타내기로 하자. N이 영벡터가 아닌 공간벡터이고 P_0가 $\mathbb{R}^3$의 고정된 점이면, $\overrightarrow{P_0P}$가 N과 직교하는 모든 $\mathbb{R}^3$의 점 P의 집합은 점 P_0를 지나고 N에 수직인 한 평면 π를 이룬다. 이때 벡터 N을 평면 π에 대한 법선벡터(normal vector)라고 한다. 따라서 $P = (x,\ y,\ z)^T$ 가 평면 π 위의 점이기 위한 필요충분조건은

$$\overrightarrow{P_0P}\cdot N = 0$$

이다. 이제 법선벡터를 $N = (a,\ b,\ c)^T$ 그리고 고정된 점을 $P_0 = (x_0,\ y_0,\ z_0)^T$라고 표현하면, 위의 식은 다음과 같은 평면의 방정식이 된다.

$$a(x - x_0) + b(y - y_0) + c(z - z_0) = 0$$

예제 4

점 $P_0 = (2,\ -1,\ 3)^T$을 지나고 법선벡터 $N = (2,\ 3,\ 4)^T$을 갖는 평면의 방정식을 구하여라.

풀이

$\overrightarrow{P_0P} = (x-2,\ y+1,\ z-3)^T$이므로 구하는 방정식은 $\overrightarrow{P_0P} \cdot N = 0$, 즉 $2(x-2)+3(y+1)+4(z-3)=0$ 또는 $2x+3y+4z=13$이다.

예제 5

점 $(2,\ 0-1)^T$에서 평면 $2x-y+2z=0$에 이르는 거리를 구하여라.

풀이

평면의 법선벡터 $N = (2,\ -1,\ 2)^T$이 평면과 수직이므로 점 $(2,\ 0-1)^T$에서 평면에 이르는 거리 d는 결국 벡터 $\mathbf{v} = (2,\ 0,\ -1)^T$의 N에 대한 스칼라사영의 절대값이다. 따라서 식 (1)에 의해서 다음의 계산을 얻는다.

$$d = \frac{|\mathbf{v} \cdot N|}{\|N\|} = \frac{2}{3}$$

정리 5.1.3

내적공간 $V \subseteq \mathbb{R}^n$의 임의의 벡터 $\mathbf{x}, \mathbf{y}, \mathbf{z}$와 임의의 실수 α, β에 대해서 다음이 성립한다

(i) $\mathbf{x} \cdot \mathbf{x} \geq 0$이고 특히 등호는 $\mathbf{x} = \mathbf{0}$일 때만 성립한다.

(ii) $\mathbf{x} \cdot \mathbf{y} = \mathbf{y} \cdot \mathbf{x}$

(iii) $(\alpha\mathbf{x} + \beta\mathbf{y}) \cdot \mathbf{z} = \alpha(\mathbf{x} \cdot \mathbf{z}) + \beta(\mathbf{y} \cdot \mathbf{z})$

정리의 증명은 단순히 수식계산만 하면 되므로 쉽다. 일반적인 실벡터공간에서는 이 정리를 흔히 내적의 정의로 사용한다.

벡터공간 $\mathbb{C}^n$에서의 내적

V가 $\mathbb{C}^n$의 부분공간일 때에는 당연히 스칼라 집합이 복소수의 집합이다. 임의의 복소수 $z = a + b\sqrt{-1}$ $(a,\ b \in \mathbb{R})$에 대해서 z의 켤레복소수를 $\bar{z} = a - b\sqrt{-1}$로 표현하기로 하자.

정 의

$A=(z_{ij})$가 $m\times n$ 복소행렬일 때 A의 각 성분을 그것의 켤레복소수로 대치한 행렬을 $\overline{A}=(\overline{z}_{ij})$ 로 표현한다. 또 $\overline{A}$의 전치행렬을 $A^*=\overline{A}^T$ 로 쓰기로 한다.

정리 5.1.4

복소행렬 A, B에 대해서 다음이 성립한다.

(i) $\overline{(A+B)}=\overline{A}+\overline{B}$

(ii) $\overline{AB}=\overline{A}\,\overline{B}$

(iii) $(A^*)^*=A$

(iv) $(A+B)^*=A^*+B^*$

(v) $(AB)^*=B^*A^*$

(vi) 임의의 복소수 α에 대해서 $(\alpha A)^*=\overline{\alpha}A^*$

(vii) A가 정상행렬이면 A^*도 정상행렬이고 $(A^*)^{-1}=(A^{-1})^*$

[증명] (i)과 (ii)는 임의의 복소수 z_1, z_2에 대해서 $\overline{z_1+z_2}=\overline{z_1}+\overline{z_2}$, $\overline{z_1z_2}=\overline{z_1}\,\overline{z_2}$이므로 행렬의 합과 곱의 계산방식으로부터 명백하고 (iii)~(vi)도 정의에 의해서 쉽게 증명된다. 마지막으로 (vii)은 (v)를 이용하면

$$A^*(A^{-1})^*=(A^{-1}A)^*=I^*=I$$

이고 마찬가지로 $(A^{-1})^*A^*=I$가 되므로 $(A^*)^{-1}=(A^{-1})^*$이다.

실벡터공간 $\mathbb{R}^n$의 경우처럼 $\mathbb{C}^n$의 두 벡터 $\mathbf{w}$와 $\mathbf{z}$도 $n\times 1$ 행렬들로 생각할 수 있으므로, 행렬의 곱 $\mathbf{z}^*\mathbf{w}$는 단순히 복소수로 간주될 수 있는 1×1 행렬이다. 이제 두 벡터의 성분을 $\mathbf{w}=(w_1, w_2, \cdots, \mathbf{w}_n)^T$, $\mathbf{z}=(z_1, z_2, \cdots, z_n)^T$로 표현하면

$$\mathbf{z}^*\mathbf{w}=w_1\overline{z_1}+w_2\overline{z_2}+\cdots+w_n\overline{z_n}$$

와 같이 된다. 따라서 특히 $\mathbf{z}^*\mathbf{z}=|z_1|^2+|z_2|^2+\cdots+|z_n|^2$임을 알 수 있다.

정 의

$V \subseteq \mathbb{C}^n$가 벡터공간 일 때, 임의의 두 벡터 $\mathbf{w}$, $\mathbf{z} \in V$에 대응하는 복소수 $\mathbf{z}^*\mathbf{w}$를 $\mathbf{w}$와 $\mathbf{z}$의 **내적**(inner product)이라고 하고 $\mathbf{w} \cdot \mathbf{z}$ 또는 $\langle \mathbf{w}, \mathbf{z} \rangle$로 나타낸다. 또 벡터공간과 그것의 내적을 함께 통칭하여 **내적공간**(inner product space) 또는 **복소내적공간**(complex inner product space)이라고 한다.

예제 6

벡터공간 $\mathbb{C}^3$의 두 벡터 $\mathbf{w} = (3,\ -1+2i,\ 4-i)^T$, $\mathbf{z} = (2i,\ 1+3i,\ -4)^T$ 의 내적은

$$\mathbf{w} \cdot \mathbf{z} = \mathbf{z}^*\mathbf{w} = (-2i,\ 1-3i,\ -4)(3,\ -1+2i,\ 4-i)^T = -11+3i$$

이고 한편 $\mathbf{w}$와 $\mathbf{w}$ 의 내적 그리고 $\mathbf{z}$ 와 $\mathbf{z}$ 의 내적은 각각 다음과 같음을 확인할 수 있다.

$$\mathbf{w} \cdot \mathbf{w} = \mathbf{w}^*\mathbf{w} = (3,\ -1-2i,\ 4+i)(3,\ -1+2i,\ 4-i)^T = 31$$

$$\mathbf{z} \cdot \mathbf{z} = \mathbf{z}^*\mathbf{z} = (-2i,\ 1-3i,\ -4)(2i,\ 1+3i,\ -4)^T = 30$$

한편, 만일 두 벡터 $\mathbf{w}$, $\mathbf{z} \in \mathbb{C}^n$의 모든 성분들이 실수라면 $\mathbf{z}^* = \mathbf{z}^T$이므로

$$\mathbf{w} \cdot \mathbf{z} = \mathbf{z}^*\mathbf{w} = \mathbf{z}^T\mathbf{w}$$

가 되어 $\mathbb{R}^n$에서의 내적과 일치하게 된다. $\mathbb{R}^n$에서의 경우와 마찬가지로 다음의 정리도 일반적인 복소벡터공간에서는 내적의 정의로 사용되는 것이다.

정리 5.1.5

내적공간 $V \subseteq \mathbb{C}^n$의 임의의 벡터 $\mathbf{v}$, $\mathbf{w}$, $\mathbf{z}$와 임의의 복소수 α, β에 대해서 다음이 성립한다

(i) $\mathbf{z} \cdot \mathbf{z} \geq 0$이고 특히 등호는 $\mathbf{z} = \mathbf{0}$일 때만 성립한다.

(ii) $\mathbf{w} \cdot \mathbf{z} = \overline{\mathbf{z} \cdot \mathbf{w}}$

(iii) $(\alpha\mathbf{v} + \beta\mathbf{w}) \cdot \mathbf{z} = \alpha(\mathbf{v} \cdot \mathbf{z}) + \beta(\mathbf{w} \cdot \mathbf{z})$

위의 정리 (ii)에서 보듯이 복소벡터공간에서의 내적은 교환법칙이 성립하지 않는다. 그러나 두 벡터의 성분이 모두 실수이면, 실수의 켤레복소수는 동일한 실

수이므로, 교환법칙이 성립하게 되어 실벡터공간에서의 내적과 일치하게 된다. 한편 (iii)의 경우는 왼쪽 분배법칙을 표현하고 있는데 오른쪽의 분배법칙은 다음과 같이 계수에 변화가 일어난다.

$$\mathbf{v}\cdot(\alpha\mathbf{w}+\beta\mathbf{z})=\overline{\alpha}(\mathbf{v}\cdot\mathbf{w})+\overline{\beta}(\mathbf{v}\cdot\mathbf{z})$$

이것은 (ii), (iii)을 번갈아 사용하면 쉽게 증명할 수 있으므로 연습문제로 남긴다.

노옴공간

노옴공간은 내적공간과 관계없이 주어진 벡터공간의 각 벡터에 대응하는 음이 아닌 실수가 몇 가지의 규칙을 따르도록 정해져 있는 경우를 말한다. 이것은 곧 각 벡터를 가늠하는 하나의 척도를 가지고자 하는 것으로, 그 벡터의 크기 또는 길이의 개념에 해당한다고 볼 수 있다.

정 의

벡터공간 V의 각 원소 $\mathbf{v}\in V$에 실수 $\|\mathbf{v}\|$가 대응해서 다음의 세 조건을 만족할 때 V를 노옴공간(normed space)이라고 하고 $\|\mathbf{v}\|$를 벡터 $\mathbf{v}$의 노옴(norm)이라고 한다.

(i) $\|\mathbf{v}\|\geq 0$이고, 등호는 $\mathbf{v}=\mathbf{0}$일 때만 성립한다.

(ii) 임의의 스칼라 α에 대해서 $\|\alpha\mathbf{v}\|=|\alpha|\,\|\mathbf{v}\|$이다.

(iii) 임의의 $\mathbf{v},\ \mathbf{w}\in V$ 대해서 $\|\mathbf{v}+\mathbf{w}\|\leq\|\mathbf{v}\|+\|\mathbf{w}\|$이다.

위의 정의에서 세 번째 조건을 삼각부등식(triangle inequality)이라 부른다. 이것은 우리가 상용적으로 알고 있는 삼각형의 두 변의 길이의 합은 다른 한 변의 길이보다 크다는 것을 더욱 일반적인 상황으로 수식화한 것이다(그림 5.3 참조).

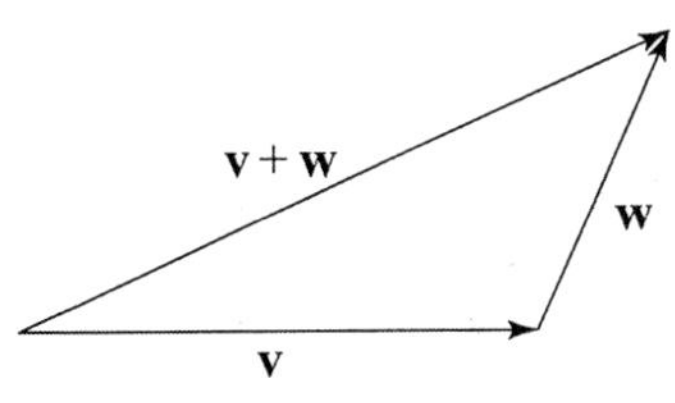

그림 5.3
노옴공간의 삼각부등식의 시각화

다음 정리는 내적공간은 내적을 이용하여 자연스러운 노옴을 정의해 줄 수 있다는 것을 말한다. 그러나 일반적으로 그 역은 가능하지 않을 수 있다. 즉, 노옴공간이라고 해서 반드시 내적공간으로 볼 수 있는 것은 아니라는 것이다.

정리 5.1.6

V가 내적공간일 때, 임의의 $\mathbf{v} \in V$에 대해서 $\| \mathbf{v} \| = \sqrt{\mathbf{v} \cdot \mathbf{v}}$ 라고 정의하면 V는 노옴공간이 된다.

[증명] 노옴의 정의에서 조건 (ⅰ), (ⅱ)가 성립되는 것은 쉽게 보일 수 있으므로 삼각부등식이 성립되는 것만 보이기로 하자.

$$\begin{aligned} \| \mathbf{v} + \mathbf{w} \|^2 &= (\mathbf{v} + \mathbf{w}) \cdot (\mathbf{v} + \mathbf{w}) \\ &= \mathbf{v} \cdot \mathbf{v} + \mathbf{v} \cdot \mathbf{w} + \mathbf{w} \cdot \mathbf{v} + \mathbf{w} \cdot \mathbf{w} \\ &\leq \| \mathbf{v} \|^2 + 2 \| \mathbf{v} \| \| \mathbf{w} \| + \| \mathbf{w} \|^2 \\ &= (\| \mathbf{v} \| + \| \mathbf{w} \|)^2 \end{aligned}$$

따라서 삼각부등식이 증명되었다.

위 정리의 증명 중에서 부등호가 있는 곳은 코시－슈바르츠 부등식을 이용한 것이다. 그런데 따름정리 5.1.2의 코시－슈바르츠 부등식은 내적공간 $\mathbb{R}^2$ 또는 $\mathbb{R}^3$의 경우에 제한된 것이므로 아래의 정리 5.1.9의 더 일반화된 코시－슈바르츠 부등식을 이용하여야 한다. 앞으로 임의의 내적공간에서의 노옴은 별다른 언급이 없는 한 위의 정리에서 주어지는 것과 같은 노옴으로 생각한다.

정 의

임의의 내적공간 V의 두 벡터 $\mathbf{v}$, $\mathbf{w} \in V$에 대해서 $\mathbf{v} \cdot \mathbf{w} = 0$일 때 $\mathbf{v}$와 $\mathbf{w}$는 서로 직교(orthogonal)한다고 하고 $\mathbf{w}$를 $\mathbf{v}$의 직교벡터(orthogonal vector)라고 한다.

예제 7

내적공간 $\mathbb{C}^2$의 세 벡터 $\mathbf{v} = (1,\ i)^T$, $\mathbf{w} = (1,\ -i)^T$, $\mathbf{z} = (3i,\ 3)^T$에 대해서

$$\mathbf{v} \cdot \mathbf{w} = \mathbf{w}^* \mathbf{v} = (1,\ i)(1,\ i)^T = 0$$

$$\mathbf{v} \cdot \mathbf{z} = \mathbf{z}^* \mathbf{v} = (-3i,\ 3)(1,\ i)^T = 0$$

이므로 $\mathbf{w}$ 와 $\mathbf{z}$ 는 모두 $\mathbf{v}$ 의 직교벡터들이다.

정리 5.1.7

(피타고라스의 정리)

내적공간 V의 두 벡터 $\mathbf{v}$와 $\mathbf{w}$가 서로 직교하면 다음 등식이 성립한다.

$$\|\mathbf{v} + \mathbf{w}\|^2 = \|\mathbf{v}\|^2 + \|\mathbf{w}\|^2$$

[증명] 서로 직교하는 벡터끼리의 내적은 0이므로 다음의 계산이 성립된다.

$$\begin{aligned} \|\mathbf{v} + \mathbf{w}\|^2 &= (\mathbf{v} + \mathbf{w}) \cdot (\mathbf{v} + \mathbf{w}) \\ &= \mathbf{v} \cdot \mathbf{v} + \mathbf{v} \cdot \mathbf{w} + \mathbf{w} \cdot \mathbf{v} + \mathbf{w} \cdot \mathbf{w} \\ &= \|\mathbf{v}\|^2 + \|\mathbf{w}\|^2 \end{aligned}$$

예제 8

위의 예제 7에 주어진 서로 직교하는 두 벡터 $\mathbf{v} = (1,\ i)^T$, $\mathbf{w} = (1,\ -i)^T$ 에 대해서 피타고라스의 정리가 성립하는지 살펴보자.

$$\|\mathbf{v} + \mathbf{w}\|^2 = \|(2,\ 0)^T\|^2 = 4$$

$$\|\mathbf{v}\|^2 = (1,\ -i)(1,\ i)^T = 2$$

$$\|\mathbf{w}\|^2 = (1,\ i)(1,\ -i)^T = 2$$

따라서 피타고라스의 정리가 성립한다는 것을 확인할 수 있다.

이제 내적공간 $\mathbb{R}^2$ 또는 $\mathbb{R}^3$에서 살펴본 한 벡터의 다른 벡터 방향에 대한 스칼라사영과 벡터사영의 정의를 일반적인 내적공간으로 확장하여 보자.

정 의

$\mathbf{v}$와 $\mathbf{w}$가 내적공간 V의 두 벡터이고 특히 $\mathbf{w} \neq 0$일 때,

$$\alpha = \frac{\mathbf{v} \cdot \mathbf{w}}{\|\mathbf{w}\|}$$

를 $\mathbf{w}$ 방향에 대한 $\mathbf{v}$의 **스칼라사영**(scalar projection)이라고 하고

$$\mathbf{p} = \frac{\mathbf{v} \cdot \mathbf{w}}{\mathbf{w} \cdot \mathbf{w}} \mathbf{w} \tag{3}$$

를 $\mathbf{w}$ 방향에 대한 $\mathbf{v}$의 **벡터사영**(vector projection)이라고 한다.

보조정리 5.1.8

$\mathbf{w} \neq 0$이고 $\mathbf{p}$가 $\mathbf{w}$ 방향에 대한 $\mathbf{v}$ 의 벡터사영이면 다음이 성립한다.

(i) $\mathbf{v} - \mathbf{p}$와 $\mathbf{p}$는 서로 직교한다.

(ii) $\mathbf{v} = \mathbf{p}$이기 위한 필요충분조건은 $\mathbf{v}$와 $\mathbf{w}$가 일차종속인 것이다.

[증명] 먼저 $\beta = (\mathbf{v} \cdot \mathbf{w})/(\mathbf{w} \cdot \mathbf{w})$라고 두자. 그러면 $\mathbf{p} = \beta \mathbf{w}$ 이다.

(i) 다음의 계산으로부터 $\mathbf{v} - \mathbf{p}$와 $\mathbf{p}$는 서로 직교함을 알 수 있다.

$$\begin{aligned}(\mathbf{v} - \mathbf{p}) \cdot \mathbf{p} &= \mathbf{v} \cdot \mathbf{p} - \mathbf{p} \cdot \mathbf{p} \\ &= \mathbf{v} \cdot (\beta \mathbf{w}) - (\beta \mathbf{w}) \cdot (\beta \mathbf{w}) \\ &= \overline{\beta}(\mathbf{v} \cdot \mathbf{w}) - \overline{\beta}\beta(\mathbf{w} \cdot \mathbf{w}) = 0\end{aligned}$$

(ii) $\mathbf{v} = \mathbf{p}$이면 $\mathbf{v} = \mathbf{p} = \beta \mathbf{w}$이므로 $\mathbf{v}$와 $\mathbf{w}$는 일차종속이다. 역으로 $\mathbf{v}$와 $\mathbf{w}$가 일차종속이면 적당한 스칼라 λ에 대해서 $\mathbf{v} = \lambda \mathbf{w}$이므로 $\beta = \lambda$이다. 따라서 $\mathbf{p} = \beta \mathbf{w} = \lambda \mathbf{w} = \mathbf{v}$ 이다.

정리 5.1.9

(코시-슈바르츠 부등식)

내적공간 V의 임의의 두 벡터 $\mathbf{v}$와 $\mathbf{w}$에 대해서 부등식

$$|\mathbf{v} \cdot \mathbf{w}| \leq \|\mathbf{v}\| \|\mathbf{w}\|$$

이 성립한다. 단, 등호는 $\mathbf{v}$와 $\mathbf{w}$가 일차종속일 때만 성립한다.

[증명] 만일 $\mathbf{w} = \mathbf{0}$이면 좌변과 우변이 모두 0이 되어 부등식이 성립한다. 이제 $\mathbf{w} \neq \mathbf{0}$라고 가정하고 $\mathbf{p}$를 $\mathbf{w}$ 방향에 대한 $\mathbf{v}$의 벡터사영이라고 하자. 그러면 보조정리 5.1.8 (i)에 의해서 $\mathbf{v} - \mathbf{p}$와 $\mathbf{p}$가 서로 직교하므로 피타

고라스 정리를 적용하면

$$\|\mathbf{p}\|^2+\|\mathbf{v}-\mathbf{p}\|^2=\|\mathbf{v}\|^2$$

이다. 한편 식 (3)으로부터 $\|\mathbf{p}\|^2=\mathbf{p}\cdot\mathbf{p}=(|\mathbf{v}\cdot\mathbf{w}|^2)/\|\mathbf{w}\|^2$이므로

$$\frac{|\mathbf{v}\cdot\mathbf{w}|^2}{\|\mathbf{w}\|^2}=\|\mathbf{v}\|^2-\|\mathbf{v}-\mathbf{p}\|^2$$

이다. 양변에 $\|\mathbf{w}\|^2$를 곱하면

$$\begin{aligned}|\mathbf{v}\cdot\mathbf{w}|^2&=\|\mathbf{v}\|^2\|\mathbf{w}\|^2-\|\mathbf{v}-\mathbf{p}\|^2\|\mathbf{w}\|^2\\&\le\|\mathbf{v}\|^2\|\mathbf{w}\|^2\end{aligned}\tag{4}$$

이므로 코시-슈바르츠 부등식이 증명되었다. 한편 식 (4)의 부등식의 등호가 성립하기 위해서는 $\mathbf{v}=\mathbf{p}$여야 하는데 정리 5.1.8 (ii)에 의해서 이것은 $\mathbf{v}$, $\mathbf{w}$가 일차종속인 것과 동치이다.

노옴공간은 각 벡터에 대한 크기 또는 길이의 개념에 해당하는 척도가 주어져 있기 때문에 두 벡터 사이의 거리를 다음과 같이 정의 할 수 있다.

정 의

V가 노옴공간이면 임의의 두 벡터 $\mathbf{v}$, $\mathbf{w}\in V$에 대해서

$$\|\mathbf{v}-\mathbf{w}\|$$

를 $\mathbf{v}$와 $\mathbf{w}$ 사이의 거리(distance)라고 한다.

한편 두 벡터 사이의 각을 정의하기 위해서는 한 벡터의 다른 벡터 방향에 대한 벡터사영의 개념이 있어야 하므로 반드시 내적이 필요하게 된다. 실벡터 내적공간의 임의의 영벡터가 아닌 두 벡터 $\mathbf{v}$, $\mathbf{w}$는 코시-슈바르츠 부등식에 의해서

$$-1\le\frac{\mathbf{v}\cdot\mathbf{w}}{\|\mathbf{v}\|\|\mathbf{w}\|}\le1$$

이므로 두 벡터 $\mathbf{v}$와 $\mathbf{w}$가 이루는 각을 다음과 같이 정의할 수 있다.

정 의

V가 실벡터 내적공간이고 $\mathbf{v}$, $\mathbf{w}$가 영벡터가 아닌 V의 두 벡터일 때

$$\cos\theta = \frac{\mathbf{v} \cdot \mathbf{w}}{\|\mathbf{v}\| \|\mathbf{w}\|}$$

를 만족하는 실수 $\theta \in [0, \pi]$를 두 벡터 $\mathbf{v}$와 $\mathbf{w}$ 사이의 각(angle)이라고 한다.

$\mathbb{R}^n$의 노옴

벡터공간 $\mathbb{R}^n$에서는 여러 가지의 다양한 노옴을 정의할 수 있다. 예를 들면, 임의의 벡터 $\mathbf{x} = (x_1, x_2, \cdots, x_n)^T \in \mathbb{R}^n$에 대해서

$$\|\mathbf{x}\|_1 = |x_1| + |x_2| + \cdots + |x_n|$$

라고 정의하면 $\|\cdot\|_1$이 $\mathbb{R}^n$에서 노옴의 모든 조건을 만족한다는 것을 쉽게 보일 수 있다.

예제 9

벡터공간 $\mathbb{R}^2$을 노옴 $\|\cdot\|_1$이 주어진 노옴공간으로 생각하자. 이 노옴공간에서의 두 벡터 $\mathbf{x} = (-2, -1)^T$, $\mathbf{y} = (3, 2)^T$ 사이의 거리를 구하여라.

풀이

주어진 두 벡터의 거리는 두 벡터의 차의 노옴으로 정의되므로 다음과 같다.

$$\|\mathbf{x} - \mathbf{y}\|_1 = \|(-5, -3)^T\|_1 = |-5| + |-3| = 8$$

위의 예제에서 알 수 있는 바와 같이 노옴 $\|\cdot\|_1$이 주어진 노옴공간에서 두 지점 간의 거리는 우리가 일상적으로 생각하는 두 지점 사이의 가장 짧은 거리와는 달리 항상 직각 방향으로만 움직여서 갈 수 있는 가장 짧은 거리이다(그림 5.4 참조). 예를 들면, 구획정리가 잘 된 농경지나 도시의 한 교차로에서 다른 교차로까지의 거리는 사선으로 가로지르는 길이 없으므로 노옴 $\|\cdot\|_1$의 개념에 의한 거리가 된다.

한편 임의의 벡터 $\mathbf{x} = (x_1, x_2, \cdots, x_n)^T \in \mathbb{R}^n$에 대해서

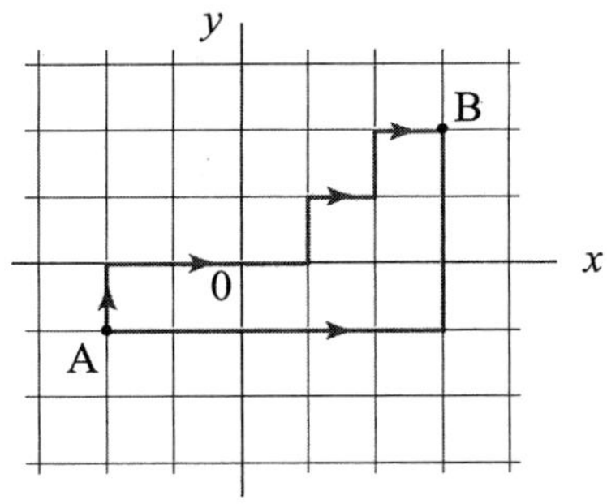

그림 5.4
A에서 B에 이르는 1-노옴에 의한 거리

$$\|\mathbf{x}\|_\infty = \max\{|x_1|, |x_2|, \cdots, |x_n|\}$$

와 같이 정의하면 $\|\cdot\|_\infty$도 $\mathbb{R}^n$에서 노옴의 모든 조건을 만족하게 되는데 이 노옴을 **고른 노옴**(uniform norm)이라고 한다.

정리 5.1.10

$p \geq 1$가 임의적으로 고정된 실수일 때, 임의의
$\mathbf{x} = (x_1, x_2, \cdots, x_n)^T \in \mathbb{R}^n$에 대해

$$\|\mathbf{x}\|_p = (|x_1|^p + |x_2|^p + \cdots + |x_n|^p)^{\frac{1}{p}}$$

라고 정의하면 $\|\cdot\|_p$은 $\mathbb{R}^n$에서의 노옴이 된다. 이것을 p**−노옴**(p−norm)이라고 한다.

위의 정리에 의하면 임의의 실수 p에 대해서 p−노옴이 있으므로 벡터공간 $\mathbb{R}^n$에는 무수히 많은 종류의 노옴이 있다는 것을 알 수 있다. 해석학의 극한의 개념을 사용하면 임의의 $\mathbf{x} = (x_1, x_2, \cdots, x_n)^T \in \mathbb{R}^n$에 대해서

$$\lim_{p \to \infty} \|\mathbf{x}\|_p = \|\mathbf{x}\|_\infty$$

임을 보일 수 있다. 따라서 위에서 정의된 고른 노옴은 곧 ∞−노옴이 된다.

$\mathbb{R}^n$의 이러한 수많은 노옴 중에서, 벡터의 크기라든가 길이 또는 두 지점간의 거리 등의 개념을 현실적인 의미에서 가장 잘 반영하고 있는 노옴은 물론 $p=2$일 때의 2−노옴이다. 즉, 임의의 벡터 $\mathbf{x} = (x_1, x_2, \cdots, x_n)^T \in \mathbb{R}^n$에 대해서

$$\|\mathbf{x}\|_2 = \sqrt{x_1^2 + x_2^2 + \cdots + x_n^2} = \sqrt{\mathbf{x} \cdot \mathbf{x}}$$

는 바로 $\mathbb{R}^n$의 내적으로부터 자연스럽게 유도되는 노옴으로, 현실적 유클리드 공간에서 유향선분의 길이를 나타낸다. 그러므로 벡터의 내적으로부터 유도된 노옴이 아닌, 2−노옴 이외의 노옴에 대해서는 다음 예제 11에서 보듯이 피타고라스 정리도 성립하지 않는다.

예제 10

벡터공간 $\mathbb{R}^3$의 벡터 $\mathbf{x} = (3, \ -6, \ -2)^T$ 에 대해서 1, 2, 3, ∞ −노옴을 계산해 보면 다음과 같다.

$$\|\mathbf{x}\|_1 = |3| + |-6| + |-2| = 11$$

$$\|\mathbf{x}\|_2 = \sqrt{|3|^2 + |-6|^2 + |-2|^2} = 7$$

$$\|\mathbf{x}\|_3 = (|3|^3 + |-6|^3 + |-2|^3)^{\frac{1}{3}} = (251)^{\frac{1}{3}}$$

$$\|\mathbf{x}\|_\infty = \max\{|3|, |-6|, |-2|\} = 6$$

예제 11

벡터공간 $\mathbb{R}^2$의 두 벡터 $\mathbf{x} = (-2, \ -1)^T$, $\mathbf{y} = (3, \ -6)^T$는 $\mathbf{x} \cdot \mathbf{y} = 0$이므로 서로 직교한다. 다음의 계산에서 알 수 있듯이 1, 2, ∞−노옴의 세 노옴 중에서 피타고라스 정리는 2−노옴만이 만족하고 있다.

$$\|\mathbf{x}\|_1^2 + \|\mathbf{y}\|_1^2 = 9 + 81 = 90 \neq 64 = \|\mathbf{x} + \mathbf{y}\|_1^2$$

$$\|\mathbf{x}\|_2^2 + \|\mathbf{y}\|_2^2 = 5 + 45 = 50 = 1 + 49 = \|\mathbf{x} + \mathbf{y}\|_2^2$$

$$\|\mathbf{x}\|_\infty^2 + \|\mathbf{y}\|_\infty^2 = 4 + 36 = 40 \neq 49 = \|\mathbf{x} + \mathbf{y}\|_\infty^2$$

연습문제 5.1

1. 다음 각 항에서 벡터 $\mathbf{v}$와 $\mathbf{w}$ 사이의 각을 구하여라.

(a) $\mathbf{v} = (2, 1, 3)^T$, $\mathbf{w} = (6, 3, 9)^T$

(b) $\mathbf{v} = (2, \ -3)^T$, $\mathbf{w} = (3, 2)^T$

(c) $\mathbf{v} = (-2, 3, 1)^T$, $\mathbf{w} = (1, 2, 4)^T$

(d) $\mathbf{v} = (4, 1)^T$, $\mathbf{w} = (3, 2)^T$

2. 문제 1의 각 벡터 쌍에 대해서, $\mathbf{w}$ 방향에 대한 $\mathbf{v}$의 스칼라사영과 벡터사영을 구하여라.

3. 다음 각 항의 벡터 $\mathbf{x}$와 $\mathbf{y}$에 대하여 $\mathbf{y}$ 방향에 대한 벡터 $\mathbf{x}$의 벡터사영 $\mathbf{p}$를 구하고, $\mathbf{p}$ 와 $\mathbf{x}-\mathbf{p}$가 서로 직교함을 확인하여라.

(a) $\mathbf{x} = (2, 4, 3)^T$, $\mathbf{y} = (1, 1, 1)^T$

(b) $\mathbf{x} = (3, 4)^T$, $\mathbf{y} = (1, 0)^T$

(c) $\mathbf{x} = (2, -5, 4)^T$, $\mathbf{y} = (1, 2, -1)^T$

(d) $\mathbf{x} = (3, 5)^T$, $\mathbf{y} = (1, 1)^T$

4. 직선 $y = -2x$ 위에 있는 점 중에서 점 $(5, -2)^T$에 가장 가까운 점을 구하여라.

5. 점 $(3, 1, -5)^T$에서 평면 $2x - y + 7z = -6$에 이르는 거리를 구하여라.

6. 내적공간 $V \subseteq \mathbb{C}^n$의 임의의 벡터 $\mathbf{v}, \mathbf{w}, \mathbf{z}$와 임의의 복소수 α, β에 대해서 다음의 등식이 성립함을 증명하여라.

$$\mathbf{v} \cdot (\alpha \mathbf{w} + \beta \mathbf{z}) = \bar{\alpha}(\mathbf{v} \cdot \mathbf{w}) + \bar{\beta}(\mathbf{v} \cdot \mathbf{z})$$

7. $\mathbf{x} = (1, 1, 1, 1)^T$, $\mathbf{y} = (8, 2, 2, 0)^T$ 에 대해서 다음 각 항에 답하여라.

(a) $\mathbf{x}$와 $\mathbf{y}$ 사이의 각을 구하여라.

(b) $\mathbf{y}$ 방향에 대한 $\mathbf{x}$의 벡터사영 $\mathbf{p}$를 구하여라.

(c) $\|\mathbf{p}\|_2$, $\|\mathbf{x}-\mathbf{p}\|_2$, $\|\mathbf{x}\|_2$를 각각 계산하고, 피타고라스의 정리를 확인하여라.

8. 벡터공간 $\mathbb{R}^n$에서 $1-$노옴 및 $\infty-$노옴이 노옴 정의의 세 조건을 만족함을 보여라.

9. $\mathbf{x} = (4, -2, 1)^T$, $\mathbf{y} = (3, 3, -6)^T$에 대해서 다음을 계산하여라.

(a) $\|\mathbf{x}-\mathbf{y}\|_1$　　(b) $\|\mathbf{x}-\mathbf{y}\|_2$　　(c) $\|\mathbf{x}-\mathbf{y}\|_\infty$

10. $\mathbf{x} \in \mathbb{R}^2$일 때, $\|\mathbf{x}\|_\infty \leq \|\mathbf{x}\|_2 \leq \|\mathbf{x}\|_1$임을 보여라.

5.2 직교 부분공간

앞 절에서는 내적공간의 두 벡터가 서로 직교하는 경우에 대해서 보았다. 이제 내적공간의 두 집합에 있는 원소들이 모두 서로 직교하는 상황에 대해서 알아보자. 예를 들면 3차원 유클리드 공간에서 $xy-$평면에 있는 모든 벡터들이 $z-$축에 놓인 모든 벡터들과 직교하는 경우가 바로 그러한 상황이다. 먼저 두 집합의 직교에 대한 정의로부터 시작하자.

정 의

V가 내적공간이고 X와 Y는 V의 두 부분집합이라고 하자. 임의의 $\mathbf{x} \in X$와 임의의 $\mathbf{y} \in Y$에 대해서 $\mathbf{x}$와 $\mathbf{y}$가 직교할 때, 즉 $\mathbf{x} \cdot \mathbf{y} = 0$일 때, 두 집합 X와 Y는 서로 **직교**(orthogonal)한다고 하고 $X \perp Y$와 같이 표현한다.

예제 1

내적공간 $\mathbb{R}^3$에서 $x-$축 위에 있는 모든 벡터들의 집합을 X, 그리고 $y-$축 위에 있는 모든 벡터들의 집합을 Y라고 하면 $X = \{(x, 0, 0)^T \mid x \in \mathbb{R}\}$이고 $Y = \{(0, y, 0)^T \mid y \in \mathbb{R}\}$이다. 그러면 $(x, 0, 0)^T \cdot (0, y, 0)^T = 0$이므로 $X \perp Y$이다

예제 2

내적공간 $\mathbb{R}^3$에서 X를 $x-$축 위에 있는 모든 벡터들의 집합, Y를 $yz-$평면에 놓인 모든 벡터들의 집합이라고 하면 $X = \{(x, 0, 0)^T \mid x \in \mathbb{R}\}$이고 $Y = \{(0, y, z)^T \mid y, z \in \mathbb{R}\}$이다. 따라서 $(x, 0, 0)^T \cdot (0, y, z)^T = 0$이므로 $X \perp Y$이다.

정 의

V가 내적공간이고 Y가 V의 부분집합일 때, 다음 집합

$$Y^{\perp} = \{\mathbf{x} \in V \mid \forall\ \mathbf{y} \in Y,\ \mathbf{x} \cdot \mathbf{y} = 0\}$$

는 Y의 모든 원소와 직교하는 V의 원소들을 모두 모은 집합이다. 이 집합을 Y의 **직교여공간**(orthogonal complement)이라고 한다.

정리 5.2.1

V가 내적공간이고 Y가 V의 부분집합일 때, Y의 직교여공간 $Y^{\perp}$는 V의 부분공간이다.

[증명] $\mathbf{y}$가 Y의 임의의 벡터라고 하자. 먼저 $\mathbf{0} \cdot \mathbf{y} = 0$이므로 영벡터 $\mathbf{0} \in Y^{\perp}$이다. 다음은 $Y^{\perp}$의 임의의 두 벡터 $\mathbf{x}, \mathbf{z} \in Y^{\perp}$와 임의의 스칼라 α에 대해서 $\mathbf{x} \cdot \mathbf{y} = \mathbf{z} \cdot \mathbf{y} = 0$이므로

$$(\alpha\mathbf{x} + \mathbf{z}) \cdot \mathbf{y} = \alpha(\mathbf{x} \cdot \mathbf{y}) + \mathbf{z} \cdot \mathbf{y} = \alpha 0 + 0 = 0$$

이다. 즉, $\alpha\mathbf{x} + \mathbf{z} \in Y^{\perp}$를 얻는다. 따라서 $Y^{\perp}$는 V의 부분공간이다.

$\mathbb{R}^n$의 직교 부분공간

내적공간 $\mathbb{R}^n$의 직교 부분공간들에 대하여 자세히 알아보기 위해서 3장에서 다루었던 행렬의 열공간 및 영공간에 대하여 살펴보자. 먼저 A를 $m \times n$ 실수행렬이라고 하자. 그러면 A의 영공간 $N(A)$는

$$N(A) = \{\mathbf{x} \in \mathbb{R}^n \mid A\mathbf{x} = \mathbf{0}\}$$

로 정의되었다. 한편 행렬 A를 열벡터들의 블록행렬 $A = (\mathbf{a}_1, \mathbf{a}_2, \cdots, \mathbf{a}_n)$으로 표현할 때 벡터 $\mathbf{y}$가 A의 열공간의 원소, 즉 $\mathbf{y} \in \mathrm{Col}(A)$일 필요충분조건은

$$\mathbf{y} = x_1\mathbf{a}_1 + x_2\mathbf{a}_2 + \cdots + x_n\mathbf{a}_n$$

를 만족하는 실수 $x_1, x_2, \cdots, x_n$이 존재하는 것이다. 그런데 $\mathbf{x} = (x_1, x_2, \cdots, x_n)^T$라고 두면 이 식은 다시 말해서

$$x_1\mathbf{a}_1 + x_2\mathbf{a}_2 + \cdots + x_n\mathbf{a}_n = (\mathbf{a}_1, \mathbf{a}_2, \cdots, \mathbf{a}_n)(x_1, x_2, \cdots, x_n)^T = A\mathbf{x}$$

가 된다. 따라서 A의 열공간은 다음과 같이 표현할 수 있다.

$$\mathrm{Col}(A) = \{A\mathbf{x} \mid \mathbf{x} \in \mathbb{R}^n\}$$

정리 5.2.2.

A가 $m\times n$ 실수행렬이면 다음이 성립한다.

(i) $N(A)=\mathrm{Col}(A^T)^{\perp}$

(ii) $N(A^T)=\mathrm{Col}(A)^{\perp}$

[증명] 두 번째 식은 첫 번째 식의 A 대신에 A^T를 대입하면 증명되므로 첫 번째 식만 보이면 된다. $N(A)$의 임의의 원소 $\mathbf{z}$와 $\mathrm{Col}(A^T)$의 임의의 원소 $A^T\mathbf{x}$의 내적은

$$\mathbf{z}\cdot A^T\mathbf{x}=(A^T\mathbf{x})^T\mathbf{z}=\mathbf{x}^T(A\mathbf{z})=\mathbf{x}^T\mathbf{0}=\mathbf{0}$$

이다. 따라서 $N(A)\subseteq\mathrm{Col}(A^T)^{\perp}$이다. 역으로 $\mathbf{z}$가 $\mathrm{Col}(A^T)^{\perp}$의 임의의 원소라면 $\mathbf{z}$는 A^T의 각 열벡터와 직교하므로, $A\mathbf{z}=\mathbf{0}$이다. 따라서 $\mathbf{z}$는 $N(A)$의 원소이다. 이상으로부터 $N(A)=\mathrm{Col}(A^T)^{\perp}$를 얻는다.

위의 정리는 이 장에서 중요한 정리이다. 다음 절의 최소제곱문제를 푸는 데서도 이 정리는 적절히 이용될 것이다. 또 부분공간과 그의 직교여공간의 차원에 대한 다음의 정리를 증명할 때에도 위의 정리는 유용하다.

정리 5.2.3

S가 내적공간 $\mathbb{R}^n$의 부분공간이면, $\dim S+\dim S^{\perp}=n$이다. 또 $\{\mathbf{v}_1, \mathbf{v}_2, \cdots, \mathbf{v}_r\}$이 S의 기저이고 $\{\mathbf{v}_{r+1}, \mathbf{v}_{r+2}, \cdots, \mathbf{v}_n\}$이 $S^{\perp}$의 기저이면, $\{\mathbf{v}_1, \mathbf{v}_2, \cdots, \mathbf{v}_n\}$는 $\mathbb{R}^n$의 기저이다.

[증명] 만일 $S=\{\mathbf{0}\}$이면, $S^{\perp}=\mathbb{R}^n$이고 따라서 $\dim S+\dim S^{\perp}=0+n=n$이 되어 정리는 성립한다. 이제 $S\neq\{\mathbf{0}\}$라고 하고 $\{\mathbf{v}_1, \mathbf{v}_2, \cdots, \mathbf{v}_r\}$를 S의 한 기저라고 하자. 다음으로 $n\times r$ 행렬 A를 $A=(\mathbf{v}_1, \mathbf{v}_2, \cdots, \mathbf{v}_r)$라고 하면 $\mathrm{rank}(A)=r$이고 $\mathrm{Col}(A)=S$이다. 정리 5.2.2에 의해서 $S^{\perp}=\mathrm{Col}(A)^{\perp}=N(A^T)$이다.

한편 $\mathrm{rank}(A)=\mathrm{rank}(A^T)$이므로 정리 3.4.5에 의해서 $\dim S^{\perp}=\dim N(A^T)=n-r$이다.

끝으로 $\{\mathbf{v}_1, \mathbf{v}_2, \cdots, \mathbf{v}_n\}$가 $\mathbb{R}^n$의 기저임을 보이기 위해서는 이 n개 벡

터들이 일차독립임을 보이면 충분하다. 적당한 스칼라 $\alpha_1, \alpha_2, \cdots, \alpha_n$에 대해서

$$\alpha_1 \mathbf{v}_1 + \alpha_2 \mathbf{v}_2 + \cdots + \alpha_r \mathbf{v}_r + \alpha_{r+1} \mathbf{v}_{r+1} + \cdots + \alpha_n \mathbf{v}_n = \mathbf{0}$$

라고 해보자.

$\mathbf{x} = \alpha_1 \mathbf{v}_1 + \cdots + \alpha_r \mathbf{v}_r$. $\mathbf{y} = \alpha_{r+1} \mathbf{v}_{r+1} + \cdots + \alpha_n \mathbf{v}_n$라고 두면 위의 식은 $\mathbf{x} + \mathbf{y} = \mathbf{0}$, 즉 $\mathbf{x} = -\mathbf{y}$이다. 따라서 $\mathbf{x} \in S \cap S^{\perp}$이다. 그러면 $\mathbf{x} \cdot \mathbf{x} = 0$이 되어 정리 5.1.3 (i)에 의해서 $\mathbf{x} = \mathbf{y} = \mathbf{0}$, 즉 $\alpha_1 \mathbf{v}_1 + \cdots + \alpha_r \mathbf{v}_r = \alpha_{r+1} \mathbf{v}_{r+1} + \cdots + \alpha_n \mathbf{v}_n = \mathbf{0}$이다.

그런데 $\{\mathbf{v}_1, \mathbf{v}_2, \cdots, \mathbf{v}_r\}$와 $\{\mathbf{v}_{r+1}, \mathbf{v}_{r+2}, \cdots, \mathbf{v}_n\}$는 각각 일차독립이므로 $\alpha_1 = \alpha_2 = \cdots = \alpha_n = 0$이다. 그러므로 n개의 벡터의 집합 $\{\mathbf{v}_1, \mathbf{v}_2, \cdots, \mathbf{v}_n\}$이 일차독립이고 이들은 $\mathbb{R}^n$의 기저를 형성한다.

정리 5.2.4

S가 $\mathbb{R}^n$의 부분공간이면 $(S^{\perp})^{\perp} = S$이다.

[증명] 임의의 S의 원소는 $S^{\perp}$의 원소와 직교하므로 $S \subseteq (S^{\perp})^{\perp}$이다. 정리 5.2.3에 의해서

$$\dim S + \dim S^{\perp} = \dim S^{\perp} + \dim (S^{\perp})^{\perp} = n$$

이므로 $\dim S = \dim (S^{\perp})^{\perp}$이다. 따라서 $S = (S^{\perp})^{\perp}$ 이다.

예제 3

내적공간 $\mathbb{R}^4$의 부분공간 $S = \text{Span}((1, 1, -1, 1)^T, (0, 1, 2, -1)^T)$에 대해서 S의 직교여공간 $S^{\perp}$의 한 기저를 구하여라.

풀이

4×2 행렬 A를 $A = ((1, 1, -1, 1)^T, (0, 1, 2, -1)^T)$라고 두면 $S = \text{Col}(A)$이다. 따라서 정리 5.2.2에 의해서 $S^{\perp} = \text{Col}(A)^{\perp} = N(A^T)$이므로 A^T의 영공간의 기저를 구하면 된다. A^T의 기약 행계단형을 구하면

$$\begin{pmatrix} 1 & 1 & -1 & 1 \\ 0 & 1 & 2 & -1 \end{pmatrix} \rightarrow \begin{pmatrix} 1 & 0 & -3 & 2 \\ 0 & 1 & 2 & -1 \end{pmatrix}$$

이므로 $S^\perp = \{(3\alpha-2\beta,\ -2\alpha+\beta,\ \alpha,\ \beta)^T \mid \alpha,\ \beta \in \mathbb{R}\}$이고 $\{(3,\ -2, 1, 0)^T$ $(-2, 1, 0, 1)^T\}$는 $S^\perp$의 한 기저가 된다.

연습문제 5.2

1. 내적공간 $\mathbb{R}^3$의 한 부분공간 $S = \text{Span}((1, 1,\ -2)^T)$에 대해서 다음 각 항에 답하여라.

(a) $S^\perp$의 기저를 구하라.

(b) S와 $S^\perp$을 기하학적으로 설명하라.

2. $(1, 2, 1)^T$와 $(1,\ -1, 2)^T$로 생성된 $\mathbb{R}^3$의 부분공간의 직교여공간을 구하라.

3. S가 $(1, 0,\ -2, 1)^T$와 $(0, 1, 3,\ -2)^T$로 생성된 내적공간 $\mathbb{R}^4$의 부분공간일 때, $S^\perp$의 한 기저를 구하라.

4. $m \times n$ 행렬 A의 계수가 r일 때, $N(A)$와 $N(A^T)$의 차원은 얼마인지 설명하여라.

5. A가 $m \times n$행렬일 때 다음을 보여라.

(a) $\mathbf{x} \in N(A^TA)$이면 $A\mathbf{x} \in \text{Col}(A) \cap N(A^T)$이다.

(b) $N(A^TA) = N(A)$

(c) A와 A^TA의 계수는 같다.

(d) A의 모든 열이 일차독립이면, A^TA는 정상행렬이다.

6. $A \in \mathbb{R}^{m\times n}$, $B \in \mathbb{R}^{n\times m}$이고, $C = AB$일 때, 다음을 보여라.

(a) $N(A)$는 $N(C)$의 부분공간이다.

(b) $N(C)^\perp$는 $N(B)^\perp$의 부분공간이다.

7. U와 W가 벡터공간 V의 부분공간이고 임의의 $\mathbf{v} \in V$에 대하여 $\mathbf{v} = \mathbf{u} + \mathbf{w}$를 만족하는 $\mathbf{u} \in U$, $\mathbf{w} \in W$가 유일하게 존재할 때 V를 U와 W의 직합(direct sum)이라고 하고, $V = U \oplus W$로 나타낸다. $\mathbb{R}^n$의 임의의 부분공간 S에 대하여 $\mathbb{R}^n = S \oplus S^\perp$임을 보여라.

5.3 최소제곱문제

일반적으로 현실에서 만나는 문제 상황들은 학문적 연구의 대상이 되는 이론들보다 더 복잡하고 또 실험적 오차를 내포하고 있으므로 설정된 수학적 모델 안에서 해를 가지지 않는 때가 많다. 이런 경우 생각해 보게 되는 것은 구하려는 해에 가장 근접하는 어떤 값, 즉 근사해를 얻기 위해서 노력하게 된다. 이때 중요한 것은 해에 가장 가깝다는 말의 의미를 명확히 규정하는 일이고 다음으로는 그러한 근사해를 어떻게 효율적으로 계산해 낼 수 있는가 하는 문제이다. 어떠한 것에 '가장 가깝다' 는 개념이 벡터공간에 적용되기 위해서는 각 벡터에 어떠한 종류의 척도를 주어야 하고 이것은 곧 필연적으로 내적공간으로 귀결되게 된다. 이러한 문제와 관련하여 최소제곱문제는 수학적으로 매우 정밀하게 고안된 도구로, 주어진 몇 개의 점을 지나는 가장 근사한 직선이나 포물선을 구하는 문제라든가 또는 과거의 실험 데이터를 바탕으로 한 미래 상황에 대한 예측의 문제, 표준형을 가지는 어떤 제품들의 불량성 정도를 판정하는 문제 등 그 응용범위가 대단히 넓다. 이 절에서는 주로 미지수의 개수보다 방정식의 개수가 더 많은 연립방정식의 문제를 살펴봄으로써 최소제곱문제가 내적공간에서 다루는 제반 응용문제에 어떤 형태로 연관되고 있는지를 알아본다.

미지수의 개수보다 방정식의 개수가 더 많은 연립방정식은 대체로 해를 갖지 않는다. 이제 $m > n$일 때 $m \times n$ 실수행렬 A에 대해서 연립방정식

$$A\mathbf{x} = \mathbf{b} \tag{1}$$

를 생각해 보자. 만일 (1)이 해를 갖지 않는다면 벡터 $\mathbf{x}$가 $\mathbb{R}^n$에서 움직일 때, $A\mathbf{x}$와 $\mathbf{b}$의 차 $\mathbf{b} - A\mathbf{x}$를 가장 작게, 즉 $\|\mathbf{b} - A\mathbf{x}\|$를 최소화하는 $\mathbf{x}$가 방정식 (1)의 근사해가 된다.

정 의

연립방정식 (1)에 대해서

$$\mathbf{r}(\mathbf{x}) = \mathbf{b} - A\mathbf{x}$$

를 $\mathbf{x}$의 잉여(residual)라고 하고, $\|\mathbf{r}(\mathbf{x})\|$ 또는 $\|\mathbf{r}(\mathbf{x})\|^2$을 최소화하는 $\mathbf{x}$를 연립방정식 (1)의 최소제곱해(least squares solution)라고 한다.

한편 앞 절에서 A의 열공간이 $\mathrm{Col}(A) = \{A\mathbf{x} \mid \mathbf{x} \in \mathbb{R}^n\}$와 같이 표현됨을 살펴보았다. 따라서 최소제곱문제는 곧 주어진 벡터 $\mathbf{b} \in \mathbb{R}^m$에 대해서 $\mathbb{R}^m$의 부분공간인 $\mathrm{Col}(A)$의 어떤 원소를 선택할 때 $\mathbf{r}(\mathbf{x}) = \mathbf{b} - A\mathbf{x}$의 노옴을 최소화할 수 있는지를 묻는 것이 된다. 다음의 정리는 이 문제에 대한 가장 근본적인 해결책을 제시한다.

정리 5.3.1

S가 내적공간 $\mathbb{R}^m$의 부분공간이라고 하자. 각 $\mathbf{b} \in \mathbb{R}^m$에 대해서 $\mathbf{b}$에 가장 가까운 S의 원소 $\mathbf{p}$가 유일하게 존재한다. 즉, S의 임의의 원소 $\mathbf{y} \neq \mathbf{p}$에 대해서

$$\|\mathbf{b}-\mathbf{y}\| > \|\mathbf{b}-\mathbf{p}\|$$

이다. 또 $\mathbf{p} \in S$가 S의 원소 중에서 벡터 $\mathbf{b} \in \mathbb{R}^m$에 가장 가까운 원소이기 위한 필요충분조건은 $\mathbf{b}-\mathbf{p} \in S^{\perp}$인 것이다.

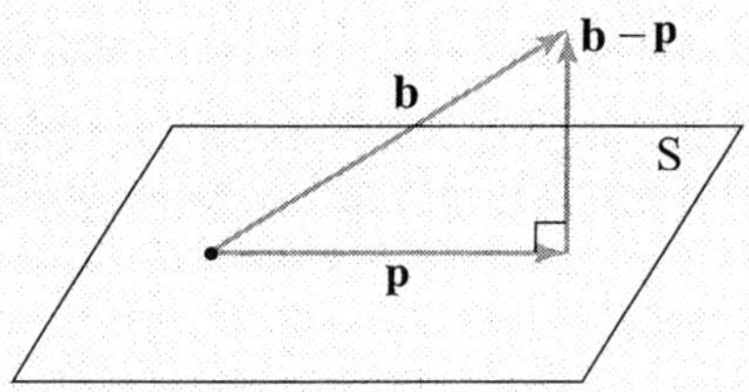

그림 5.5
부분공간 S에 대한 **b**의 사영이 **p**이다.

[증명] 정리 5.2.3에 의하면 S의 기저와 $S^{\perp}$의 기저를 합한 것이 $\mathbb{R}^m$의 기저가 된다. 따라서 각각 $\mathbf{b} \in \mathbb{R}^m$에 대해서 $\mathbf{b} = \mathbf{p} + \mathbf{z}$가 되는 $\mathbf{p} \in S$와 $\mathbf{z} \in S^{\perp}$가 존재한다. 그러면 S의 임의의 원소 $\mathbf{y} \in S$에 대해서 $\mathbf{p}-\mathbf{y} \in S$이고 $\mathbf{b}-\mathbf{p} = \mathbf{z} \in S^{\perp}$이므로 피타고라스의 정리에 의해서

$$\|\mathbf{b}-\mathbf{p}\|^2 + \|\mathbf{p}-\mathbf{y}\|^2 = \|\mathbf{b}-\mathbf{y}\|^2 \tag{2}$$

이다. 따라서 $\mathbf{y} \neq \mathbf{p}$이면 $\|\mathbf{b}-\mathbf{y}\| > \|\mathbf{b}-\mathbf{p}\|$가 성립한다.
그러므로 $\mathbf{p} \in S$이고 $\mathbf{b}-\mathbf{p} \in S^{\perp}$이면 $\mathbf{p}$는 $\mathbf{b}$에 가장 가까운 S의 원소이다. 역으로 어떤 $\mathbf{q} \in S$에 대해서 $\mathbf{b}-\mathbf{q} \notin S^{\perp}$이면 $\mathbf{q} \neq \mathbf{p}$이다. 식 (2)의 $\mathbf{y}$ 대신에 $\mathbf{q}$를 대입해서 생각하면 $\|\mathbf{b}-\mathbf{q}\| > \|\mathbf{b}-\mathbf{p}\|$이므로 $\mathbf{q}$는 $\mathbf{b}$에 가장 가까운 S의 원소가 될 수 없다.

위의 정리에서 $S = \mathrm{Col}(A)$라고 두고 이 정리를 최소제곱문제 $A\mathbf{x} = \mathbf{b}$ 에 적용하면 벡터 $\widehat{\mathbf{x}}$가 $A\mathbf{x} = \mathbf{b}$의 최소제곱해라는 것은 곧 $\mathbf{p} = A\widehat{\mathbf{x}}$가 $\mathbf{b}$에 가장 가까운 $\mathrm{Col}(A)$의 원소, 즉 $\mathbf{r}(\widehat{\mathbf{x}}) = \mathbf{b} - A\widehat{\mathbf{x}} = \mathbf{b} - \mathbf{p} \in \mathrm{Col}(A)^{\perp}$이라는 것이다. 따라서 $\widehat{\mathbf{x}}$가 $A\mathbf{x} = \mathbf{b}$ 의 최소제곱해일 필요충분조건은

$$\mathbf{r}(\widehat{\mathbf{x}}) \in \mathrm{Col}(A)^{\perp} \tag{3}$$

이다. 이제 (3)을 만족하는 벡터 $\widehat{\mathbf{x}}$를 어떻게 구할 수 있을 것인가? 여기서 열공간과 영공간의 연관성을 밝혀 주는 정리 5.2.2를 이용하면, $\mathrm{Col}(A)^{\perp} = N(A^T)$이므로 $\widehat{\mathbf{x}}$가 $A\mathbf{x} = \mathbf{b}$의 최소제곱해일 필요충분조건은 $\mathbf{r}(\widehat{\mathbf{x}}) \in N(A^T)$, 즉

$$\mathbf{0} = A^T\mathbf{r}(\widehat{\mathbf{x}}) = A^T(\mathbf{b} - A\widehat{\mathbf{x}}) = A^T\mathbf{b} - A^TA\widehat{\mathbf{x}}$$

이다. 그러므로 $A\mathbf{x} = \mathbf{b}$의 최소제곱해는 바로 연립방정식

$$A^TA\mathbf{x} = A^T\mathbf{b}$$

의 해이다. 이 연립방정식은 일반적으로 하나 이상의 해를 가질 수 있다. 다음 정리는 이 연립방정식이 유일한 해를 가질 조건을 나타낸다.

정리 5.3.2

$m \times n$ 실수행렬 A의 계수가 n이면 다음 연립방정식

$$A^TA\mathbf{x} = A^T\mathbf{b}$$

는 유일한 해 $\widehat{\mathbf{x}} = (A^TA)^{-1}A^T\mathbf{b}$를 갖고, 이 해는 $A\mathbf{x} = \mathbf{b}$의 유일한 최소제곱해이다.

[증명] 정리 앞의 논의에 의해서 A^TA가 역행렬을 가지는 정상행렬임을 보이면 증명이 충분하다. 또 정리 1.4.4에 의하면 어떤 행렬이 정상행렬일 필요충분조건은 그 행렬을 계수로 하는 동차연립방정식이 자명한 해만을 갖는 것이다. 이제 $\mathbf{z}$가 $A^TA\mathbf{x} = \mathbf{0}$의 한 해라고 가정하자. 그러면 $A^T(A\mathbf{z}) = \mathbf{0}$이므로 $A\mathbf{z} \in N(A^T)$이다. 한편 $A\mathbf{z} \in \mathrm{Col}(A) = N(A^T)^{\perp}$이므로 $A\mathbf{z} \in N(A) \cap N(A^T)^{\perp} = \{\mathbf{0}\}$, 즉 $A\mathbf{z} = \mathbf{0}$이다. 그런데 A의 계수가 n이므로 A의 n개의 열벡터들이 일차독립이다. 따라서 정리 3.4.3에 의해서 연립방정식 $A\mathbf{x} = \mathbf{0}$는 자명한 해만을 가진다. 그러면 $A\mathbf{z} = \mathbf{0}$는 곧 $\mathbf{z} = \mathbf{0}$를 말한다. 이상에서 연립방정식 $A^TA\mathbf{x} = \mathbf{0}$는 자명한 해만을 가짐을 보였다. 그러므로 A^TA는 정상행렬이다.

이제 다음의 다양한 예제들을 통해서 최소제곱문제를 풀어보자.

예제 1

후크의 법칙은 용수철에 작용된 힘은 늘어난 용수철의 길이에 비례한다는 것을 나타낸다. 따라서 F가 작용된 힘이고 s가 늘어난 용수철의 길이이면

$$F = ks \tag{4}$$

이다. 여기서 k는 용수철 상수이다. 용수철 상수를 결정하기 위한 실험에서, 각각 3,5,8 kg의 추를 사용하였을 때 늘어난 용수철의 길이는 각각 4, 7, 11 cm였다면 식 (4)로부터 다음의 연립방정식을 얻게 된다.

$$4k = 3,\ \ 7k = 5,\ \ 11k = 8$$

방정식에 따라 각각 다른 k의 값이 나오므로 이 연립방정식은 분명히 불능이다. 그러나 실험오차 등 여러 가지 현실적 오차를 감안할 때, k의 값을 어떻게 정해야 가장 합리적일까를 생각하게 되면 이것은 곧 최소제곱문제가 된다. 즉, $A = (4, 7, 11)^T$, $\mathbf{x} = (k)$, $\mathbf{b} = (3, 5, 8)^T$라고 두면 위의 연립방정식은 $A\mathbf{x} = \mathbf{b}$이다.

$$A^T A = (4, 7, 11)(4, 7, 11)^T = 186$$
$$A^T \mathbf{b} = (4, 7, 11)(3, 5, 8)^T = 135$$

이므로 구하는 최소제곱해는 다음과 같다.

$$(A^T A)^{-1} A^T \mathbf{b} = \frac{135}{186} \approx 0.726$$

최소제곱적합

응용과학에서는 때때로 수집된 자료를 토대로 변수들 사이의 함수를 얻어야 할 경우가 자주 있다. 예를 들면, 시각 $t_0, t_1, \cdots, t_n$에서 측정된 어떤 액체의 온도변화가 각각 $T_0, T_1, \cdots, T_n$이라고 했을 때, 만일 이 자료를 바탕으로 액체의 온도 T를 시각 t의 함수로 표현할 수 있다면, 이 함수를 이용하여 그 액체의 미래의 온도변화를 미리 예측할 수 있게 된다. 이러한 상황을 좌표평면 위에 표현하면 각 시각에서 액체의 온도는 하나의 점으로 나타난다. 따라서 $(n+1)$개의 점으로 모든 자료가 표현되는데, 일반적으로 이 모든 점들을 지나는 n차의 다항식을 구할 수 있다.

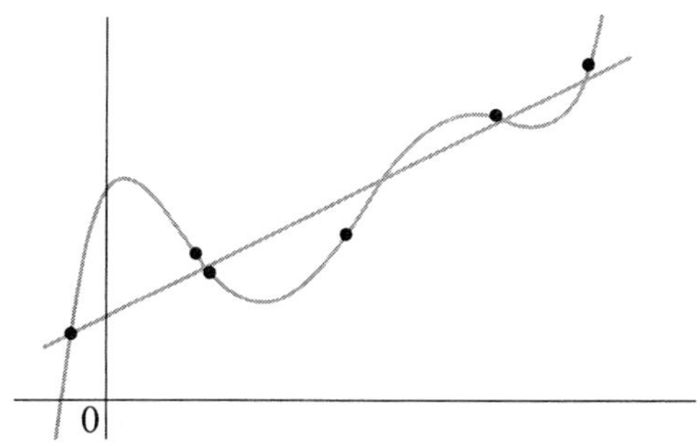

그림 5.6
주어진 데이터에 가장 근접한 직선

이러한 다항식을 보간다항식(interpolation polynomial)이라고 한다. 그러나 현실적으로, 자료에는 보통 실험적 오차가 내포되어 있으므로 구하려는 함수가 반드시 주어진 모든 점을 지나야 할 필요는 없다. 예를 들어, 변수 사이의 관계가 실제로 선형이고, 자료에 사소한 오차가 포함된 경우라면 보간다항식을 사용하는 것은 오히려 적합하지 않다(그림 5.6 참조).

어떤 실험에서의 취합된 자료가 다음의 표와 같이 주어져 있다고 하자.

x	x_1	x_2	$\cdots$	x_m
y	y_1	y_2	$\cdots$	y_m

최소제곱의 의미에서 주어진 자료에 가장 적합한 일차함수를 구해보자. 구하는 일차함수를

$$y = c_0 + c_1 x \tag{5}$$

라고 두고 자료의 값들을 위의 식에 대입하면

$$\begin{aligned} y_1 &= c_0 + c_1 x_1 \\ y_2 &= c_0 + c_1 x_2 \\ &\vdots \\ y_m &= c_0 + c_1 x_m \end{aligned}$$

와 같이 되어 두 개의 미지수 c_0, c_1을 포함한 m 개의 방정식으로 된 연립방정식을 얻는다. 이것을 행렬을 이용해서 표현하면

$$\begin{pmatrix} 1 & x_1 \\ 1 & x_2 \\ \vdots & \vdots \\ 1 & x_m \end{pmatrix} \begin{pmatrix} c_0 \\ c_1 \end{pmatrix} = \begin{pmatrix} y_1 \\ y_2 \\ \vdots \\ y_m \end{pmatrix} \tag{6}$$

이 된다. 이 방정식의 최소제곱해를 $(\alpha, \beta)^T$ 라고 하면, 구하려는 일차함수는

$$y = \alpha + \beta x$$

이다. 이것을 일차함수에 의한 자료의 최소제곱적합(least squares fit)이라고 한다. 물론 좌표평면 위에 나타난 자료의 대체적인 윤곽이 고차함수의 형태일 때에는 (5)의 일차식 대신에 고차 다항식을 대치하여 자료를 대입해야 한다. 그러면 비록 미지수의 개수는 늘어나겠지만 여전히 최소제곱문제의 형태이므로 고차함수에 의한 자료의 최소제곱적합을 구할 수 있다.

예제 2

자료가 다음의 표와 같이 주어질 때 일차함수에 의한 이 자료의 최소제곱적합을 구하여라.

x	0	3	6
y	1	4	5

풀이

이 예제에 대하여 연립방정식 (6)은 $A\mathbf{c} = \mathbf{y}$가 된다. 물론 여기서 A, $\mathbf{c}$, $\mathbf{y}$는 각기

$$A = \begin{pmatrix} 1 & 0 \\ 1 & 3 \\ 1 & 6 \end{pmatrix}, \quad \mathbf{c} = \begin{pmatrix} c_0 \\ c_1 \end{pmatrix}, \quad \mathbf{y} = \begin{pmatrix} 1 \\ 4 \\ 5 \end{pmatrix}$$

로 주어진다. 그러면 방정식 정규방정식 $A^T A\mathbf{c} = A^T\mathbf{y}$를 간단히 하여 다음을 얻는다.

$$\begin{pmatrix} 3 & 9 \\ 9 & 45 \end{pmatrix}\begin{pmatrix} c_0 \\ c_1 \end{pmatrix} = \begin{pmatrix} 10 \\ 42 \end{pmatrix}$$

이 연립방정식의 해는 $(4/3, 2/3)^T$이다. 따라서 구하는 최소제곱적합은 다음과 같다.

$$y = \frac{4}{3} + \frac{2}{3}x$$

여기서 $y = f(x) = c_0 + c_1 x$ 라고 할 때, 각 벡터 $\mathbf{c} = (c_0, c_1)^T$ 의 잉여 $\mathbf{r}(\mathbf{c})$의 노옴을 살펴보면 다음과 같이 계산할 수 있다.

$$\begin{aligned} \|\mathbf{r}(\mathbf{c})\|^2 &= \|\mathbf{y} - A\mathbf{c}\|^2 \\ &= [1 - (c_0 + 0c_1)]^2 + [4 - (c_0 + 3c_1)]^2 + [5 - (c_0 + 6c_1)]^2 \\ &= [1 - f(0)]^2 + [4 - f(3)]^2 + [5 - f(6)]^2 \end{aligned}$$

따라서 특히 $A\mathbf{c} = \mathbf{y}$ 의 최소제곱해를 사용할 경우 잉여의 노옴 $\|\mathbf{r}(\mathbf{c})\|$는 그림 5.7에서와 같이 나타나게 된다.

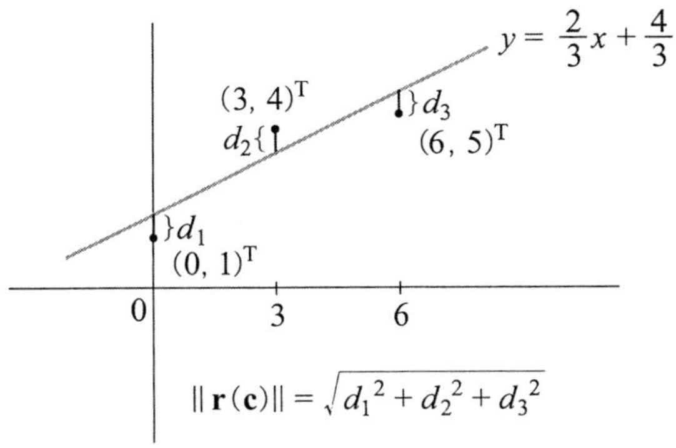

그림 5.7
잉여를 최소화하는 최소제곱적합.

예제 3

다음 주어진 자료의 2차함수에 의한 최소제곱적합을 구하여라.

x	0	1	2	3
y	3	2	4	4

풀이

구하려는 2차함수를 $y = c_0 + c_1 x + c_2 x^2$이라고 두고 위의 자료들을 대입하면 연립방정식 $A\mathbf{c} = \mathbf{y}$를 얻는다. 여기서 A, $\mathbf{c}$, $\mathbf{y}$는 각각

$$A = \begin{pmatrix} 1 & 0 & 0 \\ 1 & 1 & 1 \\ 1 & 2 & 4 \\ 1 & 3 & 9 \end{pmatrix}, \quad \mathbf{c} = \begin{pmatrix} c_0 \\ c_1 \\ c_2 \end{pmatrix}, \quad \mathbf{y} = \begin{pmatrix} 3 \\ 2 \\ 4 \\ 4 \end{pmatrix}$$

이다. 이제 연립방정식 $A^T A\mathbf{c} = A^T \mathbf{y}$를 간단히 하면 다음과 같다.

$$\begin{pmatrix} 4 & 6 & 14 \\ 6 & 14 & 36 \\ 14 & 36 & 98 \end{pmatrix} \begin{pmatrix} c_0 \\ c_1 \\ c_2 \end{pmatrix} = \begin{pmatrix} 13 \\ 22 \\ 54 \end{pmatrix}$$

이 연립방정식의 해는 $(2.75, -0.25, 0.25)$이므로 2차함수에 의한 자료의 최소제곱적합은 $y = 2.75 - 0.25x + 0.25x^2$이다.

연습문제 5.3

1. 임의의 $m \times n$ 행렬 A에 대해서 A^TA와 AA^T는 대칭행렬임을 보여라.

2. 다음 각 연립방정식에 대한 최소제곱해를 구하여라.

(a) $\begin{cases} x_1 + x_2 = 3 \\ 2x_1 - 3x_2 = 1 \\ 0x_1 + 0x_2 = 2 \end{cases}$ (b) $\begin{cases} -x_1 + x_2 = 10 \\ 2x_1 + x_2 = 5 \\ x_1 - 2x_2 = 20 \end{cases}$

(c) $\begin{cases} x_1 + x_2 + x_3 = 4 \\ -x_1 + x_2 + x_3 = 0 \\ -x_2 + x_3 = 1 \\ x_1 + x_3 = 2 \end{cases}$ (d) $\begin{cases} 2x_1 - x_2 + x_3 = 4 \\ -x_1 + x_2 - x_3 = 0 \\ x_1 - x_2 - x_3 = 1 \\ -x_1 + x_2 + x_3 = 2 \end{cases}$

3. 문제 2의 각 해에 대한 잉여를 구하여라.

4. 다음 각 항의 A와 $\mathbf{b}$에 대해서 연립방정식 $A\mathbf{x} = \mathbf{b}$를 만족하는 모든 최소제곱해를 구하여라.

(a) $A = \begin{pmatrix} 1 & 2 \\ 2 & 4 \\ -1 & -2 \end{pmatrix}$, $\mathbf{b} = \begin{pmatrix} 3 \\ 2 \\ 1 \end{pmatrix}$ (b) $A = \begin{pmatrix} 1 & 1 & 3 \\ -1 & 3 & 1 \\ 1 & 2 & 4 \end{pmatrix}$, $\mathbf{b} = \begin{pmatrix} -2 \\ 0 \\ 8 \end{pmatrix}$

5. 다음 주어진 자료에 대하여 각 항에 답하여라.

x	-1	0	1	2
y	0	1	3	9

(a) 위의 자료의 일차함수에 의한 최소제곱적합을 구하여라.

(b) (a)의 최소제곱적합 일차함수의 그래프를 좌표계 위에 자료와 함께 그려라.

6. 문제 5의 자료의 이차함수에 의한 최소제곱적합을 구하여라.

5.4 정규직교집합과 정규직교화

일반적으로 벡터공간 $\mathbb{R}^n$에서의 표준기저는 다른 기저를 사용할 때보다 여러 가지 잇점이 있다. 먼저 표준기저를 쓰면 각 벡터의 좌표벡터가 그 벡터의 $\mathbb{R}^n$에서의 표현과 일치하므로 따로 좌표벡터를 구하지 않아도 된다. 그 뿐 아니라 벡터의 내적을 구할 때나 최소제곱문제를 풀 때 등에서도 편리한 점이 있다. 그러나 꼭 표준기저가 아니더라도 표준기저의 특성을 모두 가지는 기저들이 있을 수 있는데 이들은 모두 기저 내의 각 원소들이 서로 직교한다는 공통점을 가진다.

정 의

V가 내적공간이고 $\{\mathbf{v}_1, \mathbf{v}_2, \cdots, \mathbf{v}_n\} \subseteq V$라고 하자. 임의의 $i \neq j$에 대해서 항상 $\mathbf{v}_i \cdot \mathbf{v}_j = 0$이면 $\{\mathbf{v}_1, \mathbf{v}_2, \cdots, \mathbf{v}_n\}$를 **직교집합**(orthogonal set)이라고 한다.

예제 1

내적공간 $\mathbb{R}^3$의 부분집합 $A = \{(1, 1, 1)^T, (2, 1, -3)^T, (4, -5, 1)^T\}$의 서로 다른 임의의 두 원소의 내적은 0임을 알 수 있다. 따라서 A는 직교집합이다. A가 일차독립이라는 것도 쉽게 보일 수 있는데, 그러면 A는 $\mathbb{R}^3$의 한 기저가 된다. 이와 같이 표준기저가 아니어도 모든 원소들이 서로 직교하는 기저가 있을 수 있다.

정리 5.4.1

$A = \{\mathbf{v}_1, \mathbf{v}_2, \cdots, \mathbf{v}_n\}$이 내적공간 V의 직교부분집합이고 $\mathbf{0} \notin A$이면 A는 일차독립이다.

[증명] 먼저 적당한 스칼라 $\alpha_1, \alpha_2, \cdots, \alpha_n$에 대해서

$$\alpha_1 \mathbf{v}_1 + \alpha_2 \mathbf{v}_2 + \cdots + \alpha_n \mathbf{v}_n = \mathbf{0}$$

이라고 하자. 임의의 $i \in \{1, 2, \cdots, n\}$에 대해서, 위의 식의 양변의 오른쪽에 $\mathbf{v}_i$를 내적하면

$$0 = \mathbf{0} \cdot \mathbf{v}_i = (\alpha_1 \mathbf{v}_1 + \alpha_2 \mathbf{v}_2 + \cdots + \alpha_n \mathbf{v}_n) \cdot \mathbf{v}_i$$

$$= \alpha_1(\mathbf{v}_1 \cdot \mathbf{v}_i) + \alpha_2(\mathbf{v}_2 \cdot \mathbf{v}_i) + \cdots + \alpha_n(\mathbf{v}_n \cdot \mathbf{v}_i)$$
$$= \alpha_i(\mathbf{v}_i \cdot \mathbf{v}_i)$$

이다. 그런데 $\mathbf{0} \notin A$이므로 $\mathbf{v}_i \neq \mathbf{0}$이다. 따라서 $\mathbf{v}_i \cdot \mathbf{v}_i \neq 0$이므로 $\alpha_i = 0$이다. 임의의 i에 대해서 항상 $\alpha_i = 0$이므로 즉 $\alpha_1 = \alpha_2 = \cdots = \alpha_n = 0$이다. 따라서 A는 일차독립이다.

정 의

내적공간 V에서 단위벡터들의 직교집합을 **정규직교집합**(orthonormal set)이라고 한다. 즉, $\{\mathbf{u}_1, \mathbf{u}_2, \cdots, \mathbf{u}_n\} \subseteq V$가 정규직교집합일 필요충분조건은 다음과 같다.

$$\mathbf{u}_i \cdot \mathbf{u}_j = \begin{cases} 1, & i = j \\ 0, & i \neq j \end{cases}$$

특히 정규직교집합이 내적공간 V의 기저가 될 때 **정규직교기저**(orthonormal basis)라고 한다.

영벡터가 아닌 임의의 벡터 $\mathbf{v}$에 대해서 $\mathbf{v}$를 $\|\mathbf{v}\|$로 나누어 주면 단위벡터가 되므로 영벡터를 갖지 않은 직교집합을 정규직교집합으로 만드는 것은 아주 쉽다. 즉, 영벡터를 포함하지 않은 임의의 직교집합 $\{\mathbf{v}_1, \mathbf{v}_2, \cdots, \mathbf{v}_n\}$가 주어졌을 때, 각 i에 대해서

$$\mathbf{u}_i = \frac{1}{\|\mathbf{v}_i\|}\mathbf{v}_i$$

라고 정의하면 $\{\mathbf{u}_1, \mathbf{u}_2, \cdots, \mathbf{u}_n\}$는 정규직교집합이 된다.

예제 2

앞 예제 1에서 주어진 직교기저를 정규직교기저로 만들어 보자. $\mathbf{v}_1 = (1, 1, 1)^T$, $\mathbf{v}_2 = (2, 1, -3)^T$, $\mathbf{v}_3 = (4, -5, 1)^T$이라고 두면

$$\|\mathbf{v}_1\| = \sqrt{3}, \ \|\mathbf{v}_2\| = \sqrt{14}, \ \|\mathbf{v}_3\| = \sqrt{42}$$

이므로 다음 집합은 정규직교기저이다.

$$\left\{\frac{1}{\sqrt{3}}(1, 1, 1)^T, \frac{1}{\sqrt{14}}(2, 1, -3)^T, \frac{1}{\sqrt{42}}(4, -5, 1)^T\right\}$$

다음 정리는 정규직교기저를 사용할 때, 내적공간의 각 벡터의 좌표벡터와 노옴이 어떻게 표현되는지를 보여준다.

정리 5.4.2

$\{\mathbf{u}_1, \mathbf{u}_2, \cdots, \mathbf{u}_n\}$가 내적공간 V의 한 정규직교기저일 때, V의 임의의 벡터

$$\mathbf{v} = \alpha_1\mathbf{u}_1 + \alpha_2\mathbf{u}_2 + \cdots + \alpha_n\mathbf{u}_n$$

에 대해서 다음이 성립한다.

(i) $\forall i \in \{1, 2, \cdots, n\},\ \alpha_i = \mathbf{v} \cdot \mathbf{u}_i$

(ii) $\|\mathbf{v}\|^2 = |\alpha_1|^2 + |\alpha_2|^2 + \cdots + |\alpha_n|^2$

[증명] (i) 주어진 기저가 정규직교기저이므로 다음과 같이 계산할 수 있다.

$$\begin{aligned}\mathbf{v} \cdot \mathbf{u}_i &= (\alpha_1\mathbf{u}_1 + \alpha_2\mathbf{u}_2 + \cdots + \alpha_n\mathbf{u}_n) \cdot \mathbf{u}_i \\ &= \alpha_1(\mathbf{u}_1 \cdot \mathbf{u}_i) + \alpha_2(\mathbf{u}_2 \cdot \mathbf{u}_i) + \cdots + \alpha_n(\mathbf{u}_n \cdot \mathbf{u}_i) = \alpha_i\end{aligned}$$

(ii) 먼저 증명된 (i)을 이용하면 아래와 같이 계산된다.

$$\begin{aligned}\|\mathbf{v}\|^2 &= \mathbf{v} \cdot \mathbf{v} = \mathbf{v} \cdot (\alpha_1\mathbf{u}_1 + \alpha_2\mathbf{u}_2 + \cdots + \alpha_n\mathbf{u}_n) \\ &= \overline{\alpha_1}(\mathbf{v} \cdot \mathbf{u}_1) + \overline{\alpha_2}(\mathbf{v} \cdot \mathbf{u}_2) + \cdots + \overline{\alpha_n}(\mathbf{v} \cdot \mathbf{u}_n) \\ &= \overline{\alpha_1}\alpha_1 + \overline{\alpha_2}\alpha_2 + \cdots + \overline{\alpha_n}\alpha_n \\ &= |\alpha_1|^2 + |\alpha_2|^2 + \cdots + |\alpha_n|^2\end{aligned}$$

예제 3

벡터공간 $\mathbb{R}^3$에 정규직교기저 $\left\{(0,1,0)^T, \left(\frac{1}{\sqrt{2}}, 0, \frac{1}{\sqrt{2}}\right)^T, \left(\frac{1}{\sqrt{2}}, 0, \frac{-1}{\sqrt{2}}\right)^T\right\}$가 주어져 있다. 벡터 $(1, 2, 3)^T$을 이 정규직교기저의 선형결합으로 나타내어라.

풀이

$\mathbf{v} = (1,2,3)^T$, $\mathbf{u}_1 = (0,1,0)^T$, $\mathbf{u}_2 = \left(\frac{1}{\sqrt{2}}, 0, \frac{1}{\sqrt{2}}\right)^T$, $\mathbf{u}_3 = \left(\frac{1}{\sqrt{2}}, 0, \frac{-1}{\sqrt{2}}\right)^T$라고

두면, $\mathbf{v}\cdot\mathbf{u}_1=2$, $\mathbf{v}\cdot\mathbf{u}_2=\frac{1}{\sqrt{2}}+\frac{3}{\sqrt{2}}=2\sqrt{2}$, $\mathbf{v}\cdot\mathbf{u}_3=\frac{1}{\sqrt{2}}-\frac{3}{\sqrt{2}}=-\sqrt{2}$이다. 따라서 $(1,2,3)^T=2(0,1,0)^T+2\sqrt{2}\left(\frac{1}{\sqrt{2}},0,\frac{1}{\sqrt{2}}\right)^T-\sqrt{2}\left(\frac{1}{\sqrt{2}},0,\frac{-1}{\sqrt{2}}\right)^T$이다.

앞 절의 정리 5.3.1에서는 S가 내적공간 $\mathbb{R}^m$의 부분공간일 때 임의의 $\mathbf{b}\in\mathbb{R}^m$에 대해서 $\mathbf{b}$에 가장 가까운 S의 원소 $\mathbf{p}$가 유일하게 존재한다는 것을 보였다. 이제 이 정리를 임의의 내적공간으로 확장하고, 또 정규직교기저와 관련해서, 벡터 $\mathbf{p}$를 어떻게 나타낼 수 있는지 알아보자. 한편으로 이것은 정규직교기저의 유용성을 보여주고 있다.

정리 5.4.3

S가 내적공간 V의 부분공간이고 또 $\{\mathbf{u}_1, \mathbf{u}_2, \cdots, \mathbf{u}_n\}$이 부분공간 S의 정규직교기저일 때, 임의의 $\mathbf{v}\in V$에 대해서

$$\mathbf{p}=(\mathbf{v}\cdot\mathbf{u}_1)\mathbf{u}_1+(\mathbf{v}\cdot\mathbf{u}_2)\mathbf{u}_2+\cdots+(\mathbf{v}\cdot\mathbf{u}_r)\mathbf{u}_r$$

은 $\mathbf{v}$에 가장 가까운 S의 벡터이고 $\mathbf{p}-\mathbf{v}\in S^{\perp}$이다. 이때 $\mathbf{p}$를 벡터 $\mathbf{v}$의 S 위의 **사영**(projection)이라고 한다.

[증명] 일단 $\mathbf{p}-\mathbf{v}\in S^{\perp}$를 보이고 나면 정리 5.3.1에서와 마찬가지 방법으로 $\mathbf{p}$가 S의 원소 중에서 $\mathbf{v}$에 가장 가까운 벡터임을 보일 수 있다. 임의의 $i\in\{1, 2, \cdots, r\}$에 대해서

$$\begin{aligned}\mathbf{p}\cdot\mathbf{u}_i&=\left(\sum_{j=1}^{r}(\mathbf{v}\cdot\mathbf{u}_j)\mathbf{u}_j\right)\cdot\mathbf{u}_i\\&=\sum_{j=1}^{r}(\mathbf{v}\cdot\mathbf{u}_j)(\mathbf{u}_j\cdot\mathbf{u}_i)=\mathbf{v}\cdot\mathbf{u}_i\end{aligned}$$

이므로 임의의 $\mathbf{y}=\alpha_1\mathbf{u}_1+\alpha_2\mathbf{u}_2+\cdots+\alpha_r\mathbf{u}_r\in S$에 대해서

$$\begin{aligned}(\mathbf{p}-\mathbf{v})\cdot\mathbf{y}&=\sum_{i=1}^{r}\overline{\alpha_i}(\mathbf{p}-\mathbf{v})\cdot\mathbf{u}_i\\&=\sum_{i=1}^{r}\overline{\alpha_i}(\mathbf{p}\cdot\mathbf{u}_i-\mathbf{v}\cdot\mathbf{u}_i)\\&=\sum_{i=1}^{r}\overline{\alpha_i}(\mathbf{v}\cdot\mathbf{u}_i-\mathbf{v}\cdot\mathbf{u}_i)=0\end{aligned}$$

이다. 따라서 $\mathbf{p}-\mathbf{v}\in S^{\perp}$이다.

예제 4

내적공간 $\mathbb{R}^3$의 부분공간 S를 xy−평면이라고 두고 $\mathbf{v} = (3,\ -4,\ 2)^T$이라고 하자. 그러면 S의 원소 중에서 $\mathbf{v}$에 가장 가까운 벡터는 $\mathbf{v}$의 xy−평면에 대한 사영 $(3,\ -4,\ 0)^T$이 될 것이다. 위의 정리를 이 경우에 적용해보자. 먼저 $\mathbf{e}_1 = (1,\ 0,\ 0)^T$, $\mathbf{e}_2 = (0,\ 1,\ 0)^T$라고 하면 $\mathbf{e}_1$, $\mathbf{e}_2$는 S의 정규직교기저이다. 따라서

$$\mathbf{p} = (\mathbf{v} \cdot \mathbf{e}_1)\ \mathbf{e}_1 + (\mathbf{v} \cdot \mathbf{e}_2)\ \mathbf{e}_2 = 3\ \mathbf{e}_1 - 4\ \mathbf{e}_2 = (3,\ -4,\ 0)^T$$

는 우리가 구하는 벡터이다.

■ 그람−슈미트(Gram−Schmidt)의 직교화

비록 정규직교기저가 여러 가지로 유용하기는 하지만 임의의 내적공간에서 정규직교기저를 발견할 수 있을 것인가? 그람−슈미트의 직교화는 바로 여기에 대한 긍정적 대답으로, 주어진 기저로부터 정규직교기저를 얻는 절차를 설명하고 있다.

V가 내적공간이고 $\{\mathbf{v}_1,\ \mathbf{v}_2,\ \cdots,\ \mathbf{v}_n\}$는 주어진 V의 한 기저라고 하자. 이제 임의의 $k \in \{1,\ 2,\ \cdots,\ n\}$에 대해서

$$\mathrm{Span}(\mathbf{u}_1,\ \mathbf{u}_2,\ \cdots,\ \mathbf{u}_k) = \mathrm{Span}(\mathbf{v}_1,\ \mathbf{v}_2,\ \cdots,\ \mathbf{v}_k)$$

와 같이 되도록 정규직교기저 $\{\mathbf{u}_1,\ \mathbf{u}_2,\ \cdots,\ \mathbf{u}_n\}$를 구성하려고 한다. 먼저

$$\mathbf{u}_1 = \frac{1}{\|\mathbf{v}_1\|}\mathbf{v}_1 \tag{1}$$

이라고 두자. $\mathbf{u}_1$은 $\mathbf{v}_1$과 같은 방향의 단위벡터이므로, $\mathrm{Span}(\mathbf{u}_1) = \mathrm{Span}(\mathbf{v}_1)$이다. 이제 $\mathbf{p}_1$을 $\mathbf{v}_2$의 $\mathrm{Span}(\mathbf{u}_1)$ 위의 사영이라고 하자. 정리 5.4.3에 의해서

$$\mathbf{p}_1 = (\mathbf{v}_2 \cdot \mathbf{u}_1)\,\mathbf{u}_1,\quad (\mathbf{v}_2 - \mathbf{p}_1) \perp \mathbf{u}_1$$

이다. 따라서

$$\mathbf{u}_2 = \frac{1}{\|\mathbf{v}_2 - \mathbf{p}_1\|}(\mathbf{v}_2 - \mathbf{p}_1) \tag{2}$$

라고 두면, $\mathbf{u}_1$과 $\mathbf{u}_2$는 서로 직교하는 단위벡터들이다. 그러면 (1), (2)에 의해서

$$\mathrm{Span}(\mathbf{u}_1,\ \mathbf{u}_2) = \mathrm{Span}(\mathbf{v}_1,\ \mathbf{v}_2)$$

같은 방법으로 $\mathbf{p}_2$를 $\mathbf{v}_3$의 $\text{Span}(\mathbf{u}_1, \mathbf{u}_2)$ 위의 사영이라고 하면

$$\mathbf{p}_2 = (\mathbf{v}_3 \cdot \mathbf{u}_1)\mathbf{u}_1 + (\mathbf{v}_3 \cdot \mathbf{u}_2)\mathbf{u}_2, \ (\mathbf{v}_3 - \mathbf{p}_2) \in \text{Span}(\mathbf{u}_1, \mathbf{u}_2)^{\perp}$$

이다. 따라서

$$\mathbf{u}_3 = \frac{1}{\|\mathbf{v}_3 - \mathbf{p}_2\|}(\mathbf{v}_3 - \mathbf{p}_2)$$

라고 두면 $\{\mathbf{u}_1, \mathbf{u}_2, \cdots, \mathbf{u}_n\}$는 정규직교집합이고 $\text{Span}(\mathbf{u}_1, \mathbf{u}_2, \mathbf{u}_3) = \text{Span}(\mathbf{v}_1, \mathbf{v}_2, \mathbf{v}_3)$ 이다. 이런 방법으로 계속해 나가면 V의 정규직교기저 $\{\mathbf{u}_1, \mathbf{u}_2, \cdots, \mathbf{u}_n\}$을 얻는다.

정리 5.4.4

(그람-슈미트의 직교화)

내적공간 V의 주어진 기저 $\{\mathbf{v}_1, \mathbf{v}_2, \cdots, \mathbf{v}_n\}$에 대해서

$$\mathbf{u}_1 = \frac{1}{\|\mathbf{v}_1\|}\mathbf{v}_1$$

이라고 정의하고 차례로 $\{\mathbf{u}_1, \mathbf{u}_2, \cdots, \mathbf{u}_n\}$을 다음과 같이 귀납적으로 정의하자.

$$\mathbf{u}_{k+1} = \frac{1}{\|\mathbf{v}_{k+1} - \mathbf{p}_k\|}(\mathbf{v}_{k+1} - \mathbf{p}_k), \quad 1 \le k \le n-1$$

여기서 $\mathbf{p}_k = (\mathbf{v}_{k+1} \cdot \mathbf{u}_1)\mathbf{u}_1 + (\mathbf{v}_{k+1} \cdot \mathbf{u}_2)\mathbf{u}_2 + \cdots + (\mathbf{v}_{k+1} \cdot \mathbf{u}_k)\mathbf{u}_k$는 $\mathbf{v}_{k+1}$의 $\text{Span}(\mathbf{u}_1, \mathbf{u}_2, \cdots, \mathbf{u}_k)$ 위의 사영이다. 그러면 $\{\mathbf{u}_1, \mathbf{u}_2, \cdots, \mathbf{u}_n\}$는 내적공간 V의 정규직교기저이다.

예제 5

내적공간 $\mathbb{R}^3$의 기저 $\{(1, 1, 0)^T, (0, 1, -1)^T, (1, 1, 1)^T\}$를 정규직교화하여라.

풀이

주어진 기저의 벡터들을 차례로 $\mathbf{v}_1, \mathbf{v}_2, \mathbf{v}_3$라고 하자. 그러면

$$\mathbf{u}_1 = \frac{1}{\|\mathbf{v}_1\|}\mathbf{v}_1 = \frac{1}{\sqrt{2}}(1, 1, 0)^T,$$

$$\mathbf{p}_1 = (\mathbf{v}_2 \cdot \mathbf{u}_1)\mathbf{u}_1 = \frac{1}{\sqrt{2}}\frac{1}{\sqrt{2}}(1, 1, 0)^T = \frac{1}{2}(1, 1, 0)^T,$$

$$\mathbf{u}_2 = \frac{1}{\|\mathbf{v}_2 - \mathbf{p}_1\|}(\mathbf{v}_2 - \mathbf{p}_1) = \frac{1}{\sqrt{6}}(-1, 1, -2)^T,$$

$$\mathbf{p}_2 = (\mathbf{v}_3 \cdot \mathbf{u}_1)\mathbf{u}_1 + (\mathbf{v}_3 \cdot \mathbf{u}_2)\mathbf{u}_2 = \sqrt{2}\,\mathbf{u}_1 + \frac{-2}{\sqrt{6}}\mathbf{u}_2 = \frac{2}{3}(2, 1, 1)^T,$$

$$\mathbf{u}_3 = \frac{1}{\|\mathbf{v}_3 - \mathbf{p}_2\|}(\mathbf{v}_3 - \mathbf{p}_2) = \frac{1}{\sqrt{3}}(-1, 1, 1)^T$$

이다. 따라서 $\{\mathbf{u}_1, \mathbf{u}_2, \cdots, \mathbf{u}_n\}$ 은 $\mathbb{R}^3$의 정규직교기저이다.

예제 6

다음 주어진 행렬 A의 열공간에 대한 정규직교기저를 구하라.

$$A = \begin{pmatrix} 1 & 1 & 2 \\ 1 & 2 & 3 \\ 1 & 2 & 1 \\ 1 & 1 & 6 \end{pmatrix}$$

풀이

A의 세 열벡터를 차례로 각각 $\mathbf{v}_1$, $\mathbf{v}_2$, $\mathbf{v}_3$라고 하자. 그러면

$$\mathbf{u}_1 = \frac{1}{\|\mathbf{v}_1\|}\mathbf{v}_1 = \frac{1}{2}(1, 1, 1, 1)^T,$$

$$\mathbf{p}_1 = (\mathbf{v}_2 \cdot \mathbf{u}_1)\mathbf{u}_1 = 3\mathbf{u}_1 = \frac{3}{2}(1, 1, 1, 1)^T,$$

$$\mathbf{u}_2 = \frac{1}{\|\mathbf{v}_2 - \mathbf{p}_1\|}(\mathbf{v}_2 - \mathbf{p}_1) = \frac{1}{2}(-1, 1, 1, -1)^T,$$

$$\mathbf{p}_2 = (\mathbf{v}_3 \cdot \mathbf{u}_1)\mathbf{u}_1 + (\mathbf{v}_3 \cdot \mathbf{u}_2)\mathbf{u}_2 = 6\mathbf{u}_1 - 2\mathbf{u}_2 = (4, 2, 2, 4)^T,$$

$$\mathbf{u}_3 = \frac{1}{\|\mathbf{v}_3 - \mathbf{p}_2\|}(\mathbf{v}_3 - \mathbf{p}_2) = \frac{1}{\sqrt{10}}(-2, 1, -1, 2)^T$$

이다. 따라서 $\{\mathbf{u}_1, \mathbf{u}_2, \cdots, \mathbf{u}_n\}$ 가 A의 열공간의 정규직교기저이다.

연습문제 5.4

1. 다음 벡터의 집합 중에서 $\mathbb{R}^2$의 정규직교기저를 모두 가려내어라.

(a) $\{(1, 0)^T, (0, 1)^T\}$ (b) $\{(1, -1)^T, (1, 1)^T\}$

(c) $\left\{\left(\frac{3}{5}, \frac{4}{5}\right)^T, \left(\frac{5}{13}, \frac{12}{13}\right)^T\right\}$ (d) $\left\{\left(\frac{\sqrt{5}}{3}, \frac{2}{3}\right)^T, \left(-\frac{2}{3}, \frac{\sqrt{5}}{3}\right)^T\right\}$

2. 다음 주어진 세 벡터에 대하여 아래 각 항에 답하여라.

$$\mathbf{u}_1 = \left(\frac{1}{3\sqrt{2}}, \frac{1}{3\sqrt{2}}, \frac{-4}{3\sqrt{2}}\right)^T, \quad \mathbf{u}_2 = \left(\frac{2}{3}, \frac{2}{3}, \frac{1}{3}\right)^T, \quad \mathbf{u}_3 = \left(\frac{1}{\sqrt{2}}, \frac{-1}{\sqrt{2}}, 0\right)^T$$

(a) $\{\mathbf{u}_1, \mathbf{u}_2, \cdots, \mathbf{u}_n\}$는 내적공간 $\mathbb{R}^3$의 정규직교기저임을 보여라.

(b) $\mathbf{v} = (1, 1, 1)^T$라고 할 때, $\mathbf{v}$를 $\mathbf{u}_1$, $\mathbf{u}_2$와 $\mathbf{u}_3$의 일차결합으로 나타내고, 정리 5.4.2의 방법으로 $\|\mathbf{v}\|$를 계산하여라.

3. θ가 고정된 실수일 때 다음 두 벡터에 대하여 아래 각 항에 답하여라.

$$\mathbf{x}_1 = \begin{pmatrix} \cos\theta \\ \sin\theta \end{pmatrix}, \qquad \mathbf{x}_2 = \begin{pmatrix} -\sin\theta \\ \cos\theta \end{pmatrix}$$

(a) $\{\mathbf{x}_1, \mathbf{x}_2\}$는 내적공간 $\mathbb{R}^2$의 정규직교기저임을 보여라.

(b) $\mathbb{R}^2$상의 임의의 벡터 $\mathbf{y} = (y_1, y_2)^T$가 일차결합 $\alpha_1\mathbf{x}_1 + \alpha_2\mathbf{x}_2$와 같이 표현됨을 보여라.

(c) $\|\mathbf{y}\|^2 = \alpha_1^2 + \alpha_2^2 = y_1^2 + y_2^2$임을 보여라.

4. $\{\mathbf{u}_1, \mathbf{u}_2, \cdots, \mathbf{u}_n\}$를 내적공간 V의 정규직교기저라고 하고 $\mathbf{u} = \mathbf{u}_1 + 2\mathbf{u}_2 + 2\mathbf{u}_3$, $\mathbf{v} = \mathbf{u}_1 + 7\mathbf{u}_3$라고 할 때 다음 각 항에 답하여라.

(a) $\mathbf{u} \cdot \mathbf{v}$ (b) $\|\mathbf{u}\|$ 및 $\|\mathbf{v}\|$ (c) $\mathbf{u}$와 $\mathbf{v}$ 사이의 각 θ

5. 다음 행렬 A에 대해서 아래의 물음에 답하여라.

$$A = \begin{pmatrix} \frac{1}{2} & -\frac{1}{2} \\ \frac{1}{2} & -\frac{1}{2} \\ \frac{1}{2} & \frac{1}{2} \\ \frac{1}{2} & \frac{1}{2} \end{pmatrix}$$

(a) A의 열벡터는 $\mathbb{R}^4$에서 정규직교집합을 이룸을 보여라.

(b) $\mathbf{b} = (4, 0, 0, 0)^T$에 대하여 연립방정식 $A\mathbf{x} = \mathbf{b}$의 최소제곱해를 구하여라.

6. 다음 각 행렬의 열공간의 정규직교기저를 구하여라.

(a) $A = \begin{pmatrix} -1 & 3 \\ 1 & 5 \end{pmatrix}$ (b) $A = \begin{pmatrix} 2 & 5 \\ 1 & 10 \end{pmatrix}$

7. 내적공간 $\mathbb{R}^4$의 다음 기저를 정규직교화 하여라.

$$\{(1, 0, 0, 1)^T, \ (-1, 0, 2, 1)^T, \ (2, 3, 2, -2)^T, (-1, 2, -1, 1)^T\}$$

8. 다음 두 행렬에 대하여 아래의 각 항에 답하여라.

$$A = \begin{pmatrix} 2 & 1 \\ 1 & 1 \\ 2 & 1 \end{pmatrix}, \qquad \mathbf{b} = \begin{pmatrix} 12 \\ 6 \\ 8 \end{pmatrix}$$

(a) 그람-슈미트의 직교화를 이용하여 A의 열공간의 정규직교기저를 구하여라.

(b) 최소제곱문제 $A\mathbf{x} = \mathbf{b}$를 풀어라.

9. 그람-슈미트의 직교화를 이용하여 내적공간 $\mathbb{R}^3$의 다음 기저를 정규직교화 하여라.

$$\{(1, 1, 1)^T, (0, 1, 1)^T, \ (0, 0, 1)^T\}$$

10. 그람-슈미트의 직교화를 이용하여 다음 세 벡터에 의해서 생성되는 $\mathbb{R}^4$의 부분공간에 대한 정규직교기저를 구하라.

$$\mathbf{x}_1 = (4, 2, 2, 1)^T, \ \mathbf{x}_2 = (2, 0, 0, 2)^T, \ \mathbf{x}_3 = (1, 1, -1, -1)^T$$

11. $\{(1,0,1,1)^T, (2,0,2,3)^T, (1,0,2,3)^T\}$로 생성된 $\mathbb{R}^4$의 부분공간 W의 정규직교기저를 구하여라.

Chapter 6 행렬의 고유값과 대각화

6.1 고유값과 고유벡터

행렬의 고유값은 그 행렬에 연관된 특별한 스칼라이고 그것에 대응하는 벡터가 고유벡터이다. 제4장에서 살펴본 바와 같이 행렬은 곧 하나의 선형변환으로 생각할 수 있다. 선형대수학을 응용하는 공학 및 인문학의 경우, 하나의 선형변환을 주어진 초기벡터에 연속적으로 적용하는 많은 사례들을 볼 수 있다. 즉, A가 정방행렬이고 $\mathbf{v}_0$가 초기벡터일 때,

$$
\begin{aligned}
\mathbf{v}_1 &= A\mathbf{v}_0 \\
\mathbf{v}_2 &= A\mathbf{v}_1 = A^2\mathbf{v}_0 \\
&\vdots \\
\mathbf{v}_n &= A\mathbf{v}_{n-1} = A^n\mathbf{v}_0
\end{aligned}
$$

와 같이 선형변환 A가 $\mathbf{v}_0$에 계속해서 적용되고 있는데, 이때 중요한 것은 n이 매우 커질 때 $\mathbf{v}_n$이 결국 더 이상 선형변환 A에 의해서 변화하지 않는 어떤 평형상태에 도달할 것인가, 즉

$$\mathbf{v}_n \to \mathbf{v}, \qquad A\mathbf{v} = \mathbf{v}$$

와 같은 $\mathbf{v}$를 얻을 수 있는가, 또 n이 어느 정도로 큰 값일 때 $\mathbf{v}_n \approx \mathbf{v}$가 될 것인가 하는 것이다. 이 문제는 아래의 예제에서 구체적으로 살펴보게 되겠지만, 바로 이러한 경우에 고유값 및 고유벡터는 매우 유용하게 사용될 수 있다.

정 의

A가 $n\times n$ 정방행렬이라고 하자. 이때, 적당한 스칼라 λ와 영이 아닌 벡터 $\mathbf{v}$가

존재해서

$$A\mathbf{v} = \lambda\mathbf{v}$$

의 관계를 만족할 때 λ를 A의 **고유값**(eigenvalue)이라고 하고 $\mathbf{v}$를 λ에 대응하는 A의 **고유벡터**(eigenvector)라고 한다.

벡터 $\mathbf{v}$가 고유값 λ에 대응하는 A의 고유벡터라는 것은, 기하학적으로 말해서, $A\mathbf{v}$는 $\mathbf{v}$와 같은 선상에 있다는 것이다. 다만 λ가 양수이면 $\mathbf{v}$와 같은 방향, λ가 음수이면 $\mathbf{v}$의 반대 방향을 향하게 된다.

그림 6.1 $\mathbf{v}$는 A의 고유벡터. λ의 부호에 따라 $A\mathbf{v}$와 $\mathbf{v}$는 같은 방향이거나 또는 서로 반대 방향

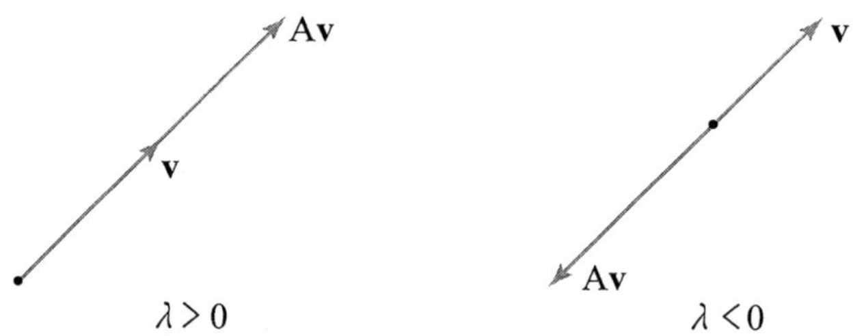

예제 1

행렬 $A = \begin{pmatrix} -4 & -6 \\ 3 & 5 \end{pmatrix}$와 벡터 $\mathbf{v} = \begin{pmatrix} -2 \\ 1 \end{pmatrix}$에 대해서

$$\begin{pmatrix} -4 & -6 \\ 3 & 5 \end{pmatrix}\begin{pmatrix} -2 \\ 1 \end{pmatrix} = \begin{pmatrix} 2 \\ -1 \end{pmatrix} = -1\begin{pmatrix} -2 \\ 1 \end{pmatrix}$$

이므로 -1은 A의 고유값이고 $\mathbf{v}$는 -1에 대응하는 A의 고유벡터이다. 한편,

$\mathbf{w} = \begin{pmatrix} -1 \\ 1 \end{pmatrix}$ 이라고 하면

그림 6.2 $A\mathbf{v}$는 $\mathbf{v}$와 반대 방향, $A\mathbf{w}$는 $\mathbf{w}$와 같은 방향

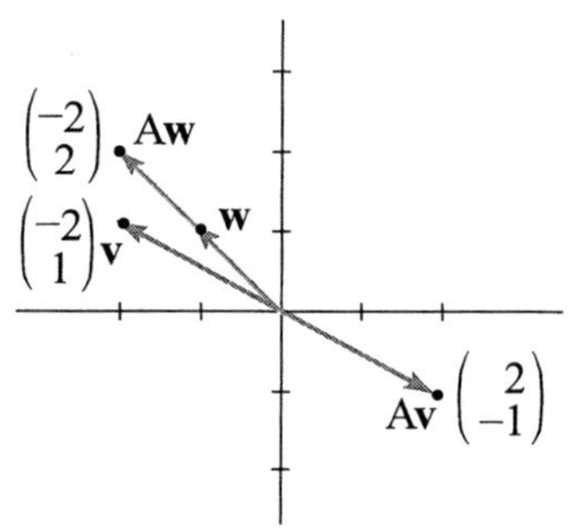

$$\begin{pmatrix} -4 & -6 \\ 3 & 5 \end{pmatrix}\begin{pmatrix} -1 \\ 1 \end{pmatrix} = \begin{pmatrix} -2 \\ 2 \end{pmatrix} = 2\begin{pmatrix} -1 \\ 1 \end{pmatrix}$$

이므로 2 또한 A의 고유값이고 $\mathbf{w}$는 2에 대응하는 A의 고유벡터이다.

예제 2

평면 벡터공간 $\mathbb{R}^2$에서 원점을 중심으로 θ 만큼 회전하는 선형변환은(4.1절 예제 9 참조) 다음과 같다.

$$\begin{pmatrix} \cos\theta & -\sin\theta \\ \sin\theta & \cos\theta \end{pmatrix}$$

특히 $\theta = \dfrac{\pi}{2}$일 때, 다음의 선형변환 A 를 얻는다.

$$A = \begin{pmatrix} 0 & -1 \\ 1 & 0 \end{pmatrix}$$

이 경우, 임의의 평면벡터 $\mathbf{v} \in \mathbb{R}^2$에 대하여 $A\mathbf{v}$는 $\mathbf{v}$ 와 동일선상에 놓일 수 없다. 따라서 A는 실수 범위 내에서 고유값 및 고유벡터를 갖지 못한다. 그러나 아래의 예제 5에서 보듯이 복소수의 범위로 확장하면 A는 고유값 및 고유벡터를 갖게 된다.

이제 일반적으로 주어진 $n \times n$ 정방행렬 A의 고유값과 고유벡터를 계산하는 방법을 알아본다. 먼저 고유값에 대한 다음의 동치관계들을 관찰해보자.

λ가 A의 고유값이다.
$\Leftrightarrow$ $A\mathbf{v} = \lambda\mathbf{v}$를 만족하는 영이 아닌 벡터 $\mathbf{v}$가 존재한다.
$\Leftrightarrow$ $(A-\lambda I)\mathbf{v} = \mathbf{0}$을 만족하는 영이 아닌 벡터 $\mathbf{v}$가 존재한다.
$\Leftrightarrow$ 선형연립방정식 $(A-\lambda I)\mathbf{x} = \mathbf{0}$이 자명하지 않은 해를 갖는다.
$\Leftrightarrow$ 행렬 $A-\lambda I$는 특이이다.
$\Leftrightarrow$ $|A-\lambda I| = 0$이다.

네 번째와 다섯 번째 동치관계는 각각 정리 1.4.4와 정리 2.2.7로부터 얻어진다. 마지막 식의 행렬식 $|A-\lambda I|$는 λ를 미지수로 하는 n차 다항식이 되는데 이것을 A의 특성다항식(characteristic polynomial)이라고 하고 방정식 $|A-\lambda I| = 0$를 A의 특성방정식(characteristic equation)이라고 한다. 따라서 특성방정식의 근을 구함으로써 A의 고유값을 모두 구할 수 있다. 한편, λ가 A의 고유값일 때 선

형연립방정식 $(A-\lambda I)\mathbf{x}=\mathbf{0}$의 해집합이 $N(A-\lambda I)$이므로 집합 $N(A-\lambda I)$에 들어 있는 모든 영이 아닌 벡터는 A의 고유벡터가 된다. 그래서 $N(A-\lambda I)$를 λ에 대응하는 A 의 고유공간(eigenspace)이라고 하고 $E(\lambda)$로 표현한다.

예제 3

다음 행렬 A의 고유값과 고유공간을 구하여라.

$$A=\begin{pmatrix}1 & 3\\ 0 & 2\end{pmatrix}$$

풀이

특성방정식을 풀면

$$|A-\lambda I|=\begin{vmatrix}1-\lambda & 3\\ 0 & 2-\lambda\end{vmatrix}=(1-\lambda)(2-\lambda)=0,$$

$\lambda=1$ 또는 2.

따라서 고유값은 1과 2이다. 이제 고유공간을 구해보자. 고유공간 즉 $A-\lambda I$의 영공간은 행렬 $A-\lambda I$를 기약 행계단형으로 변형함으로써 구할 수 있다.

(i) $\lambda=1$인 경우:

$$A-I=\begin{pmatrix}0 & 3\\ 0 & 1\end{pmatrix}\to\begin{pmatrix}0 & 1\\ 0 & 3\end{pmatrix}\to\begin{pmatrix}0 & 1\\ 0 & 0\end{pmatrix},$$

$$E(1)=\left\{\begin{pmatrix}\alpha\\ 0\end{pmatrix}\,\middle|\,\alpha \text{ 는 실수}\right\}.$$

(ii) $\lambda=2$인 경우:

$$A-2I=\begin{pmatrix}-1 & 3\\ 0 & 0\end{pmatrix}\to\begin{pmatrix}1 & -3\\ 0 & 0\end{pmatrix},$$

$$E(2)=\left\{\begin{pmatrix}3\alpha\\ \alpha\end{pmatrix}\,\middle|\,\alpha\text{는 실수}\right\}.$$

예제 4

다음 행렬 A 의 고유값과 고유공간 및 고유공간의 기저를 구하여라.

$$A=\begin{pmatrix}1 & -3 & 3\\ 3 & -5 & 3\\ 6 & -6 & 4\end{pmatrix}$$

풀이

특성방정식을 풀면

$$|A-\lambda I| = \begin{vmatrix} 1-\lambda & -3 & 3 \\ 3 & -5-\lambda & 3 \\ 6 & -6 & 4-\lambda \end{vmatrix} = -(\lambda-4)(\lambda+2)^2 = 0,$$

$\lambda = -2$ 또는 4.

그러므로 고유값은 -2와 4이다. 각 고유값 λ에 대하여 $A-\lambda I$의 (기약) 행계단형을 조사하여 고유공간 및 그 기저를 구해보면,

(i) $\lambda = -2$인 경우 :

$$A+2I = \begin{pmatrix} 3 & -3 & 3 \\ 3 & -3 & 3 \\ 6 & -6 & 6 \end{pmatrix} \longrightarrow \begin{pmatrix} 1 & -1 & 1 \\ 0 & 0 & 0 \\ 0 & 0 & 0 \end{pmatrix},$$

$$E(-2) = \left\{ \begin{pmatrix} \alpha-\beta \\ \alpha \\ \beta \end{pmatrix} \middle| \ \alpha, \beta\text{는 실수} \right\},$$

$$E(-2)\text{의 기저: } \left\{ \begin{pmatrix} 1 \\ 1 \\ 0 \end{pmatrix}, \begin{pmatrix} -1 \\ 0 \\ 1 \end{pmatrix} \right\}.$$

(ii) $\lambda = 4$인 경우 :

$$A-4I = \begin{pmatrix} -3 & -3 & 3 \\ 3 & -9 & 3 \\ 6 & -6 & 0 \end{pmatrix} \longrightarrow \begin{pmatrix} 1 & -1 & 0 \\ 0 & 2 & -1 \\ 0 & 0 & 0 \end{pmatrix},$$

$$E(4) = \left\{ \begin{pmatrix} \alpha \\ \alpha \\ 2\alpha \end{pmatrix} \middle| \ \alpha\text{는 실수} \right\},$$

$$E(4)\text{의 기저: } \left\{ \begin{pmatrix} 1 \\ 1 \\ 2 \end{pmatrix} \right\}.$$

예제 5

다음 행렬

$$A = \begin{pmatrix} 0 & -1 \\ 1 & 0 \end{pmatrix}$$

의 고유값 및 고유공간을 복소수의 범위에서 구하여라.

풀이

특성방정식

$$|A-\lambda I| = \begin{vmatrix} -\lambda & -1 \\ 1 & -\lambda \end{vmatrix} = \lambda^2 + 1 = (\lambda + i)(\lambda - i) = 0$$

으로부터 고유값 $\lambda = \pm i$를 얻는다. 각각의 경우, 고유공간은

(i) $\lambda = -i$인 경우 :

$$A + iI = \begin{pmatrix} i & -1 \\ 1 & i \end{pmatrix} \to \begin{pmatrix} 1 & i \\ 0 & 0 \end{pmatrix},$$

$$E(-i) = \left\{ \begin{pmatrix} -i\alpha \\ \alpha \end{pmatrix} \middle| \ \alpha\text{는 복소수} \right\}.$$

(ii) $\lambda = i$인 경우 :

$$A - iI = \begin{pmatrix} -i & -1 \\ 1 & -i \end{pmatrix} \to \begin{pmatrix} 1 & -i \\ 0 & 0 \end{pmatrix},$$

$$E(i) = \left\{ \begin{pmatrix} i\alpha \\ \alpha \end{pmatrix} \middle| \ \alpha\text{는 복소수} \right\}.$$

정리 6.1.1

A가 정방행렬이고 μ, λ가 서로 다른 A의 고유값이라고 하자. 만일 $\mathbf{v}$, $\mathbf{w}$가 각각 μ, λ에 대응하는 A의 고유벡터라면 $\mathbf{v}$, $\mathbf{w}$는 일차독립이다.

[증명] 일차독립성을 증명하기 위하여 먼저 $\mathbf{v}$, $\mathbf{w}$의 선형결합이 영이라고 하자.

$$\alpha\mathbf{v} + \beta\mathbf{w} = \mathbf{0} \tag{1}$$

이 식을 이용하여

$$\mathbf{0} = A\mathbf{0} = A(\alpha\mathbf{v} + \beta\mathbf{w}) = \alpha A\mathbf{v} + \beta A\mathbf{w} = \alpha\mu\mathbf{v} + \beta\lambda\mathbf{w}$$

즉, 아래의 (2)식을 얻고 한편 (1)의 양변에 스칼라 λ를 곱하여 (3) 식을 얻는다.

$$\alpha\mu\mathbf{v} + \beta\lambda\mathbf{w} = \mathbf{0} \tag{2}$$

$$\alpha\lambda\mathbf{v} + \beta\lambda\mathbf{w} = \mathbf{0} \tag{3}$$

(2)와 (3)을 연립하면

$$\alpha(\mu - \lambda)\mathbf{v} = \mathbf{0}$$

여기서 $\mu \neq \lambda$이고 $\mathbf{v} \neq \mathbf{0}$이므로 $\alpha = 0$이다. 이것을 다시 (1)에 대입하여 $\beta = 0$을 얻는다. 즉, $\alpha = \beta = 0$. 따라서 $\mathbf{v}$, $\mathbf{w}$는 일차독립이다.

이제 다음 예제를 통하여 사회적인 현상의 평형상태에 관한 문제에 고유값 및 고유벡터의 개념이 어떻게 활용될 수 있는지 살펴보기로 하자.

예제 6

인구가 120만 명인 어느 도시에는 그 도심부에 80만 명, 근교에 40만 명이 살고 있다. 산업화의 후유증으로 인한 시민들의 전원생활에 대한 선호에 따라서 매년 도심부 인구의 30%가 근교로 이동하는 반면 근교의 인구는 매년 10%가 도심부로 유입된다고 할 때, 이 도시의 미래 인구분포의 추이를 예측하여라.

풀이

먼저 이 도시의 인구는 120만 명으로 고정되어 있다고 가정하고 도심부 인구와 근교 인구를 각각 $\mathbb{R}^2$의 첫 번째와 두 번째 성분(단위는 만명)으로 두기로 하자. n년 후의 도심부 대비 근교 인구의 분포를 $\mathbf{v}_n$이라 하면 다음의 행렬

$$A = \begin{pmatrix} 0.7 & 0.1 \\ 0.3 & 0.9 \end{pmatrix}, \quad \mathbf{v}_0 = \begin{pmatrix} 80 \\ 40 \end{pmatrix}$$

에 대하여

$$\begin{aligned} \mathbf{v}_1 &= A\mathbf{v}_0 \\ \mathbf{v}_2 &= A\mathbf{v}_1 = A^2\mathbf{v}_0 \\ &\vdots \\ \mathbf{v}_n &= A\mathbf{v}_{n-1} = A^n\mathbf{v}_0 \end{aligned}$$

와 같이 주어진다. A의 특성방정식

$$\begin{aligned} |A - \lambda I| &= \begin{vmatrix} 0.7-\lambda & 0.1 \\ 0.3 & 0.9-\lambda \end{vmatrix} \\ &= \lambda^2 - 1.6\lambda + 0.6 = (\lambda - 0.6)(\lambda - 1) = 0 \end{aligned}$$

으로부터 고유값 0.6과 1을 얻고 행렬의 계산에 의하여 그에 대응하는 각각의 고유벡터

$$\mathbf{x}_1 = \begin{pmatrix} 1 \\ -1 \end{pmatrix}, \quad \mathbf{x}_2 = \begin{pmatrix} 1 \\ 3 \end{pmatrix}$$

를 얻는다. 이제 초기조건 $\mathbf{v}_0$를 $\mathbb{R}^2$의 기저 $\mathbf{x}_1$, $\mathbf{x}_2$의 선형결합으로 표현하면

$$\mathbf{v}_0 = 50\mathbf{x}_1 + 30\mathbf{x}_2$$

이므로

$$\mathbf{v}_1 = A\mathbf{v}_0 = 50A\mathbf{x}_1 + 30A\mathbf{x}_2 = 50 \cdot (0.6) \cdot \mathbf{x}_1 + 30\mathbf{x}_2$$
$$\mathbf{v}_2 = A\mathbf{v}_1 = 50 \cdot (0.6)^2 \cdot \mathbf{x}_1 + 30\mathbf{x}_2$$

일반적으로는

$$\mathbf{v}_n = A^n\mathbf{v}_0 = 50 \cdot (0.6)^n \cdot \mathbf{x}_1 + 30\mathbf{x}_2$$

이 된다. 따라서 $n \to \infty$일 때,

$$\mathbf{v}_n \to 30\mathbf{x}_2 = \begin{pmatrix} 30 \\ 90 \end{pmatrix}$$

이다. 따라서 장기적으로 이 도시의 도심부 인구는 30만 명, 그리고 근교 인구는 90만 명에서 평형을 이루게 된다. 인구는 자연수여야 하므로 실질적으로는

$$\mathbf{v}_n = \begin{pmatrix} 30 \\ 90 \end{pmatrix}, \quad n \geq 28$$

즉, 28년 이후에는 이러한 평형상태에 도달하게 된다.

연습문제 6.1

1. 다음 각 행렬의 고유값 및 고유공간을 구하여라.

(a) $\begin{pmatrix} 2 & 0 \\ -1 & 3 \end{pmatrix}$ (b) $\begin{pmatrix} 1 & 4 \\ 1 & -2 \end{pmatrix}$ (c) $\begin{pmatrix} 0 & -9 \\ 1 & 0 \end{pmatrix}$

(d) $\begin{pmatrix} 0 & 1 & 2 \\ 0 & 0 & 3 \\ 0 & 0 & 0 \end{pmatrix}$ (e) $\begin{pmatrix} 2 & -2 & 3 \\ 0 & 3 & -2 \\ 0 & -1 & 2 \end{pmatrix}$ (f) $\begin{pmatrix} 2 & 2 & 3 \\ 1 & 2 & 1 \\ 2 & -2 & 1 \end{pmatrix}$

2. 다음 행렬의 고유값 및 고유공간을 구하여라.

$$\begin{pmatrix} 2 & 2 & 3 & 4 \\ 0 & 2 & 3 & 2 \\ 0 & 0 & 1 & 1 \\ 0 & 0 & 0 & 1 \end{pmatrix}$$

3. λ가 A의 고유값이면 λ^2는 A^2의 고유값임을 보여라.

4. 정방행렬 A가 특이일 필요충분조건은 0이 A의 고유값이라는 것을 증명하여라.

5. $\lambda \in \mathbb{C}$와 $\mathbf{v} \in \mathbb{C}^n$가 각각 실수로 구성된 정방행렬 A의 고유값과 그에 대응하는 고유벡터라면, $\overline{\lambda}$도 A의 고유값이고 $\overline{\mathbf{v}}$는 그에 대응하는 A의 고유벡터임을 보여라.

6. 정방행렬 A의 고유값은 A^T의 고유값과 일치함을 보여라.

7. 두 정방행렬 A와 B가 닮은꼴일 때, A의 고유값과 B의 고유값이 서로 일치함을 보여라.

6.2 행렬의 대각화

행렬 가운데 가장 간단한 행렬이라면 영행렬이나 항등행렬이 있다. 범위를 조금 더 넓히면 취급하기가 쉬우면서도 유용하게 사용할 수 있는 대각행렬을 생각해 볼 수 있다. 일반적으로 행렬의 곱셈은 그 계산이 복잡하고 교환법칙도 성립하지 않는 불편함이 있지만 다음에서 보듯이 대각행렬끼리는 곱셈 및 거듭제곱이 쉽게 계산되고 교환법칙도 성립함을 알 수 있다. 즉, 다음의 두 대각행렬

$$A = \begin{pmatrix} a_1 & 0 & \cdots & 0 \\ 0 & a_2 & \cdots & 0 \\ \vdots & \vdots & \ddots & \vdots \\ 0 & 0 & \cdots & a_n \end{pmatrix}, \quad B = \begin{pmatrix} b_1 & 0 & \cdots & 0 \\ 0 & b_2 & \cdots & 0 \\ \vdots & \vdots & \ddots & \vdots \\ 0 & 0 & \cdots & b_n \end{pmatrix}$$

에 대해서

$$AB = BA = \begin{pmatrix} a_1 b_1 & 0 & \cdots & 0 \\ 0 & a_2 b_2 & \cdots & 0 \\ \vdots & \vdots & \ddots & \vdots \\ 0 & 0 & \cdots & a_n b_n \end{pmatrix}, \quad A^k = \begin{pmatrix} a_1^k & 0 & \cdots & 0 \\ 0 & a_2^k & \cdots & 0 \\ \vdots & \vdots & \ddots & \vdots \\ 0 & 0 & \cdots & a_n^k \end{pmatrix}$$

와 같이 손쉬운 계산을 할 수 있다.

행렬의 대각화라는 것은 주어진 정방행렬의 닮은꼴 중에서 다루기가 비교적 간편한 대각행렬을 얻는 것을 말하는데 물론 모든 정방행렬에 대해서 이것이 가능한 것은 아니다.

정 의

정방행렬 A에 대하여 $S^{-1}AS$가 대각행렬이 되게 하는 정상행렬 S가 존재할 때, A는 **대각화 가능하다**(diagonalizable)고 한다.

예제 1

다음의 행렬

$$A = \begin{pmatrix} -1 & 3 \\ 0 & 2 \end{pmatrix}, \quad S = \begin{pmatrix} 1 & 1 \\ 0 & 1 \end{pmatrix}$$

에 대해서

$$S^{-1}AS = \begin{pmatrix} 1 & -1 \\ 0 & 1 \end{pmatrix}\begin{pmatrix} -1 & 3 \\ 0 & 2 \end{pmatrix}\begin{pmatrix} 1 & 1 \\ 0 & 1 \end{pmatrix} = \begin{pmatrix} -1 & 0 \\ 0 & 2 \end{pmatrix}$$

가 대각행렬이므로 A는 대각화 가능하다.

우리는 제4장에서 선형변환의 행렬표현에 대하여 공부하였다. 모든 행렬은 곧 선형변환으로 이해할 수 있으며 역으로 모든 선형변환은, 벡터공간의 기저를 고정했을 때, 단일한 행렬표현을 가짐을 살펴보았다. 특히 L이 벡터공간 V 에서의 선형변환이고 B와 C가 V의 두 순서기저일 때, L의 두 행렬표현 $[L]_B$과 $[L]_C$은 서로 닮은꼴이 된다. 즉,

$$[L]_C = S^{-1}[L]_B S$$

와 같은 정상행렬 S가 존재한다. 동일한 선형변환일지라도 어떤 순서기저를 택할 것인가에 따라 선형변환의 행렬표현은 복잡한 형태일 수도 있고 간단한 형태일 수도 있다. 따라서 우리의 관심은 주어진 선형변환의 행렬표현이 대각화 가능할 것인지를 판단하고 만일 가능하다면 어떻게 대각화할 수 있는지 그 방법을 얻는 데에 있다. 이런 점에서 다음의 정리들은 아주 중요하다.

정리 6.2.1

A가 $n\times n$ 행렬일 때, A의 대각화가 가능할 필요충분조건은 A의 고유벡터들로 형성된 n개의 일차독립인 벡터들이 존재하는 것이다.

정리 6.2.2

$n\times n$ 행렬 A의 대각화가 가능할 필요충분조건은 A의 모든 고유공간들의 각 기저들의 합집합의 원소 개수가 n개인 것이다. 특히 A의 대각화가 가능하고 $\{\mathbf{v}_1, \mathbf{v}_2, \cdots, \mathbf{v}_n\}$이 각 기저들의 합집합으로서 각 $\mathbf{v}_i\,(1\le i\le n)$가 고유값 λ_i (중복허용)에 대응하는 A의 고유벡터들일 때, $S=(\mathbf{v}_1, \mathbf{v}_2, \cdots, \mathbf{v}_n)$이라 하면

$$S^{-1}AS=\begin{pmatrix}\lambda_1 & 0 & \cdots & 0\\ 0 & \lambda_2 & \cdots & 0\\ \vdots & \vdots & \ddots & \vdots\\ 0 & 0 & \cdots & \lambda_n\end{pmatrix}$$

이다.

따름정리 6.2.3

A가 n개의 서로 다른 고유값을 가지면 A는 대각화 가능하다.

예제 2

다음 행렬을 대각화하여라.

$$A=\begin{pmatrix}1 & -4\\ 2 & -5\end{pmatrix}$$

풀이

특성방정식

$$(1-\lambda)(-5-\lambda)+8=\lambda^2+4\lambda+3=(\lambda+1)(\lambda+3)=0$$

으로부터 고유값은 $\lambda=-1,\ -3$이다. 각 고유값에 대하여 $A-\lambda I$의 기약 행계단형을 계산함으로써 $E(-1)$과 $E(-3)$의 기저 $\{(2, 1)^T\}$와$\{(1, 1)^T\}$를 각각 얻는다. 이제

$$S = \begin{pmatrix} 2 & 1 \\ 1 & 1 \end{pmatrix}$$

이라고 하면

$$S^{-1}AS = \begin{pmatrix} 1 & -1 \\ -1 & 2 \end{pmatrix}\begin{pmatrix} 1 & -4 \\ 2 & -5 \end{pmatrix}\begin{pmatrix} 2 & 1 \\ 1 & 1 \end{pmatrix} = \begin{pmatrix} -1 & 0 \\ 0 & -3 \end{pmatrix}$$

와 같이 A의 대각화를 얻게 된다.

예제 3

다음 행렬의 대각화를 구하여라.

$$A = \begin{pmatrix} 0 & -1 & -2 \\ 0 & 1 & 0 \\ 1 & 1 & 3 \end{pmatrix}$$

풀이

특성방정식

$$|A - \lambda I| = -(\lambda-1)^2(\lambda-2) = 0$$

으로부터 고유값 $\lambda = 1, 2$를 얻는다.

(i) $\lambda=1$인 경우 :

$$A - I = \begin{pmatrix} -1 & -1 & -2 \\ 0 & 0 & 0 \\ 1 & 1 & 2 \end{pmatrix} \to \begin{pmatrix} 1 & 1 & 2 \\ 0 & 0 & 0 \\ 0 & 0 & 0 \end{pmatrix},$$

따라서 $E(1)$의 기저는 $\{(-1, 1, 0)^T, \ (-2, 0, 1)^T\}$이다.

(ii) $\lambda = 2$인 경우 :

$$A - 2I = \begin{pmatrix} -2 & -1 & -2 \\ 0 & -1 & 0 \\ 1 & 1 & 1 \end{pmatrix} \to \begin{pmatrix} 1 & 0 & 1 \\ 0 & 1 & 0 \\ 0 & 0 & 0 \end{pmatrix},$$

따라서 $E(2)$의 기저는 $\{(-1, 0, 1)^T\}$이다. 이제 (i), (ii)에서 구한 기저들로 구성된 행렬을

$$S = \begin{pmatrix} -1 & -2 & -1 \\ 1 & 0 & 0 \\ 0 & 1 & 1 \end{pmatrix}$$

라고 두면 다음의 대각화를 얻게 된다.

$$S^{-1}AS = \begin{pmatrix} 0 & 1 & 0 \\ -1 & -1 & -1 \\ 1 & 1 & 2 \end{pmatrix}\begin{pmatrix} 0 & -1 & -2 \\ 0 & 1 & 0 \\ 1 & 1 & 3 \end{pmatrix}\begin{pmatrix} -1 & -2 & -1 \\ 1 & 0 & 0 \\ 0 & 1 & 1 \end{pmatrix} = \begin{pmatrix} 1 & 0 & 0 \\ 0 & 1 & 0 \\ 0 & 0 & 2 \end{pmatrix}.$$

예제 4

다음 행렬의 대각화가 가능하면 그 대각화를 구하여라.

$$A = \begin{pmatrix} 0 & 1 & 1 \\ 1 & 1 & 2 \\ 1 & 0 & -1 \end{pmatrix}$$

풀이

특성방정식

$$|A-\lambda I| = -(\lambda+1)^2(\lambda-2) = 0$$

을 풀어서 고유값 $\lambda = -1, 2$를 얻는다.

(i) $\lambda = -1$인 경우:

$$A + I = \begin{pmatrix} 1 & 1 & 1 \\ 1 & 2 & 2 \\ 1 & 0 & 0 \end{pmatrix} \to \begin{pmatrix} 1 & 0 & 0 \\ 0 & 1 & 1 \\ 0 & 0 & 0 \end{pmatrix}$$

따라서 $E(-1)$의 기저는 $(0, -1, 1)^T$이다.

(ii) $\lambda = 2$인 경우:

$$A - 2I = \begin{pmatrix} -2 & 1 & 1 \\ 1 & -1 & 2 \\ 1 & 0 & -3 \end{pmatrix} \to \begin{pmatrix} 1 & 0 & -3 \\ 0 & 1 & -5 \\ 0 & 0 & 0 \end{pmatrix}$$

따라서 $E(2)$의 기저는 $\{(3, 5, 1)^T\}$이다. 이상 (i), (ii)로부터 A의 모든 고유공간들의 각 기저들의 합집합은 $\{(0, -1, 1)^T, (3, 5, 1)^T\}$ 로서 원소의 개수가 세 개가 되지 못한다. 그러므로 A는 대각화할 수 없다.

행렬의 지수

실수 a에 대하여 자연지수 e^a의 멱급수 전개는 다음과 같다.

$$e^a = 1 + a + \frac{1}{2!}a^2 + \frac{1}{3!}a^3 + \cdots$$

마찬가지로 $n \times n$ 정방행렬 A에 대해서도 행렬의 자연지수 e^A를

$$e^A = I + A + \frac{1}{2!}A^2 + \frac{1}{3!}A^3 + \cdots = \lim_{m \to \infty}\left(\sum_{k=0}^{m} \frac{1}{k!}A^k\right)$$

와 같이 정의할 수 있다. 여기서 극한은 물론 괄호 안의 행렬 계산을 모두 마친 다음 행렬의 각 원소에 대해서 취하는 극한을 말한다. 이와 같은 행렬의 지수는 공학 및 응용수학의 여러 분야에서 유용하게 사용된다. 일반적으로 행렬의 곱셈이 매우 복잡한 형태를 갖기 때문에 비교적 간단한 행렬에 대해서도 행렬의 지수는 그 계산이 상당히 어렵다. 그러나 대각행렬

$$D = \begin{pmatrix} \lambda_1 & & & \\ & \lambda_2 & & \\ & & \ddots & \\ & & & \lambda_n \end{pmatrix}$$

에 대해서는

$$\begin{aligned} e^D &= \lim_{m \to \infty}\left(I + D + \frac{1}{2!}D^2 + \cdots + \frac{1}{m!}D^m\right) \\ &= \lim_{m \to \infty}\begin{pmatrix} \sum_{k=0}^{m} \frac{1}{k!}\lambda_1^k & & \\ & \ddots & \\ & & \sum_{k=0}^{m} \frac{1}{k!}\lambda_n^k \end{pmatrix} = \begin{pmatrix} e^{\lambda_1} & & & \\ & e^{\lambda_2} & & \\ & & \ddots & \\ & & & e^{\lambda_n} \end{pmatrix} \end{aligned}$$

와 같이 쉽게 계산할 수 있다. 또한 이것을 다음과 같이 대각화가 가능한 행렬에 응용할 수도 있다. A가 대각화 가능한 행렬이고 정상행렬 S 에 대해서 $S^{-1}AS = D$가 대각행렬이라면 $A = SDS^{-1}$이고 임의의 정수 k에 대해서

$$A^k = (SDS^{-1})(SDS^{-1}) \cdots (SDS^{-1}) = SD^kS^{-1}$$

이므로 e^A는 다음과 같이 계산할 수 있다.

$$\begin{aligned} e^A &= I + A + \frac{1}{2!}A^2 + \frac{1}{3!}A^3 + \cdots \\ &= I + SDS^{-1} + \frac{1}{2!}SD^2S^{-1} + \frac{1}{3!}SD^3S^{-1} + \cdots \end{aligned}$$

$$= S\left(I + D + \frac{1}{2!}D^2 + \frac{1}{3!}D^3 + \cdots\right)S^{-1}$$

$$= S\,e^D S^{-1}$$

예제 5

다음 행렬 A에 대하여 e^A를 계산하여라.

$$A = \begin{pmatrix} 2 & -3 \\ 2 & -5 \end{pmatrix}$$

풀이

특성방정식으로부터 고유값 1과 -4를 얻고 각각 그에 대응하는 고유벡터 $(3, 1)^T$와 $(1, 2)^T$를 구한다. 따라서

$$S = \begin{pmatrix} 3 & 1 \\ 1 & 2 \end{pmatrix}$$

라고 하면

$$D = S^{-1}AS = \begin{pmatrix} 1 & 0 \\ 0 & -4 \end{pmatrix}$$

와 같이 대각화되므로

$$e^A = S\,e^D S^{-1} = \frac{1}{5}\begin{pmatrix} 3 & 1 \\ 1 & 2 \end{pmatrix}\begin{pmatrix} e & 0 \\ 0 & e^{-4} \end{pmatrix}\begin{pmatrix} 2 & -1 \\ -1 & 3 \end{pmatrix}$$

$$= \frac{1}{5}\begin{pmatrix} 6e - e^{-4} & -3e + 3e^{-4} \\ 2e - 2e^{-4} & -e + 6e^{-4} \end{pmatrix}$$

이다.

점화수열의 일반항

점화수열이란 수열의 처음 몇 개 항이 주어지고 그 다음 항들은 앞의 항의 관계식에 의해서 주어지는 수열을 말한다. 예를 들어 자연현상에서 자주 나타나는 피보나치 수열(Fibonacci sequence)은 초기조건이 $a_1 = 1$, $a_2 = 1$이고 일반항은

$$a_n = a_{n-1} + a_{n-2}$$

와 같이 바로 직전의 두 항의 합으로 주어지는 수열이다. 여기서는 행렬의 대각화

를 이용하여 일반항의 관계식이

$$a_n = \alpha a_{n-1} + \beta a_{n-2} \tag{1}$$

의 형태로 주어지는 점화수열의 일반항의 구체적인 표현을 알아본다. 식 (1)과 함께 여분의 식 $b_n = a_{n-1}$을 도입하면 다음의 연립방정식을 얻게 된다.

$$\begin{aligned} a_n &= \alpha a_{n-1} + \beta a_{n-2} \\ b_n &= a_{n-1} \end{aligned}$$

이것을 행렬식을 이용하여 표현하면,

$$\begin{pmatrix} a_n \\ b_n \end{pmatrix} = \begin{pmatrix} \alpha & \beta \\ 1 & 0 \end{pmatrix} \begin{pmatrix} a_{n-1} \\ b_{n-1} \end{pmatrix} \tag{2}$$

이 된다. 이제

$$\mathbf{v}_n = \begin{pmatrix} a_n \\ b_n \end{pmatrix}, \quad A = \begin{pmatrix} \alpha & \beta \\ 1 & 0 \end{pmatrix}$$

이라고 두면 식 (2)은 $\mathbf{v}_n = A\mathbf{v}_{n-1}$이 된다. 이것은 모든 $n \geq 2$에 대하여 성립하므로

$$\mathbf{v}_n = A\mathbf{v}_{n-1} = A^2\mathbf{v}_{n-2} = A^3\mathbf{v}_{n-3} = \cdots = A^{n-2}\mathbf{v}_2$$

따라서 A 의 대각화가

$$D = S^{-1}AS = \begin{pmatrix} \lambda_1 & 0 \\ 0 & \lambda_2 \end{pmatrix}$$

라고 하면(A의 특성다항식이 중근을 갖지 않으면 대각화 가능함을 관찰하라.) $A = SDS^{-1}$이므로 $A^{n-2} = SD^{n-2}S^{-1}$이다. 그러므로

$$\mathbf{v}_n = A^{n-2}\mathbf{v}_2 = S\begin{pmatrix} \lambda_1^{n-2} & 0 \\ 0 & \lambda_2^{n-2} \end{pmatrix} S^{-1}\mathbf{v}_2 \tag{3}$$

로부터 관계식 (1)과 같이 주어지는 점화수열의 일반항을 계산할 수 있다.

예제 6

초기조건이 $a_1 = -2$, $a_2 = 1$이고 일반항의 관계식이 다음과 같이 주어지는 점화수열의 일반항을 계산하여라.

$$a_n = 3a_{n-1} + 4a_{n-2} \tag{4}$$

풀이

위의 방법을 적용하여 행렬

$$A = \begin{pmatrix} 3 & 4 \\ 1 & 0 \end{pmatrix}$$

의 고유값을 계산하면 $\lambda_1 = -1$과 $\lambda_2 = 4$이고 그에 대응하는 고유벡터는 각각 $(-1, 1)^T$ 과 $(4, 1)^T$ 이므로

$$S = \begin{pmatrix} -1 & 4 \\ 1 & 1 \end{pmatrix}$$

이다. 이것을 식 (3)에 대입하여 계산하면

$$\begin{pmatrix} a_n \\ b_n \end{pmatrix} = \frac{1}{5}\begin{pmatrix} -1 & 4 \\ 1 & 1 \end{pmatrix}\begin{pmatrix} (-1)^{n-2} & 0 \\ 0 & 4^{n-2} \end{pmatrix}\begin{pmatrix} -1 & 4 \\ 1 & 1 \end{pmatrix}\begin{pmatrix} 1 \\ -2 \end{pmatrix}$$

$$= -\frac{1}{5}\begin{pmatrix} 9(-1)^{n-1} + 4^{n-1} \\ 9(-1)^{n-2} + 4^{n-2} \end{pmatrix}$$

이다. 따라서

$$a_n = -\frac{9}{5}(-1)^{n-1} - \frac{1}{5}\ 4^{n-1}$$

를 얻는다. 실제로 $n = 3, 4, 5$를 각기 대입해 보면 $a_3 = -5$, $a_4 = -11$, $a_5 = -53$ 등으로 식 (4)의 관계를 만족함을 확인할 수 있다.

연습문제 6.2

1. 다음 행렬들 중에서 대각화가 가능한 것은 어느 것인지 모두 가려내어라.

(a) $\begin{pmatrix} 2 & -2 \\ 1 & 5 \end{pmatrix}$ (b) $\begin{pmatrix} 1 & 4 \\ 1 & -2 \end{pmatrix}$ (c) $\begin{pmatrix} 1 & 0 \\ -2 & 1 \end{pmatrix}$

(d) $\begin{pmatrix} 0 & 1 & 0 \\ 0 & 1 & 2 \\ 2 & 0 & 3 \end{pmatrix}$ (e) $\begin{pmatrix} 1 & 2 & 3 \\ 0 & -1 & 2 \\ 0 & 0 & 2 \end{pmatrix}$ (f) $\begin{pmatrix} 3 & 1 & 0 \\ 0 & 3 & 1 \\ 0 & 0 & 3 \end{pmatrix}$

2. 다음 행렬들 중에서 대각화가 가능한 행렬들의 대각화를 구하여라.

(a) $\begin{pmatrix} 2 & 4 \\ 3 & 3 \end{pmatrix}$ (b) $\begin{pmatrix} 2 & 3 \\ 4 & 6 \end{pmatrix}$ (c) $\begin{pmatrix} 1 & 1 \\ 0 & 1 \end{pmatrix}$

(d) $\begin{pmatrix} 1 & 0 & 1 \\ 0 & 1 & 0 \\ 0 & 1 & 2 \end{pmatrix}$ (e) $\begin{pmatrix} 2 & -2 & 3 \\ 0 & 3 & -2 \\ 0 & -1 & 2 \end{pmatrix}$ (f) $\begin{pmatrix} 0 & -2 & 1 \\ 1 & 3 & -1 \\ 0 & 0 & 1 \end{pmatrix}$

3. 다음 각 행렬 A에 대해서 지수행렬 e^A를 구하여라.

(a) $\begin{pmatrix} -1 & -2 \\ 3 & 6 \end{pmatrix}$ (b) $\begin{pmatrix} 3 & 4 \\ -2 & -3 \end{pmatrix}$ (c) $\begin{pmatrix} 1 & 1 & 1 \\ -1 & -1 & -1 \\ 1 & 1 & 1 \end{pmatrix}$

4. 정방행렬 A에 대해서 $\mathbf{v}$가 고유값 λ에 대응하는 A의 고유벡터일 때, 또한 $\mathbf{v}$는 e^A의 고유값 e^λ에 대응하는 e^A의 고유벡터임을 보여라.

5. 정상행렬 A의 대각화가 가능하면 A^{-1}도 대각화가 가능함을 보여라.

6. 피보나치 수열의 일반항을 구하여라.

7. 다음 점화수열의 일반항을 구하고 그 일반항을 이용하여 a_{11}을 구하여라.

$$a_n = a_{n-1} + 4a_{n-2}, \quad a_1 = 1, \ a_2 = 2$$

6.3 직교대각화

앞 절에서는 주어진 정방행렬의 대각화가 가능한지 그리고 가능할 경우 어떻게 대각화할 수 있는지 살펴보았다. 이 절에서는 대각화를 일으키는 행렬의 성질에 주의하려고 한다. 즉, A가 정방행렬이고 $S^{-1}AS$가 대각행렬일 때, 정상행렬 S의 각 열은 A의 고유벡터로 구성되어 있는데 이때 S가 어떤 특별한 형태를 취하도록 할 수 있는지를 알아본다. 대각화가 되기 위한 A의 조건들이 있었듯이 대각화를 일으키는 행렬 S가 어떤 특별한 형태를 취하도록 하기 위해서는 역시 A가 특수한 조건을 만족해야 한다.

정리 6.3.1

복소 정방행렬 U 에 대해서 다음은 동치이다.

(i) U 의 모든 열들의 집합이 정규직교집합이다.

(ii) $U^*U = I$ 즉, $U^{-1} = U^*$이다.

정 의

위 정리의 동치조건을 만족하는 행렬 U를 **단위규격행렬**(unitary matrix)이라고 한다. 특히 U가 실수 단위규격행렬이면 $U^* = U^T$이므로 $U^TU = I$가 되는데 이때 U를 **직교행렬**(orthogonal matrix)이라고 한다.

예제 3

다음의 행렬

$$U = \begin{pmatrix} \frac{i}{\sqrt{2}} & \frac{1}{\sqrt{2}} & 0 \\ \frac{1}{\sqrt{2}} & \frac{i}{\sqrt{2}} & 0 \\ 0 & 0 & 1 \end{pmatrix},\ V = \begin{pmatrix} \frac{1}{\sqrt{2}} & \frac{-1}{\sqrt{2}} & 0 \\ \frac{1}{\sqrt{2}} & \frac{1}{\sqrt{2}} & 0 \\ 0 & 0 & 1 \end{pmatrix}$$

에 대하여

$$U^*U = \begin{pmatrix} \frac{-i}{\sqrt{2}} & \frac{1}{\sqrt{2}} & 0 \\ \frac{1}{\sqrt{2}} & \frac{-i}{\sqrt{2}} & 0 \\ 0 & 0 & 1 \end{pmatrix}\begin{pmatrix} \frac{i}{\sqrt{2}} & \frac{1}{\sqrt{2}} & 0 \\ \frac{1}{\sqrt{2}} & \frac{i}{\sqrt{2}} & 0 \\ 0 & 0 & 1 \end{pmatrix} = \begin{pmatrix} 1 & 0 & 0 \\ 0 & 1 & 0 \\ 0 & 0 & 1 \end{pmatrix}$$

이므로 U는 단위규격행렬이다. 한편, V는 실수 행렬이고

$$V^TV = \begin{pmatrix} \frac{1}{\sqrt{2}} & \frac{1}{\sqrt{2}} & 0 \\ \frac{-1}{\sqrt{2}} & \frac{1}{\sqrt{2}} & 0 \\ 0 & 0 & 1 \end{pmatrix}\begin{pmatrix} \frac{1}{\sqrt{2}} & \frac{-1}{\sqrt{2}} & 0 \\ \frac{1}{\sqrt{2}} & \frac{1}{\sqrt{2}} & 0 \\ 0 & 0 & 1 \end{pmatrix} = \begin{pmatrix} 1 & 0 & 0 \\ 0 & 1 & 0 \\ 0 & 0 & 1 \end{pmatrix}$$

이므로 직교행렬이다.

정 의

복소 정방행렬 A에 대하여 U^*AU가 대각행렬이 되는 단위규격행렬 U가 존재할 때, A는 **단위규격대각화 가능**하다고 한다. 특히 A가 실수 행렬이고 U는 직교행렬일 때, A는 **직교대각화 가능**하다고 한다.

이제 단위규격대각화 및 직교대각화가 가능한 행렬은 어떤 것들이 있는지 알아보자. 먼저 행렬에 대한 다음의 정의를 도입한다.

정 의

A가 복소 정방행렬이라고 하자.

(i) $A^*A = AA^*$이면 A를 **정규행렬**(normal matrix)이라고 한다.

(ii) $A^* = A$이면 A를 **에르미트 행렬**(Hermitian matrix)이라고 한다.

(iii) $A^* = -A$이면 A를 **엇에르미트 행렬**(skew Hermitian matrix)이라고 한다.

(iv) $A^T = A$이면 A를 **대칭행렬**(symmetric matrix)이라고 한다.

(v) $A^T = -A$이면 A를 **엇대칭행렬**(skew symmetric matrix)이라고 한다.

참 고

A가 에르미트 (또는 엇에르미트) 행렬이면 $A^*A = AA^* = A^2$ (또는 $A^*A = AA^* = -A^2$)이므로 정규행렬이다. 또 A가 실수 대칭 (또는 엇대칭) 행렬이면 곧 에르미트 (또는 엇에르미트) 행렬이므로 정규행렬이다.

정리 6.3.2

복소 정방행렬 A의 단위규격대각화가 가능할 필요충분조건은 A가 정규행렬인 것이다. 특히 A가 실수 행렬일 때, A의 직교대각화가 가능할 필요충분조건은 A가 실수 대칭행렬인 것이다.

예제 2

다음 각 행렬들의 종류를 분류하고 단위규격대각화 또는 직교대각화가 가능한지의 여부를 조사하여라.

(a) $\begin{pmatrix} 3 & 1+i & i \\ 1-i & 1 & -2 \\ -i & -2 & 1 \end{pmatrix}$ (b) $\begin{pmatrix} 0 & i & 2+i \\ i & 0 & -7 \\ -2+i & 7 & 0 \end{pmatrix}$

(c) $\begin{pmatrix} 3 & -4 & 1 \\ -4 & 2 & 3 \\ 1 & 3 & -5 \end{pmatrix}$ (d) $\begin{pmatrix} 1 & i & 0 \\ i & i & 0 \\ 0 & 0 & 0 \end{pmatrix}$

풀이

(a)와 (b)는 각각 에르미트 행렬과 엇에르미트 행렬이므로 단위규격대각화가 가능하고 (c)는 실수 대칭행렬이므로 직교대각화가 가능하다. 한편 (d)는 대칭행렬이기는 하지만 실수 행렬이 아니다. 또,

$$AA^* = \begin{pmatrix} 1 & i & 0 \\ i & i & 0 \\ 0 & 0 & 0 \end{pmatrix}\begin{pmatrix} 1 & -i & 0 \\ -i & -i & 0 \\ 0 & 0 & 0 \end{pmatrix} = \begin{pmatrix} 2 & 1-i & 0 \\ 1+i & 2 & 0 \\ 0 & 0 & 0 \end{pmatrix},\ A^*A = \begin{pmatrix} 2 & 1+i & 0 \\ 1-i & 2 & 0 \\ 0 & 0 & 0 \end{pmatrix}$$

에서 보듯이 $AA^* \neq A^*A$이므로 A는 정규행렬이 아니다. 따라서 A는 단위규격대각화할 수 없다.

다음으로, 주어진 행렬의 단위규격대각화 또는 직교대각화가 가능할 경우, 대각화의 실제적인 방법을 알아보기로 하자.

정리 6.6.3

에르미트 행렬의 고유값은 모두 실수이다.

[증명] A를 에르미트 행렬이라고 하고 λ를 A의 고유값, 그에 대응하는 고유벡터를 $\mathbf{v}$라고 하자. 그러면

$$\begin{aligned} \lambda(\mathbf{v}^*\mathbf{v}) &= \mathbf{v}^*(\lambda\mathbf{v}) = \mathbf{v}^*A\mathbf{v} = \mathbf{v}^*A^*\mathbf{v} \\ &= (A\mathbf{v})^*\mathbf{v} = (\lambda\mathbf{v})^*\mathbf{v} = (\bar{\lambda}\mathbf{v}^*)\,\mathbf{v} = \bar{\lambda}(\mathbf{v}^*\mathbf{v}) \end{aligned}$$

고유벡터는 영벡터가 아니고 따라서 $\mathbf{v}^*\mathbf{v} > 0$이므로 $\lambda = \bar{\lambda}$ 즉, 고유값 λ는 실수이다.

예제 3

위 예제 2 (a)의 에르미트 행렬의 고유값이 세 개의 서로 다른 실수임을 보여라.

풀이

특성방정식을 계산하면

$$-\lambda^3+5\lambda^2-16 = -(\lambda-4)(\lambda^2-\lambda-4)=0$$

이고 따라서 실근 $\lambda=4$를 갖는다. 한편 $\lambda^2-\lambda-4=0$은 판별식이 0보다 크므로 두개의 실근을 갖는다.

보조정리 6.3.4

정규행렬 A가 고유값 λ와 그에 대응하는 고유벡터를 $\mathbf{v}$ 를 갖는다면 A^*는 고유값 $\overline{\lambda}$를 가지며 $\mathbf{v}$는 그에 대응하는 A^*의 고유벡터이다.

[증명] 임의의 정규행렬 N 에 대하여 다음이 성립한다.

$$\begin{aligned}\|N\mathbf{v}\|^2 &= (N\mathbf{v})^*N\mathbf{v} = \mathbf{v}^*N^*N\mathbf{v} = \mathbf{v}^*NN^*\mathbf{v} \\ &= (N^*\mathbf{v})^*N^*\mathbf{v} = \|N^*\mathbf{v}\|^2\end{aligned} \tag{1}$$

한편 A가 정규행렬이므로 $A-\lambda I$도 정규행렬이다. 왜냐하면 $(A-\lambda I)^* = A^*-\overline{\lambda}I$이므로

$$\begin{aligned}(A-\lambda I)(A-\lambda I)^* &= AA^*-\overline{\lambda}A-\lambda A^*+\lambda\overline{\lambda}I \\ &= A^*A-\overline{\lambda}A-\lambda A^*+\overline{\lambda}\lambda I \\ &= (A-\lambda I)^*(A-\lambda I)\end{aligned}$$

이기 때문이다. 이제 식 (1)에 $N=A-\lambda I$를 대입하면

$$\|(A-\lambda I)\mathbf{v}\|^2 = \|(A^*-\overline{\lambda}I)\mathbf{v}\|^2$$

를 얻는다. 좌변이 0이므로 $(A^*-\overline{\lambda}I)\mathbf{v}=\mathbf{0}$ 즉, $A^*\mathbf{v}=\overline{\lambda}\mathbf{v}$이다.

예제 4

다음의 복소 대칭행렬

$$A=\begin{pmatrix}-i & i \\ i & -i\end{pmatrix}$$

에 대해서 위의 보조정리를 적용해 보자. 먼저

$$AA^* = A^*A = \begin{pmatrix}2 & -2 \\ -2 & 2\end{pmatrix}$$

이므로 A는 정규행렬이다. 벡터 $\mathbf{v}=(1,-1)^T$에 대해서

$$A\mathbf{v} = \begin{pmatrix} -i & i \\ i & -i \end{pmatrix}\begin{pmatrix} 1 \\ -1 \end{pmatrix} = -2i\begin{pmatrix} 1 \\ -1 \end{pmatrix},$$

$$A^*\mathbf{v} = \begin{pmatrix} i & -i \\ -i & i \end{pmatrix}\begin{pmatrix} 1 \\ -1 \end{pmatrix} = 2i\begin{pmatrix} 1 \\ -1 \end{pmatrix}$$

이므로 $\mathbf{v}$ 는 A의 고유값 $-2i$에 대응하는 고유벡터인 동시에 A^* 의 고유값 $2i$에 대응하는 고유벡터이다.

정리 6.3.5

A가 정규행렬이고 λ와 μ가 서로 다른 A의 고유값이면 고유공간 $E(\lambda)$와 $E(\mu)$는 서로 직교한다.

[증명] A의 임의의 고유벡터 $\mathbf{v} \in E(\lambda)$, $\mathbf{w} \in E(\mu)$에 대하여 $\mathbf{w}^*\mathbf{v} = 0$임을 보여야 한다. 보조정리 6.3.4에 의해 $A^*\mathbf{w} = \overline{\mu}\mathbf{w}$이므로

$$\begin{aligned} \lambda(\mathbf{w}^*\mathbf{v}) &= \mathbf{w}^*(\lambda\mathbf{v}) = \mathbf{w}^*A\mathbf{v} \\ &= (A^*\mathbf{w})^*\mathbf{v} = (\overline{\mu}\mathbf{w})^*\mathbf{v} = \mu(\mathbf{w}^*\mathbf{v}). \end{aligned}$$

여기서 $\lambda \neq \mu$이므로 $\mathbf{w}^*\mathbf{v} = 0$이어야 한다.

위의 정리는 주어진 정규행렬을 단위규격대각화 (또는 직교대각화)하는 구체적인 방법을 제시하고 있다. 각각의 고유공간들은 서로 직교하고 있으므로 각 고유공간의 정규직교기저를 구함으로써 대각화를 일으키는 단위규격행렬을 얻을 수 있다. 즉, A 가 $n \times n$ 정규행렬이고 $\lambda_1, \lambda_2, \cdots, \lambda_k$가 서로 다른 A의 모든 고유값일 때, 고유공간 $E(\lambda_1)$, $E(\lambda_2)$, $\cdots$, $E(\lambda_k)$는 이미 서로 직교하고 있다. 따라서 그램−슈미트의 방법을 통하여 각 $E(\lambda_i)$의 정규직교기저를 구한 다음 이들을 모두 합하면 n 개의 고유벡터들로 구성된 정규직교직합을 얻을 수 있고, 이들을 열로 취하는 행렬이 바로 구하려고 하는 단위규격행렬 (또는 직교행렬)이 된다. 다음의 예제들을 통하여 이러한 사실을 확인해 보자.

예제 5

다음 에르미트 행렬의 단위규격대각화를 구하여라.

$$A = \begin{pmatrix} 1 & i & 0 \\ -i & 1 & 0 \\ 0 & 0 & 2 \end{pmatrix}$$

풀이

특성방정식 $|A - \lambda I| = -\lambda(\lambda-2)^2 = 0$으로부터 고유값 $\lambda = 0, 2$를 얻는다. 각 λ에 대하여 고유공간 $E(\lambda)$의 기저를 구해보면,

$$A = \begin{pmatrix} 1 & i & 0 \\ -i & 1 & 0 \\ 0 & 0 & 2 \end{pmatrix} \to \begin{pmatrix} 1 & i & 0 \\ 0 & 0 & 1 \\ 0 & 0 & 0 \end{pmatrix},\ A-2I = \begin{pmatrix} -1 & i & 0 \\ -i & -1 & 0 \\ 0 & 0 & 0 \end{pmatrix} \to \begin{pmatrix} 1 & -i & 0 \\ 0 & 0 & 0 \\ 0 & 0 & 0 \end{pmatrix}$$

로부터 $E(0)$ 의 기저는 $\{(-i, 1, 0)^T\}$, $E(2)$의 기저는 $\{(i, 1, 0)^T, (0, 0, 1)^T\}$이다. 정리 6.3.5에서 밝혀진 바와 같이 $E(0)$와 $E(2)$의 기저는 서로 직교함을 확인할 수 있다. 이제 이 기저들을 정규직교화하면 각각

$$\left\{\frac{1}{\sqrt{2}}(-i, 1, 0)^T\right\}, \quad \left\{\frac{1}{\sqrt{2}}(i, 1, 0)^T, (0, 0, 1)^T\right\}$$

과 같다. 따라서 다음의 단위규격행렬 U에 의해서 A의 단위규격대각화를 얻는다.

$$U = \frac{1}{\sqrt{2}}\begin{pmatrix} -i & i & 0 \\ 1 & 1 & 0 \\ 0 & 0 & \sqrt{2} \end{pmatrix}, \quad U^*AU = \begin{pmatrix} 0 & 0 & 0 \\ 0 & 2 & 0 \\ 0 & 0 & 2 \end{pmatrix}.$$

예제 6

다음 엇대칭행렬의 단위규격대각화를 구하여라.

$$A = \begin{pmatrix} 0 & 1 & 1 \\ -1 & 0 & 1 \\ -1 & -1 & 0 \end{pmatrix}$$

풀이

특성방정식 $|A - \lambda I| = -\lambda(\lambda^2+3) = 0$으로부터 고유값 $\lambda = 0, \sqrt{3}\,i, -\sqrt{3}i$를 얻는다. 각 λ에 대하여 고유공간 $E(\lambda)$의 기저를 구해보면,

$$\begin{pmatrix} 0 & 1 & 1 \\ -1 & 0 & 1 \\ -1 & -1 & 0 \end{pmatrix} \to \begin{pmatrix} 1 & 0 & -1 \\ 0 & 1 & 1 \\ 0 & 0 & 0 \end{pmatrix}, \begin{pmatrix} -\sqrt{3}i & 1 & 1 \\ -1 & -\sqrt{3}\,i & 1 \\ -1 & -1 & -\sqrt{3}\,i \end{pmatrix} \to \begin{pmatrix} 1 & 0 & \frac{1+\sqrt{3}i}{2} \\ 0 & 1 & \frac{-1+\sqrt{3}i}{2} \\ 0 & 0 & 0 \end{pmatrix},$$

$$\begin{pmatrix} \sqrt{3}i & 1 & 1 \\ -1 & \sqrt{3}i & 1 \\ -1 & -1 & \sqrt{3}i \end{pmatrix} \rightarrow \begin{pmatrix} 1 & 0 & \frac{1-\sqrt{3}i}{2} \\ 0 & 1 & \frac{-1-\sqrt{3}i}{2} \\ 0 & 0 & 0 \end{pmatrix}$$

로부터 $E(0)$, $E(\sqrt{3}i)$, $E(-\sqrt{3}i)$의 기저는 각각 $\{(1, -1, 1)^T\}$, $\{(1-\sqrt{3}i, 2, 1+\sqrt{3}i)^T\}$, $\{(1+\sqrt{3}i, 2, 1-\sqrt{3}i)^T\}$이다. 역시 이 기저들은 서로 직교하고 있음을 알 수 있다. 각 기저들을 정규직교화하면 각기

$$\left\{\frac{1}{\sqrt{3}}(1, -1, 1)^T\right\}, \quad \left\{\frac{1}{2\sqrt{3}}(1-\sqrt{3}i, 2, 1+\sqrt{3}i)^T\right\}, \quad \left\{\frac{1}{2\sqrt{3}}(1+\sqrt{3}i, 2, 1-\sqrt{3}i)^T\right\}$$

과 같다. 따라서 다음의 단위규격행렬 U에 의해서 A의 단위규격대각화를 얻는다.

$$U = \frac{1}{2\sqrt{3}}\begin{pmatrix} 2 & 1-\sqrt{3}i & 1+\sqrt{3}i \\ -2 & 2 & 2 \\ 2 & 1+\sqrt{3}i & 1-\sqrt{3}i \end{pmatrix}, \quad U^*AU = \begin{pmatrix} 0 & 0 & 0 \\ 0 & \sqrt{3}i & 0 \\ 0 & 0 & -\sqrt{3}i \end{pmatrix}.$$

예제 7

다음 대칭행렬의 직교대각화를 구하여라.

$$A = \begin{pmatrix} 0 & 2 & -1 \\ 2 & 3 & -2 \\ -1 & -2 & 0 \end{pmatrix}$$

풀이

특성방정식 $|A - \lambda I| = -(\lambda+1)^2(\lambda-5) = 0$으로부터 고유값 $\lambda = -1, 5$를 얻는다. 위의 예제들과 같은 방법으로 $E(-1)$와 $E(5)$의 기저를 구하면 각각 $\{(1, 0, 1)^T, (-2, 1, 0)^T\}$와 $\{(-1, -2, 1)^T\}$이다. 역시 두 기저가 서로 직교하고 있음을 관찰하라. 그러나 앞의 예제들과는 달리 이 예제에서는 $E(-1)$의 기저의 두 원소가 서로 직교하지 않는다. 따라서 이 기저로부터 정규직교기저를 얻기 위하여 그램-슈미트의 정규직교화 과정을 적용하여야 한다. $\mathbf{v}_1 = (1, 0, 1)^T$, $\mathbf{v}_2 = (-2, 1, 0)^T$라고 두면,

$$\mathbf{u}_1 = \frac{1}{\|\mathbf{v}_1\|}\mathbf{v}_1 = \frac{1}{\sqrt{2}}(1, 0, 1)^T,$$

$$\mathbf{p}_1 = (\mathbf{v}_2{}^*\mathbf{u}_1)\mathbf{u}_1 = -\sqrt{2}\,\mathbf{u}_1 = (-1, 0, 1)^T,$$

$$\mathbf{v}_2 - \mathbf{p}_1 = (-1, 1, 1)^T,$$

$$\mathbf{u}_2 = \frac{1}{\| \mathbf{v}_2 - \mathbf{p}_1 \|}(\mathbf{v}_2 - \mathbf{p}_1) = \frac{1}{\sqrt{3}}(-1, 1, 1)^T$$

따라서 $E(-1)$의 정규직교기저 $\{\mathbf{u}_1, \mathbf{u}_2\}$ 를 얻는다. 한편 $E(5)$의 정규직교기저는

$$\left\{\frac{1}{\sqrt{6}}(-1, -2, 1)^T\right\}$$

로 쉽게 알 수 있다. 이제 이들 정규직교기저들을 열로 취하는 다음의 직교행렬 U에 의해서 A의 직교대각화를 얻는다.

$$U = \frac{1}{\sqrt{6}}\begin{pmatrix} \sqrt{3} & -\sqrt{2} & -1 \\ 0 & \sqrt{2} & -2 \\ \sqrt{3} & \sqrt{2} & 1 \end{pmatrix}, \qquad U^T AU = \begin{pmatrix} -1 & 0 & 0 \\ 0 & -1 & 0 \\ 0 & 0 & 5 \end{pmatrix}$$

예제 8

다음 복소 대칭행렬의 단위규격대각화를 구하여라.

$$A = \begin{pmatrix} -i & i \\ i & -i \end{pmatrix}$$

풀이

위의 예제 4에서 이 행렬이 정규행렬임을 보였다. 한편, 특성방정식 $\lambda(\lambda + 2i) = 0$으로부터 고유값은 $\lambda = 0, \ -2i$이다. 고유공간 E(0), $E(-2i)$의 기저는 각각 $\{(1, 1)^T\}$ 과 $\{(1, -1)^T\}$이고 이들은 서로 직교하고 있다. 따라서 이들을 단위길이화하면 정규직교기저를 얻으므로 다음의 단위규격행렬 U에 의해서 A의 단위규격대각화를 얻는다.

$$U = \frac{1}{\sqrt{2}}\begin{pmatrix} 1 & 1 \\ 1 & -1 \end{pmatrix}, \qquad U^* AU = \begin{pmatrix} 0 & 0 \\ 0 & -2i \end{pmatrix}.$$

연습문제 6.3

1. 다음 각 행렬의 직교대각화 또는 단위규격대각화를 구하여라.

(a) $\begin{pmatrix} 2 & 1 \\ 1 & 2 \end{pmatrix}$ (b) $\begin{pmatrix} 2 & 2 \\ 2 & 2 \end{pmatrix}$ (c) $\begin{pmatrix} 1 & 3+i \\ 3-i & 4 \end{pmatrix}$

(d) $\begin{pmatrix} -1 & 2 & 2 \\ 2 & -1 & 2 \\ 2 & 2 & -1 \end{pmatrix}$ (e) $\begin{pmatrix} 2 & i & 0 \\ -i & 2 & 0 \\ 0 & 0 & 2 \end{pmatrix}$ (f) $\begin{pmatrix} 1 & 1 & 1 \\ 1 & 1 & 1 \\ 1 & 1 & 1 \end{pmatrix}$

2. 다음 각 행렬의 직교대각화를 구하여라.

(a) $\begin{pmatrix} 0 & 0 & 0 & 1 \\ 0 & 0 & 0 & 0 \\ 0 & 0 & 0 & 0 \\ 1 & 0 & 0 & 0 \end{pmatrix}$ (b) $\begin{pmatrix} 0 & 0 & 3 & 3 \\ 0 & 0 & 3 & 3 \\ 3 & 3 & 0 & 0 \\ 3 & 3 & 0 & 0 \end{pmatrix}$

3. 에르미트 행렬의 주대각원소는 실수임을 보여라.

4. A가 직교행렬이면 $\det(A) = \pm 1$임을 보여라.

5. U가 단위규격행렬일 때 $\det(U) = \pm 1$은 참인가? 아니라면 반례를 들어라.

6. A 와 B가 모두 직교행렬이면 AB 도 직교행렬임을 보여라.

7. U가 $n \times n$ 단위규격행렬일 때 다음 각 항을 증명하여라.

(a) 임의의 $\mathbf{v} \in V$에 대해서 $\| U\mathbf{v} \| = \| \mathbf{v} \|$이다.

(b) λ가 U 의 고유값이면 $|\lambda| = 1$이다.

연습문제 해답

■ 연습문제 1.1

1. (a) $x=1,\ y=-2$

(b) $x=\frac{1}{2}-a,\ y=\frac{3}{2}-2a,\ z=a$ (a는 임의의 실수)

(c) $x=1,\ y=1,\ z=2$

(d) $x=-1,\ y=1,\ z=1$

2. $x=-1,\ y=1$ 또는 $x=2,\ y=4$

■ 연습문제 1.2

1. (a) $\begin{pmatrix} 7 & 10 \\ 15 & 22 \\ 3 & 4 \end{pmatrix}$ (b) $\begin{pmatrix} 5 & 6 \\ 11 & 12 \\ 2 & 3 \end{pmatrix}$ (c) $\begin{pmatrix} 2 & 4 \\ 4 & 10 \\ 1 & 1 \end{pmatrix}$

(d) $\begin{pmatrix} 27 & 30 \\ 59 & 66 \\ 11 & 12 \end{pmatrix}$ (e) $\begin{pmatrix} 10 & 14 \\ 14 & 21 \end{pmatrix}$ (f) $\begin{pmatrix} 5 & 11 & 2 \\ 11 & 25 & 4 \\ 2 & 4 & 1 \end{pmatrix}$

2. 2×4 행렬 X의 해집합은

$$\left\{\begin{pmatrix} 1-2a+6b & -a+b & 4a & 4b \\ -\frac{1}{2}-2c+6d & \frac{3}{4}-c+d & 4c & 4d \end{pmatrix} \middle| \begin{matrix} a,b,c,d \\ \text{는 실수} \end{matrix}\right\}$$

$a=0,\ b=0,\ c=2,\ d=1$이라 두면

$X=\begin{pmatrix} 1 & 0 & 0 & 0 & 0 \\ 2 & 1 & 1 & 1 & 2 \end{pmatrix}$이다.

3. $A^2=\begin{pmatrix} 0 & 0 & 1 \\ 0 & 0 & 0 \\ 0 & 0 & 0 \end{pmatrix},\ A^3=\begin{pmatrix} 0 & 0 & 0 \\ 0 & 0 & 0 \\ 0 & 0 & 0 \end{pmatrix}$

6. 영행렬

8. $B=\frac{1}{2}(A+A^T)=\begin{pmatrix} 5 & 3 & 2 \\ 3 & -1 & 3 \\ 2 & 3 & 4 \end{pmatrix}$,

$C=\frac{1}{2}(A-A^T)=\begin{pmatrix} 0 & 1 & -4 \\ -1 & 0 & 0 \\ 4 & 0 & 0 \end{pmatrix}$, 이므로

$A=B+C$

9. $A^3=\begin{pmatrix} 0 & 1 \\ -1 & 0 \end{pmatrix}$이므로 $A^3+A=-A+A=O$

10. $A^3+A=O$ 즉, $A^3=-A$이므로

$A^9=(A^3)^3=(-A)^3=-(A^3)=-(-A)=A$이다. 따라서 $B=\begin{pmatrix} A & O \\ O & O \end{pmatrix}$로부터

$B^9-B=\begin{pmatrix} A^9 & O \\ O & O \end{pmatrix}-\begin{pmatrix} A & O \\ O & O \end{pmatrix}=O$이다.

■ 연습문제 1.3

1. 행계단형 (a), (b), (c), (d), (f). 기약행계단형 : (c), (d), (f).

2. (a) 선도변수 : x_1, x_2, x_3 해집합 $\left\{\begin{pmatrix} 2 \\ 5 \\ 3 \end{pmatrix}\right\}$

(b) 불능

(c) 선도변수 : x_1, x_3 자유변수 : x_2, x_4

해집합 $\left\{\alpha\begin{pmatrix} -2 \\ 1 \\ 0 \\ 0 \end{pmatrix}+\beta\begin{pmatrix} -1 \\ 0 \\ -3 \\ 1 \end{pmatrix}+\begin{pmatrix} 5 \\ 0 \\ 4 \\ 0 \end{pmatrix} \middle| \alpha,\beta\in\mathbb{R}\right\}$

(d) 선도변수 : x_2, x_3 자유변수 : x_1

해집합 $\left\{\begin{pmatrix} \alpha \\ 2 \\ -1 \end{pmatrix} \middle| \alpha\in\mathbb{R}\right\}$

3. (a) 해집합 $\{(1,\ 2)^T\}$

(b) 불능

(c) 해집합 $\{(7,\ 6,\ 1)^T\}$

(d) 해집합

$\{(7-5a,\ -2+2a,\ -10+8a,\ 3a)^T \mid a \in \mathbb{R}\}$

4. (a) 해집합 $\{(-a, a, a)^T \mid a \in \mathbb{R}\}$

(b) 해집합 $\{(-a-3b, -2b, a, b)^T \mid a, b \in \mathbb{R}\}$

(c) 해집합 $\{(0,0,0)^T\}$

(d) 해집합 $\{(-2a+b, -2b, a, b)^T \mid a, b \in \mathbb{R}\}$

5. $a \neq -2$

6. (a) 불능일 수 없다.

(b) $\beta = 2$

■연습문제 1.4

1. (a) $\begin{pmatrix} -2 & 0 & 0 \\ 0 & 1 & 0 \\ 0 & 0 & 1 \end{pmatrix}$ (b) $\begin{pmatrix} 1 & 0 & 0 \\ 0 & 1 & 0 \\ 0 & 2 & 1 \end{pmatrix}$ (c) $\begin{pmatrix} 0 & 1 & 0 \\ 1 & 0 & 0 \\ 0 & 0 & 1 \end{pmatrix}$

2. (a) $\begin{pmatrix} -1 & 3 & -4 \\ \frac{1}{3} & -1 & \frac{5}{3} \\ \frac{2}{3} & -1 & \frac{4}{3} \end{pmatrix}$ (b) $\begin{pmatrix} 4 & 1 & -5 \\ 1 & 1 & -3 \\ -1 & 0 & 1 \end{pmatrix}$

(c) $A^{-1} = A$

4. $a \neq 0$일 때 $A^{-1} = \begin{pmatrix} 0 & 1 & 0 \\ 1 & -1 & 0 \\ -\frac{2}{a} & \frac{1}{a} & \frac{1}{a} \end{pmatrix}$

6. 계수행렬을 A라 두면

$A = \begin{pmatrix} -2 & -1 & -2 \\ 1 & 0 & 1 \\ 1 & 1 & 0 \end{pmatrix}$ 이고 $A^{-1} = \begin{pmatrix} 1 & 2 & 1 \\ -1 & -2 & 0 \\ -1 & -1 & -1 \end{pmatrix}$ 이다. 따라서

$\begin{pmatrix} x \\ y \\ z \end{pmatrix} = A^{-1}\begin{pmatrix} 1 \\ 2 \\ 3 \end{pmatrix} = \begin{pmatrix} 1 & 2 & 1 \\ -1 & -2 & 0 \\ -1 & -1 & -1 \end{pmatrix}\begin{pmatrix} 1 \\ 2 \\ 3 \end{pmatrix} = \begin{pmatrix} 8 \\ -5 \\ -6 \end{pmatrix}$ 이다.

■연습문제 2.1

1. (a) -3 (b) 24 (c) -12

(d) 4 (e) 0 (f) -81

2. $x = 1, 2$

■연습문제 2.2

1. (a) -36 (b) 0 (c) $4abc$

(d) -13 (e) $(a+3)(a-1)^3$ (f) 1

(g) -42 (h) 99 (i) 2

2. $x = -1, 1, 2$

5. $c = -3,\ c = 5$

6. (a) 20 (b) 16 (c) -108 (d) $\frac{5}{4}$

7. $A^2 = A$이면 $\det(A^2) = \det(A)$이다. $\det(A^2) = \det(A) \cdot \det(A)$이므로 $\det(A) = x$라 두면 $x^2 = x$이고 따라서 $x = 0$ 또는 $x = 1$이다.

8. $A^T = A^{-1}$이면 $\det(A^T) = \det(A^{-1}) = \frac{1}{\det(A)}$이다. 또한 $\det(A^T) = \det(A)$이므로 결국 $\det(A) = \frac{1}{\det(A)}$, 즉 $\det(A)^2 = 1$이다. 따라서 $\det(A) = -1$ 또는 $\det(A) = 1$이다.

9. $\det(A) = \det(P^{-1}BP)$

$= \det(P^{-1})\det(B)\det(P)$

$= \det(P)^{-1}\det(B)\det(P) = \det(B)$

■연습문제 2.3

1. (a) $\det(A) = ad - bc$, $\mathrm{adj}(A) = \begin{pmatrix} d & -b \\ -c & a \end{pmatrix}$

$A^{-1} = \begin{pmatrix} \frac{d}{ad-bc} & -\frac{b}{ad-bc} \\ -\frac{c}{ad-bc} & \frac{a}{ad-bc} \end{pmatrix}$

(b) $\det(A) = -2$, $\mathrm{adj}(A) = \begin{pmatrix} 4 & -2 \\ -3 & 1 \end{pmatrix}$

$A^{-1} = \begin{pmatrix} -2 & 1 \\ \frac{3}{2} & -\frac{1}{2} \end{pmatrix}$

(c) $\det(A) = 0$이므로 역행렬은 존재하지 않는다.

(d) $\det(A) = 1$, $\mathrm{adj}(A) = \begin{pmatrix} 1 & -1 & 0 \\ 0 & 1 & -1 \\ 0 & 0 & 1 \end{pmatrix} = A^{-1}$

(e) $\det(A)=3$, $\text{adj}(A)=\begin{pmatrix} 6 & 0 & -3 \\ 2 & 1 & -1 \\ -3 & 0 & 3 \end{pmatrix}$,

$$A^{-1}=\begin{pmatrix} 2 & 0 & -1 \\ \frac{2}{3} & \frac{1}{3} & -\frac{1}{3} \\ -1 & 0 & 1 \end{pmatrix}$$

(f) $\det(A)=4$, $\text{adj}(A)=\begin{pmatrix} 2 & 8 & -2 \\ 0 & 4 & 2 \\ 0 & 0 & 2 \end{pmatrix}$

$$A^{-1}=\begin{pmatrix} \frac{1}{2} & 2 & -\frac{1}{2} \\ 0 & 1 & \frac{1}{2} \\ 0 & 0 & \frac{1}{2} \end{pmatrix}$$

2. (a) $x=\dfrac{-11}{47}$, $y=\dfrac{-100}{47}$

(b) $x=\dfrac{3}{-3}=-1$, $y=\dfrac{-3}{-3}=1$

(c) $x_1=\dfrac{-4}{-4}=1$, $x_2=\dfrac{-4}{-4}=1$, $x_3=\dfrac{-8}{-4}=2$

(d) $x=\dfrac{-242}{-165}=\dfrac{242}{165}$, $y=\dfrac{176}{-165}$, $z=\dfrac{176}{-165}$

(e) $x=\dfrac{-372}{-408}=\dfrac{31}{34}$, $y=\dfrac{-60}{-408}=\dfrac{5}{34}$,

$z=\dfrac{0}{-408}=0$

(f) $x=\dfrac{-30}{-30}=1$, $y=\dfrac{30}{-30}=-1$,

$z=\dfrac{0}{-30}$, $w=\dfrac{-60}{-30}=2$

3. $\alpha=-2$, $\alpha=1$(중근)

5. $a=1$, $b=-3$, $c=5$

■ 연습문제 3.1

1. (a) $\mathbf{u}-\mathbf{v}=(2,6,-7,-2,7)^T$,

$-\mathbf{w}+\mathbf{v}+3\mathbf{u}=(1,2,7,3,16)^T$,

$-4(\mathbf{v}+5\mathbf{u})=(-40,-48,-4,-32,-92)^T$,

$(2\mathbf{u}+7\mathbf{w})-3(\mathbf{v}+2\mathbf{w})$
$=(9,19,-24,-4,13)^T$

(b) $\mathbf{x}=\left(-\dfrac{41}{2},-20,\dfrac{37}{2},-\dfrac{21}{2},2\right)^T$

(c) $\alpha=-1$, $\beta=2$, $\gamma=1$

(d) 식을 만족하는 실수 α, β는 존재하지 않음.

(e) $\alpha=\beta=0$, 즉 $\alpha\beta=0$

3. 스칼라곱에 대해서 닫혀 있지 않으므로 벡터공간이 될 수 없음.

4. (a)에서는 공리 (vi)가, (b)에서는 공리 (vii)가, (c)에서는 공리 (viii)가 성립하지 않으므로 모두 벡터공간이 될 수 없음.

■ 연습문제 3.2

1. (a), (d) 선형결합으로 나타낼 수 없음.

(b) $(2,9,2)^T=3\mathbf{u}-\mathbf{v}$

(c) $(0,0,0)^T=0\mathbf{u}+0\mathbf{v}$

2. (a), (b) 부분공간이 아님. (c), (d) 부분공간.

4. (a), (c), (d), (f) 생성집합. (b), (e) 생성집합이 아님.

■ 연습문제 3.3

1. (a) 참 (b) 참 (c) 참 (d) 거짓
(e) 참 (f) 참 (g) 거짓 (h) 참

2. (a) 일차독립 (b) 일차독립
(c) 일차종속 (d) 일차독립

3. 기저가 되는 것 : (a), (d)

4. (a) $\left(\dfrac{2}{5},\dfrac{1}{5}\right)^T$ (b) $\left(-\dfrac{3}{7},-\dfrac{1}{7}\right)^T$

(c) $\left(\dfrac{1}{4},\dfrac{9}{4},-\dfrac{7}{4}\right)^T$ (d) $(2,-3,0)^T$

5. (a) $\begin{pmatrix} 2 & -1 \\ -1 & 1 \end{pmatrix}$ (b) $\dfrac{1}{5}\begin{pmatrix} 1 & 1 \\ -3 & 2 \end{pmatrix}$

(c) $\dfrac{1}{5}\begin{pmatrix} 2 & 3 \\ -1 & 1 \end{pmatrix}$ (d) $\begin{pmatrix} 1 & -3 \\ 1 & 2 \end{pmatrix}$

(e) $[\mathbf{v}]_B = \begin{pmatrix} -8 \\ 5 \end{pmatrix}$, $[\mathbf{v}]_C = \begin{pmatrix} -\frac{1}{5} \\ \frac{13}{5} \end{pmatrix}$

(f) $[\mathbf{w}]_B = \begin{pmatrix} -2 \\ 3 \end{pmatrix}$

■연습문제 3.4

1. $\{(1,0,1), (0,1,0)\}$ 또는 $\{(1,0,1), (1,2,1)\}$ 등.

2. (a) $B = \{(1,1,1)^T, (-1,-2,-3)^T\}$

(b) $\{(1,1,1)^T, (-1,-2,-3)^T, (1,0,0)^T\}$ 또는 임의의 벡터 $\mathbf{v} \notin \mathrm{Span}(B)$에 대해서 $\{(1,1,1)^T, (-1,-2,-3)^T, \mathbf{v}\}$ 로 택하면 된다.

3. 주어진 행렬의 영공간, 행공간 및 열공간의 기저를 각각 B, C, D라고 하자.

(a) $B = \{(0, -6, 1, 0)^T\}$,
$C = \{(1,0,0,0), (0,1,6,0), (0,0,0,1)\}$,
$D = \{(1,0,0,0)^T, (0,1,0,0)^T, (4,9,1,0)^T\}$

(b) $B = \{(23,10,1,0)^T\}$,
$C = \{(1,0,-23,0)^T, (0,1,-10,0)^T, (0,0,0,1)^T\}$
$D = \{(1,-3,2,-3)^T, (-2,7,-5,6)^T, (2,1,3,-6)^T\}$

(c) $B = \{(1,-1,0)^T\}$,
$C = \{(1,1,0), (0,0,1)\}$
$D = \{(1,2,1,1)^T, (1,1,0,2)^T\}$

4. 주어진 행렬의 계수를 r, 영공간의 차원을 s라고 하자.

(a) $r = 3,\ s = 0$ (b) $r = 3,\ s = 1$

(c) $r = 3,\ s = 3$

■연습문제 4.1

1. (a), (g), (h) : 선형변환, (b), (c), (d), (e), (f) : 선형변환이 아님.

2. $L(\mathbf{x}) = (2x_2, x_1)^T$

3. (a) $L(\mathbf{v}) = (3,3)^T$

(b) $A = \begin{pmatrix} 1 & 1 & 0 \\ 2 & 0 & 1 \end{pmatrix}$

5. (a) $L(\mathbb{R}^3) = \mathbb{R}^3$이므로 임의의 일차독립인 세 벡터의 집합은 어느것이든 모두 기저이다.

(b) $\mathrm{Ker}(L) = \{\mathbf{0}\}$이므로 기저는 공집합 { }이다.

(c) $L(S) = \{\alpha(1,1,3)^T + \beta(0,1,1)^T \mid \alpha, \beta \in \mathbb{R}\}$ 이므로 $\{(1,1,3)^T, (0,1,1)^T\}$는 기저이다.

6. (b) $L^{-1}((x_1, x_2)^T) = \left(\dfrac{x_1 + x_2}{3}, \dfrac{-2x_1 + x_2}{3}\right)^T$

(c) $(L \circ L)((x_1, x_2)^T) = (-x_1 - 2x_2, 4x_1 - x_2)^T$

(d) $(L^{-1} \circ L^{-1})((x_1, x_2)^T)$
$= \left(\dfrac{-x_1 + 2x_2}{9}, \dfrac{-4x_1 - x_2}{9}\right)$

■연습문제 4.2

1. (a) $A = \begin{pmatrix} 1 & 1 & 1 \\ 1 & -1 & 0 \end{pmatrix}$ (b) $A = \begin{pmatrix} 1 & 1 & 0 \\ 0 & 1 & 2 \end{pmatrix}$

2. (a) $A = \begin{pmatrix} 1 & 1 \\ -2 & 1 \\ 0 & 1 \end{pmatrix}$ (b) $A = \begin{pmatrix} 1 & 0 \\ 1 & 1 \\ 0 & 2 \end{pmatrix}$

3. $[L]_B = \begin{pmatrix} 1 & 1 & 0 \\ 1 & 0 & -1 \\ 0 & 1 & -1 \end{pmatrix}$

4. (a) $\left(\frac{1}{2}, \frac{5}{2}\right)^T$ (b) $\begin{pmatrix} 1 & 3 \\ 1 & -2 \end{pmatrix}$

(c) $\begin{pmatrix} -\frac{1}{2} & \frac{3}{2} \\ \frac{7}{2} & -\frac{1}{2} \end{pmatrix}$ (d) $\begin{pmatrix} \frac{1}{2} & \frac{3}{2} \\ \frac{3}{2} & -\frac{1}{2} \end{pmatrix}$

(e) $\begin{pmatrix} -1 & 3 \\ 4 & -2 \end{pmatrix}$

5. (a) $[L_1]_B^C = \begin{pmatrix} 1 & 2 & 1 \\ -1 & -2 & 0 \end{pmatrix}$, $[L_2]_C^B = \begin{pmatrix} 2 & 2 \\ 1 & 1 \\ 0 & -1 \end{pmatrix}$

(b) $(L_2 \circ L_1)(\mathbf{a})$

$= (a_1 + a_2 + a_3,\ a_1 + 2a_3,\ a_2 - a_3)^T$

(c) $[L_2 \circ L_1]_B = \begin{pmatrix} 0 & 0 & 2 \\ 0 & 0 & 1 \\ 1 & 2 & 0 \end{pmatrix}$

■ 연습문제 4.3

1. (a) $[\mathbf{v}]_C = (3, 0)^T$

(b) $[\mathbf{y}]_B = \left(\frac{y_1 + y_2}{3}, \frac{2y_1 - y_2}{3}\right)^T$

(c) $M = \begin{pmatrix} \frac{1}{3} & \frac{4}{3} \\ \frac{2}{3} & -\frac{1}{3} \end{pmatrix}$

2. (a) $[L]_E = \begin{pmatrix} 1 & 1 & 0 \\ 1 & 0 & -1 \\ 0 & 1 & 0 \end{pmatrix}$

(b) $M = \begin{pmatrix} 1 & 1 & 1 \\ 1 & 1 & 0 \\ 1 & 0 & 0 \end{pmatrix}$

3. (a) $[L]_E = A = \begin{pmatrix} 1 & 0 & 1 \\ -1 & 2 & 0 \\ 0 & 0 & 3 \end{pmatrix}$

(b) $M = \begin{pmatrix} 1 & 1 & 1 \\ 2 & 0 & 1 \\ 0 & -2 & 0 \end{pmatrix}$

(c) $[L]_B = \begin{pmatrix} 2 & 3 & 0 \\ 0 & 3 & 0 \\ -1 & -7 & 1 \end{pmatrix}$

4. (a) $M = \begin{pmatrix} 1 & 1/2 \\ 0 & 1/2 \end{pmatrix}$, $\quad M^{-1} = \begin{pmatrix} 1 & -1 \\ 0 & 2 \end{pmatrix}$

(b) $[L]_B = \begin{pmatrix} 3 & 2 \\ -1 & -1 \end{pmatrix}$, $\ [L]_C = \frac{1}{2}\begin{pmatrix} 5 & 1 \\ -1 & -1 \end{pmatrix}$

(d) $[L]_D = \frac{1}{7}\begin{pmatrix} -2 & 1 \\ 17 & 16 \end{pmatrix}$

■ 연습문제 5.1

1. (a) 0° (b) 90°

(c) $\cos^{-1}\left(\frac{8}{7\sqrt{6}}\right)$ (d) $\cos^{-1}\left(\frac{14}{\sqrt{221}}\right)$

2. (a) $\sqrt{14},\ (2,1,3)^T$ (b) $0,\ (0,0)^T$

(c) $\frac{8\sqrt{21}}{21}$, $\left(\frac{8}{21}, \frac{16}{21}, \frac{32}{21}\right)^T$

(d) $\frac{14\sqrt{13}}{13}$, $\left(\frac{42}{13}, \frac{28}{13}\right)^T$

3. (a) $\mathbf{p} = (3, 3, 3)^T$, $\ \mathbf{x} - \mathbf{p} = (-1, 1, 0)^T$,

$\mathbf{p} \cdot (\mathbf{x} - \mathbf{p}) = (3, 3, 3)^T \cdot (-1, 1, 0)^T = 0$

(b) $\mathbf{p} = (3, 0)^T$, $\mathbf{x} - \mathbf{p} = (0, 4)^T$,

$\mathbf{p} \cdot (\mathbf{x} - \mathbf{p}) = (3, 0)^T \cdot (0, 4)^T = 0$

(c) $\mathbf{p} = (-2, -4, 2)^T$, $\mathbf{x} - \mathbf{p} = (4, -1, 2)^T$,

$\mathbf{p} \cdot (\mathbf{x} - \mathbf{p}) = -8 + 4 + 4 = 0$

(d) $\mathbf{p} = (4, 4)^T$, $\mathbf{x} - \mathbf{p} = (-1, 1)^T$,

$\mathbf{p} \cdot (\mathbf{x} - \mathbf{p}) = (4, 4)^T \cdot (-1, 1)^T = 0$

4. $(1.8, 3.6)$

5. $8/\sqrt{6}$

7. (a) $\frac{\pi}{4}$ (b) $\mathbf{p} = \left(\frac{4}{3}, \frac{1}{3}, \frac{1}{3}, 0\right)^T$

(c) $\|\mathbf{p}\|_2 = \sqrt{2}$, $\|\mathbf{x}\|_2 = 2$, $\|\mathbf{x} - \mathbf{p}\|_2 = \sqrt{2}$

9. (a) 13 (b) $\sqrt{75}$ (c) 7

■ 연습문제 5.2

1. (a) $\{(-1, 1, 0)^T, (2, 0, 1)^T\}$

2. $\mathrm{Span}((-5, 1, 3)^T)$

3. $\{(-1, 2, 0, 1)^T, (2, -3, 1, 0)^T\}$

4. $\dim N(A) = n - r$, $\dim N(A^T) = m - r$

■ 연습문제 5.3

2. (a) $(2, 1)^T$ (b) $\left(\frac{19}{7}, -\frac{26}{7}\right)^T$

(c) $\left(\frac{8}{5}, \frac{3}{5}, \frac{6}{5}\right)^T$ (d) $\left(4, \frac{17}{4}, \frac{1}{4}\right)^T$

3. (a) $(0,\ 0,\ 2)^T$ (b) $\left(\frac{115}{7}, \frac{23}{7}, \frac{69}{7}\right)^T$

(c) $\left(\frac{3}{5}, -\frac{1}{5}, \frac{2}{5}, -\frac{4}{5}\right)^T$ (d) $\left(0, 0, \frac{3}{2}, \frac{3}{2}\right)^T$

4. (a) $\{(1-2\alpha, \alpha)^T | \alpha \in \mathbb{R}\}$

(b) $\{(2-2\alpha, 1-\alpha, \alpha)^T | \alpha \in \mathbb{R}\}$

5. (a) $y = 1.8 + 2.9x$

6. $y = 0.55 + 1.65x + 1.25x^2$

■연습문제 5.4

1. (a), (d)

2. (b) $\mathbf{v} = -\frac{\sqrt{2}}{3}\mathbf{u}_1 + \frac{5}{3}\mathbf{u}_2$,

$$\|\mathbf{v}\| = \left(\left|-\frac{\sqrt{2}}{3}\right|^2 + \left|\frac{5}{3}\right|^2\right)^{1/2} = \sqrt{3}$$

3. (b) $\mathbf{y} = (\ y_1 \cos\theta + y_2 \sin\theta)\,\mathbf{x}_1 + (-y_1 \sin\theta + y_2 \cos\theta)\,\mathbf{x}_2$

4. (a) 15

(b) $\|\mathbf{u}\| = 3,\ \|\mathbf{v}\| = 5\sqrt{2}$

(c) $\frac{\pi}{4}$

5. (b) $(2, -2)^T$

6. (a) $\left\{\left(-\frac{1}{\sqrt{2}}, \frac{1}{\sqrt{2}}\right)^T, \left(\frac{1}{\sqrt{2}}, \frac{1}{\sqrt{2}}\right)^T\right\}$

(b) $\left\{\left(\frac{2}{\sqrt{5}}, \frac{1}{\sqrt{5}}\right)^T, \left(-\frac{1}{\sqrt{5}}, \frac{2}{\sqrt{5}}\right)^T\right\}$

7. $\left\{\frac{1}{\sqrt{2}}(1,0,0,1)^T, \frac{1}{\sqrt{6}}(-1,0,2,1)^T, \frac{1}{\sqrt{21}}(2,3,2,-2)^T, \frac{1}{\sqrt{7}}(-1,2,-1,1)^T\right\}$

8. (a) $\left\{\frac{1}{3}(2,1,2)^T, \frac{\sqrt{2}}{6}(-1,\ 4,\ -1)^T\right\}$

(b) $(4, 2)^T$

10. $\left\{\left(\frac{4}{5}, \frac{2}{5}, \frac{2}{5}, \frac{1}{5}\right)^T, \left(\frac{1}{5}, \frac{-2}{5}, \frac{-2}{5}, \frac{4}{5}\right)^T, \left(0, \frac{1}{\sqrt{2}}, -\frac{1}{\sqrt{2}}, 0\right)^T\right\}$

11. $\left\{\frac{1}{\sqrt{3}}(1,0,1,1)^T, \frac{1}{\sqrt{6}}(-1,0,-1,2)^T, \frac{1}{\sqrt{2}}(-1,0,1,0)^T\right\}$

■연습문제 6.1

1. (a) 고유값 : 2, 3

$E(2) = \{(\alpha, \alpha)^T \mid \alpha \in \mathbb{R}\}$,

$E(3) = \{(0,\ \alpha)^T \mid \alpha \in \mathbb{R}\}$

(b) 고유값 : $-3, 2$

$E(-3) = \{(\alpha, -\alpha)^T \mid \alpha \in \mathbb{R}\}$,

$E(2) = \{(4\alpha, \alpha)^T \mid \alpha \in \mathbb{R}\}$

(c) 고유값 : $-3i$, $3i$

$E(-3i) = \{(-3i\alpha, \alpha)^T \mid \alpha \in \mathbb{C}\}$,

$E(3i) = \{(3i\alpha, \alpha)^T \mid \alpha \in \mathbb{C}\}$

(d) 고유값 : 0,

$E(0) = \{(\alpha,\ 0, 0)^T \mid \alpha \in \mathbb{R}\}$

(e) 고유값 : 1,2, 4

$E(1) = \{(-\alpha,\ \alpha, \alpha)^T \mid \alpha \in \mathbb{R}\}$,

$E(2) = \{(\alpha,\ 0, 0)^T \mid \alpha \in \mathbb{R}\}$,

$E(4) = \left\{\left(\frac{7}{2}\alpha, -2\alpha, \alpha\right)^T \middle| \alpha \in \mathbb{R}\right\}$

(f) 고유값 : $-1,\ 2,\ 4$

$E(-1) = \{(-\alpha,\ 0,\ \alpha)^T | \alpha \in \mathbb{R}\}$,

$E(2) = \left\{\left(-\alpha, -\frac{3}{2}\alpha, \alpha\right)^T \middle| \alpha \in \mathbb{R}\right\}$,

$E(4) = \left\{\left(4\alpha, \frac{5}{2}\alpha,\ \alpha\right)^T \middle| \alpha \in \mathbb{R}\right\}$

2. 고유값 : 1, 2

$E(1) = \left\{(3\alpha, -3\alpha, \alpha, 0)^T \mid \alpha \in \mathbb{R}\right\}$,

$E(2) = \{(\alpha,\ 0, 0, 0)^T \mid \alpha \in \mathbb{R}\}$

■연습문제 6.2

1. (a), (b), (d), (e)

2. 각 항의 주어진 행렬을 A라고 하면 대각화는 다음과 같다.

(a) $S=\begin{pmatrix}-4 & 1\\ 3 & 1\end{pmatrix}$, $S^{-1}AS=\begin{pmatrix}-1 & 0\\ 0 & 6\end{pmatrix}$

(b) $S=\begin{pmatrix}-3 & 1\\ 2 & 2\end{pmatrix}$, $S^{-1}AS=\begin{pmatrix}0 & 0\\ 0 & 8\end{pmatrix}$

(c), (d) : 대각화 불능

(e) $S=\begin{pmatrix}-1 & 1 & 7\\ 1 & 0 & -4\\ 1 & 0 & 2\end{pmatrix}$, $S^{-1}AS=\begin{pmatrix}1 & 0 & 0\\ 0 & 2 & 0\\ 0 & 0 & 4\end{pmatrix}$

(f) $S=\begin{pmatrix}-2 & 1 & -1\\ 1 & 0 & 1\\ 0 & 1 & 0\end{pmatrix}$, $S^{-1}AS=\begin{pmatrix}1 & 0 & 0\\ 0 & 1 & 0\\ 0 & 0 & 2\end{pmatrix}$

3. (a) $\frac{1}{5}\begin{pmatrix}6-e^5 & 2-2e^5\\ -3+3e^5 & -1+6e^5\end{pmatrix}$

(b) $\frac{1}{e}\begin{pmatrix}-1+2e^2 & -2+2e^2\\ 1-e^2 & 2-e^2\end{pmatrix}$

(c) $\begin{pmatrix}e & -1+e & -1+e\\ 1-e & 2-e & 1-e\\ -1+e & -1+e & e\end{pmatrix}$

6. $a_n=\frac{1}{\sqrt{5}}\left(\frac{1+\sqrt{5}}{2}\right)^n-\frac{1}{\sqrt{5}}\left(\frac{1-\sqrt{5}}{2}\right)^n$

7. $a_n=\frac{7+\sqrt{17}}{8\sqrt{17}}\left(\frac{1+\sqrt{17}}{2}\right)^n-\frac{7-\sqrt{17}}{8\sqrt{17}}\left(\frac{1-\sqrt{17}}{2}\right)^n$,

$a_{11}=10518$

■연습문제 6.3

1. 각 항의 주어진 행렬을 A라고 하면 직교대각화 또는 단위규격대각화는 다음과 같다.

(a) $U=\frac{1}{\sqrt{2}}\begin{pmatrix}-1 & 1\\ 1 & 1\end{pmatrix}$, $U^TAU=\begin{pmatrix}1 & 0\\ 0 & 3\end{pmatrix}$

(b) $U=\frac{1}{\sqrt{2}}\begin{pmatrix}-1 & 1\\ 1 & 1\end{pmatrix}$, $U^TAU=\begin{pmatrix}0 & 0\\ 0 & 4\end{pmatrix}$

(c) $U=\frac{1}{\sqrt{14}}\begin{pmatrix}3+i & 2\\ -2 & 3-i\end{pmatrix}$,

$U^*AU=\begin{pmatrix}-1 & 0\\ 0 & 6\end{pmatrix}$

(d) $U=\frac{1}{\sqrt{6}}\begin{pmatrix}-\sqrt{3} & 1 & \sqrt{2}\\ \sqrt{3} & 1 & \sqrt{2}\\ 0 & -2 & \sqrt{2}\end{pmatrix}$,

$U^TAU=\begin{pmatrix}-3 & 0 & 0\\ 0 & -3 & 0\\ 0 & 0 & 3\end{pmatrix}$

(e) $U=\frac{1}{\sqrt{2}}\begin{pmatrix}-i & 0 & i\\ 1 & 0 & 1\\ 0 & \sqrt{2} & 0\end{pmatrix}$, $U^*AU=\begin{pmatrix}1 & 0 & 0\\ 0 & 2 & 0\\ 0 & 0 & 3\end{pmatrix}$

(f) $U=\frac{1}{\sqrt{6}}\begin{pmatrix}-\sqrt{3} & 1 & \sqrt{2}\\ \sqrt{3} & 1 & \sqrt{2}\\ 0 & -2 & \sqrt{2}\end{pmatrix}$,

$U^TAU=\begin{pmatrix}0 & 0 & 0\\ 0 & 0 & 0\\ 0 & 0 & 3\end{pmatrix}$

2. 각 항의 주어진 행렬을 A라고 하면 직교대각화는 다음과 같다.

(a) $U=\frac{1}{\sqrt{2}}\begin{pmatrix}-1 & 0 & 0 & 1\\ 0 & \sqrt{2} & 0 & 0\\ 0 & 0 & \sqrt{2} & 0\\ 1 & 0 & 0 & 1\end{pmatrix}$,

$U^TAU=\begin{pmatrix}-1 & 0 & 0 & 0\\ 0 & 0 & 0 & 0\\ 0 & 0 & 0 & 0\\ 0 & 0 & 0 & 1\end{pmatrix}$

(b) $U=\frac{1}{2}\begin{pmatrix}-1 & -\sqrt{2} & 0 & 1\\ -1 & \sqrt{2} & 0 & 1\\ 1 & 0 & -\sqrt{2} & 1\\ 1 & 0 & \sqrt{2} & 1\end{pmatrix}$,

$$U^T AU = \begin{pmatrix} -6 & 0 & 0 & 0 \\ 0 & 0 & 0 & 0 \\ 0 & 0 & 0 & 0 \\ 0 & 0 & 0 & 6 \end{pmatrix}$$

5. 거짓.

반례 : $U = \begin{pmatrix} i & 0 \\ 0 & 1 \end{pmatrix}$ 이라고 하면 U는 단위규격행렬이지만 $\det(U)=i$이다.

찾아보기

공대생을 위한 선형대수학

초판 01쇄 발행 | 2004년 9월 05일
초판 13쇄 발행 | 2025년 8월 10일

지은이 | 수학교재편찬위원회 편
김익성 · 배재국 · 손미정
장미경 · 홍정희(가나다순)
펴낸이 | 조승식
펴낸곳 | (주)도서출판 북스힐

등 록 | 1998년 7월 28일 제22-457호
주 소 | 서울시 강북구 한천로 153길 17
전 화 | (02) 994-0071
팩 스 | (02) 994-0073

홈페이지 | www.bookshill.com
이메일 | bookshill@bookshill.com

정가 12,000원

ISBN 978-89-5526-173-8

Published by bookshill, Inc. Printed in Korea.